現代数学への入門　新装版

熱・波動と微分方程式

現代数学への入門　新装版

熱・波動と微分方程式

俣野　博　　神保道夫

岩波書店

まえがき

　物理学をはじめとする自然科学の基本法則は，通例微分方程式の言葉で述べられている．ニュートン力学の運動方程式，電磁気学におけるマクスウェルの方程式，量子力学のシュレディンガー方程式などが，物理学の枠を越えて人類の科学的世界観の形成に大きな影響を及ぼしたことをご存じの読者は多いであろう．また，私たちの身の回りのさまざまな現象も，微分方程式を用いた数理モデルで解析できることが多い．丸い太鼓と四角い太鼓はどのように違う音を出すか．針金の枠を石けん水につけて引きあげたとき，どんな形の薄膜が張られるか．1か所に集まっている花粉の微粒子群は，時間とともにどのように拡散していくか．これらはいずれも典型的な微分方程式の問題としてとらえられる．直接応用とはかかわらない数学上の問題でも，煎じつめると結局微分方程式を解くことに帰着する例は数多くある．微分方程式は数学をも含めた自然科学全体を貫く，ひとつの普遍的な原理といってよい．

　上にあげた例では，未知の量が時間変数やいくつかの空間変数に依存しており，微分方程式はそれらの変数に関する偏微分を含んだ形をとる．このように複数個の独立変数を含んだ未知量の導関数の間の関係式を偏微分方程式と呼ぶ．独立変数が一つである常微分方程式に比べると，偏微分方程式ははるかに多様で豊富なものを含んでいる．本書では，多くの具体例を通して偏微分方程式のさまざまな側面に触れ，読者にその面白さを体験していただくことを目指す．

　多くの教科書と同様に，本書でも最も基本的で重要な熱伝導方程式，ラプラスの方程式，波動方程式の三つを中心に述べる．これらの方程式のもつ個性をよく理解することが偏微分方程式全般の理解につながるからである．

　著者らが最も意を用いた点は，本書を読むことで偏微分方程式に対する「感覚」が養えるようにしたいということである．そのためにできるかぎり

具体的な例や図を取り入れ，問題の背景の説明にもページを割いた．場合によっては，読者に無用の疲労を与えるのを避けるため，証明の細部を思い切って省き，これを直観的により明快な説明で代えたところもある．ここで育まれたイメージが，読者がより進んで勉強を続けられる際の助けになることを願っている．

　本書は著者の一人（俣野）が以前に書いた岩波講座『応用数学』の「微分方程式 II」をベースとし，これに加筆したものである．「微分方程式 II」が主として応用家を対象としたコンパクトな入門書を目指したのに対し，本書では偏微分方程式の理論を今後より体系的に学ぼうとする読者にも配慮して，論理的筋道や現代数学の他の理論との関連ができるだけ明確になるように心掛けた．

　本書は，以前岩波講座『現代数学への入門』の一分冊として刊行されたものである．執筆の上で，砂田利一氏にはラプラシアンの固有値分布に関してご教示をいただき，岡本久氏にはコンピュータによる作図でご協力いただいた．また Joseph F. Grotowski 氏には，19 世紀ヨーロッパの貴重な学術文献をご紹介いただいた．この場を借りて御礼申し上げる次第である．さらに，本書の原稿全体に目を通して有益なコメントをくださった青本和彦氏と砂田利一氏に謝意を表したい．

　　2004 年 1 月

俣野博・神保道夫

学習の手引き

　本書は五つの章と付録からなる．第1章ではさまざまな偏微分方程式の例を紹介し，方程式の背景や簡単な解法を述べる．第2章から第4章では，最も重要な三つの方程式——熱伝導方程式，ラプラスの方程式，波動方程式——について詳しく論じる．第5章と付録では，超関数やフーリエ変換をはじめ，偏微分方程式に関連した解析学上の重要事項を簡単に解説する．

　以下，本書の各章の内容をより詳しく紹介しよう．

第1章　偏微分方程式の基礎

　偏微分方程式の理論は，歴史的には物理学や工学，あるいは微分幾何学などにおける実際的問題と結びついて発展してきた．ひとくちに偏微分方程式といっても，その個性は多様である．偏微分方程式を学ぶには，まずそれぞれの方程式の由来や，分類学上の位置づけを知ることが大切で，これが個々の方程式に対する適切な「感覚」を磨く出発点となる．

　第1章の前半では，偏微分方程式に関わる基本概念を説明するとともに，さまざまな現象の数理モデルとして偏微分方程式がどのように導出されるかを，いくつかの平易な例で示す．また，偏微分方程式の解法として重要なフーリエの方法についても簡単に触れる．

　フーリエの方法とは，線形偏微分方程式の一般解を固有関数展開を用いて表示する方法であり，例えば弦の振動の問題において任意の振動を無数の固有振動の合成で表わす手法はその好例である．フーリエの方法の基本的なアイデアは，まず変数分離形の特解をすべて求め（これは弦の振動でいえばすべての固有振動を計算することに相当する），ついで重ね合わせの原理によって一般解をこれらの特解の1次結合で表わすというものである．ここで注意しなければならないのは，常微分方程式の場合と違って，偏微分方程式の

一般解を表わすのには「無限個」の特解の重ね合わせが必要とされる点である。そこに現れる無限和の収束を論じたり、こうして得られた一般解が本当にすべての解を尽くしているかどうかを調べるのは厄介な問題である。しかしこの厄介な問題に人々が立ち向かったことが、19世紀から20世紀にかけての解析学のめざましい発展につながったのである。

　第1章の後半では1階偏微分方程式の一般論を論じ、特性曲線を用いた解法について述べる。はじめて偏微分方程式を学ぶ読者にもなじみやすいよう、第1章全般にわたって抽象的な記述はできるだけ避け、具体例を用いた説明を心掛けた。

第2章　熱伝導と拡散

「熱伝導方程式」は、19世紀はじめにフランスの数学者フーリエ(Fourier)によって導かれた。フーリエは熱伝導の研究を利用して、ゆくゆくは地球内部の温度分布を探り、それによって地球や太陽系の生誕の過程を解き明かす夢を抱いていたといわれる。そうしたフーリエの壮大な宇宙論は遂に完成されずに終わったが、彼の熱伝導の研究の中から生まれたフーリエ解析の理論は、後世の解析学に大きな影響を与えた。

　熱伝導方程式は、空間の次元を n とすると、

$$\frac{\partial u}{\partial t} = \frac{\partial^2 u}{\partial x_1^2} + \frac{\partial^2 u}{\partial x_2^2} + \cdots + \frac{\partial^2 u}{\partial x_n^2}$$

という2階の偏微分方程式で表わされる。この方程式は、また、微粒子の拡散現象を記述する方程式としても知られており、この他さまざまな局面に登場する重要な方程式である。熱伝導方程式の際だった特徴に、「平滑化作用」と呼ばれる性質がある。これは、系の初期状態を表わす関数が滑らかでなくても、時間が経過するとゴツゴツした部分がならされて、解が非常に滑らかになるという性質である。この性質は、熱伝導や拡散現象がエントロピーをつねに増大させる不可逆過程であるという事実と密接に関連している。一般に**放物型**と呼ばれるクラスの偏微分方程式はこうした平滑化作用をもち、熱伝導方程式は放物型偏微分方程式の代表例である。第2章では、平滑化作用

や最大値原理をはじめ，熱伝導方程式の基本的な性質について解説する．

第3章　ラプラスの方程式とポアソンの方程式

18 世紀末，ラプラス(Laplace)は，物体の周りに生じる重力ポテンシャルが物体の形状によらずつねに特定の偏微分方程式

$$\frac{\partial^2 \varphi}{\partial x^2} + \frac{\partial^2 \varphi}{\partial y^2} + \frac{\partial^2 \varphi}{\partial z^2} = 0$$

をみたすことに着目し，これを天体運動の研究に利用した．この偏微分方程式，およびこれを n 次元に一般化した方程式

$$\Delta \varphi \left(= \frac{\partial^2 \varphi}{\partial x_1^2} + \frac{\partial^2 \varphi}{\partial x_2^2} + \cdots + \frac{\partial^2 \varphi}{\partial x_n^2} \right) = 0$$

は，今日彼の名を冠して「ラプラスの方程式」と呼ばれている．また，ラプラスの方程式の解を調和関数と呼ぶ．この方程式が世に現れたのは実はラプラスの仕事よりいくぶん早く，すでに 18 世紀中葉にオイラー(Euler)が，ある種の流体運動の速度ポテンシャルがこの方程式をみたすことを発見している．ラプラスの方程式，およびその非斉次版であるポアソン(Poisson)の方程式

$$\Delta \varphi = g(x)$$

は，この他，定常温度分布や静電ポテンシャルをはじめ，数多くの物理現象——ただし主として時間的変化のない定常的な現象——を記述する数理モデルとして応用上きわめて重要であるだけでなく，複素関数論をはじめとする数学上のさまざまな理論と密接なつながりを有している．

　ラプラスの方程式やポアソンの方程式の著しい特徴として，解の「滑らかさ」が挙げられる．例えばラプラス方程式の解(すなわち調和関数)は，必ず無限回微分可能である．また，ポアソン方程式の解 $\varphi(x)$ は，方程式の右辺のデータとして与えられる関数 $g(x)$ より一般に高い滑らかさを有する．これは，一種の平滑化作用と見なすことができ，ラプラス方程式やポアソン方程式が代表する**楕円型**と呼ばれるクラスの偏微分方程式に共通の特徴である．

　第3章では，ベクトル場のポテンシャルの一般論から始めて，調和関数の

さまざまな性質を論じる. また, 方程式

$$\Delta E = \delta(x) \qquad (\delta(x) \text{はディラックの} \delta \text{関数})$$

をみたす関数として基本解の概念を定義し, これをポアソン方程式の一般解の構成に利用する. この他, 円や矩形領域におけるラプラス作用素の固有値問題にも触れる. ラプラス作用素の固有値問題は, 熱伝導方程式の解の固有関数展開や, 第4章で扱う膜の振動の解析にも役立つ.

第4章 波と振動の方程式

　媒質内のある部分に生じた状態変化が, 媒質の各部位間の近接作用を介して周囲に伝播する現象を, 「波」, あるいは「波動」と呼ぶ. 私たちの周囲には, 音の波, 光の波(電磁波), 水の波, 地震の波をはじめ, 数多くの波が存在する. 競技場内の観客席でときおり演じられるウェーブと呼ばれるおなじみの行動も, 上の定義に照らせば, やはり波の一種に数えてよいだろう. こうした目に見える波に加えて, 量子論的なミクロスケールで観察される波も重要であり, むしろ現代物理学では万物の実体を一種の波ととらえている. このように, 波は私たちの身近に存在するきわめて普遍的な現象である.

　一方, 媒質の各部位で生じる周期的な運動を「振動」と呼ぶ. 振動と波とは厳密には区別すべき現象であるが, 両者はしばしば一体となって現れる. 波と振動を記述する数理モデルの代表格は, 「波動方程式」と呼ばれる次の形の偏微分方程式である.

$$\frac{\partial^2 u}{\partial t^2} = \frac{\partial^2 u}{\partial x_1^2} + \frac{\partial^2 u}{\partial x_2^2} + \cdots + \frac{\partial^2 u}{\partial x_n^2}$$

この方程式の歴史は, 1747年にダランベール(d'Alembert)が弦の振動のモデルとして $n=1$ の場合を考察したことに始まる. 数ある偏微分方程式の中でも最も歴史が古いものの一つである. その後この方程式は, 太鼓の膜の振動($n=2$ の場合)や, 音や真空中の光の波($n=3$ の場合)のモデルとしても盛んに研究された. 1次元波動方程式が世に現れた当初, ダランベールとダニエル・ベルヌーイ(Daniel Bernoulli)によって, まったく異なる形の解の公式——積分表示解と3角級数解——が提唱され, いずれの公式が優れている

かをめぐって深刻な論議に発展したことは有名な逸話である(§1.5 末尾の囲み記事「3 角級数をめぐって」を参照).

波動方程式の際だった特徴は,時間変数 t を $-t$ で置き換えても方程式の形が変わらないことである.すなわち,時間の正の向きと負の向きに関して方程式は対称である.これは,波動方程式が記述する現象が可逆過程であることを示すものであり,それゆえ,波動方程式は熱伝導方程式のような平滑化作用をもたない.言いかえれば,初期値に不連続点などの何らかの特異性があれば,時間が経過しても,その特異性は消滅せずに空間内を伝わっていく.これを「特異性の伝播」と呼ぶ.波動方程式は,**双曲型**と呼ばれるクラスの偏微分方程式の代表例である.

本章では波動方程式の基本的な性質を論じるとともに,水の波のような「分散性」の波――すなわち波長によって進行速度が異なる波――についても簡単に触れることにする.

第 5 章　超関数と広義解

偏微分方程式は未知関数の微分を含んだ方程式であるから,解は微分可能な関数であるのが本来である.ところが偏微分方程式の世界では,解のクラスを広げて,いわゆる「広義解」なるものを考えることがしばしばある.広義解は通常の解(これを「古典解」と呼ぶ)と違って,方程式に現れる微分が通常の意味で存在するとは限らない.微分を非常に弱い意味でとらえる必要がある.こうすることで,不連続な関数が立派に広義解と認められるケースも起こり得る.このような広いクラスの解を考える一つの理由は,衝撃波のような特異な,しかし物理的に重要な現象が,通常の解の概念ではとらえきれないことが少なからず起こるからである.解のクラスを古典解から広義解へと広げることで,より多様な現象を解析することが可能となる.

広義解を考えるもう一つの理由は,与えられた方程式が解をもつかどうかを調べる際に,解のクラスを古典解に限定せず,広義解にまで広げた方が見通しよく議論できることが多いからである.とりわけ,20 世紀に入って開発された関数解析学的手法は,偏微分方程式を論ずる上での強力な方法論であ

るが，これが往々にして，古典解のクラスよりも広義解のクラスとなじみが
よいのである．

　第5章では，こうした広義解と密接な関係がある「超関数」についての入
門的解説を行なうとともに，いくつかの偏微分方程式の広義解の性質を論じ
る．

　この他，本書では付録Aで2階偏微分方程式の分類について述べ，付録B
でフーリエ変換について簡単に解説する．フーリエ変換は，形式的にはフー
リエ級数を無限区間に拡張したものであるが，その重要性は，偏微分方程式
の分野をはるかに越えて，数学，自然科学，工学の広い範囲に及んでいる．
本書ではフーリエ変換の基本公式を与え，それを熱伝導方程式の基本解の計
算に応用するのにとどめる．最後に，付録Cでは曲面上で定義された関数に
対する「ラプラス–ベルトラミ作用素」の概念を導入する．その結果は，第3
章でラプラス作用素を球面座標で表示するのに利用される．

目　　次

数学記号

$\mathbb{N}$	自然数の全体
$\mathbb{Z}$	整数の全体
$\mathbb{Q}$	有理数の全体
$\mathbb{R}$	実数の全体
$\mathbb{C}$	複素数の全体

ギリシャ文字

大文字	小文字	読み方	大文字	小文字	読み方
A	α	アルファ	N	ν	ニュー
B	β	ベータ	Ξ	ξ	クシー
Γ	γ	ガンマ	O	o	オミクロン
Δ	δ	デルタ	Π	π, ϖ	パイ
E	ϵ, ε	イプシロン	P	ρ, ϱ	ロー
Z	ζ	ゼータ	Σ	σ, ς	シグマ
H	η	イータ	T	τ	タウ
Θ	θ, ϑ	シータ, テータ	Υ	υ	ユプシロン
I	ι	イオタ	Φ	ϕ, φ	ファイ
K	κ	カッパ	X	χ	カイ
Λ	λ	ラムダ	Ψ	ψ	プサイ
M	μ	ミュー	Ω	ω	オメガ

偏微分方程式の基礎

1

　ニュートンの力学では，質点の運動は時間を変数とする常微分方程式で記述される．質点の代わりに弦や膜のように空間的な広がりをもった対象を考えれば，空間変数についての微分も含んだ偏微分方程式が必要になる．

　これは一例であるが，偏微分方程式はこの他にもさまざまな状況で現れる．偏微分方程式の世界への第一歩として，この章では典型的な偏微分方程式の導出例を学ぶことから始めよう．ついで，初期境界値問題で重要なフーリエの方法と，常微分方程式に関係の深い1階偏微分方程式についてやや詳しく述べる．

§1.1　基礎概念

（a）偏微分方程式とは

　求めるべき未知関数に関する情報が，未知関数およびその微分（＝導関数）の間の関係式によって与えられているものを**微分方程式**という．例えば2本の電柱の間に張られた電線のたわみ方を表わす懸垂線の方程式

$$\frac{d^2y}{dx^2} = \sqrt{1 + \left(\frac{dy}{dx}\right)^2} \qquad (1.1)$$

や，真空中の電位ポテンシャル $\varphi(x, y, z)$ がみたすラプラスの方程式（第3章

参照)

$$\frac{\partial^2 \varphi}{\partial x^2} + \frac{\partial^2 \varphi}{\partial y^2} + \frac{\partial^2 \varphi}{\partial z^2} = 0 \qquad (1.2)$$

などは，微分方程式の典型的な例である．

　(1.1)のように，未知関数がただ一つの独立変数の関数である場合，考えている微分方程式を**常微分方程式**(ordinary differential equation)と呼ぶ．常微分方程式については，本シリーズ『力学と微分方程式』において詳しい解説がなされている．

　他方，未知関数が複数個の独立変数をもつ場合には，微分方程式は未知関数の偏導関数を含む．(1.2)がその例である．このような方程式を**偏微分方程式**(partial differential equation)という．例えば二つの独立変数の関数 $u(x, y)$ に対する偏微分方程式を最も一般的な形で表わせば，

$$F\left(x, y, u, \frac{\partial u}{\partial x}, \frac{\partial u}{\partial y}, \frac{\partial^2 u}{\partial x^2}, \frac{\partial^2 u}{\partial x \partial y}, \frac{\partial^2 u}{\partial y^2}, \cdots\right) = 0$$

と書くことができる．

　今後，偏導関数を頻繁に扱うので，簡便な記法を導入しておこう．独立変数 x, y に依存する関数 $u(x, y)$ が与えられたとき，その偏導関数

$$\frac{\partial u}{\partial x}, \frac{\partial u}{\partial y}, \frac{\partial^2 u}{\partial x^2}, \frac{\partial^2 u}{\partial x \partial y}\left(= \frac{\partial}{\partial x}\left(\frac{\partial u}{\partial y}\right)\right), \cdots$$

を，しばしば

$$u_x, u_y, u_{xx}, u_{yx}, \cdots$$

と記す．また，**微分演算子**

$$\frac{\partial}{\partial x}, \frac{\partial}{\partial y}, \frac{\partial^2}{\partial x^2}, \frac{\partial^2}{\partial x \partial y}, \cdots$$

を

$$\partial_x, \partial_y, \partial_x^2, \partial_x \partial_y, \cdots$$

あるいは

$$D_x, D_y, D_x^2, D_x D_y, \cdots$$

などと略記することもある．これらの記法は，独立変数が3個以上の場合に

も同様に用いられる.

関数 $u(x_1, \cdots, x_n)$ が **m 回連続微分可能**であるとは，u の m 階までのすべ
ての偏導関数が存在し，かつ連続であることをいう．m 回連続微分可能な関
数を **C^m 級**の関数とも呼ぶ．よく知られているように，u が C^m 級の関数で
あれば，m 階までの偏微分の順序は自由に入れ替えてよい．例えば C^2 級関
数であれば，$u_{xy} (= \partial_y \partial_x u)$ と $u_{yx} (= \partial_x \partial_y u)$ は区別する必要がない．

偏微分方程式に現れる未知関数の微分の最高階数をその方程式の**階数**
(order)という．例えば

$$u_x = 0, \quad u_t = u_x + u$$

などは1階の偏微分方程式であり，

$$u_{xx} + u_{yy} = 0 \qquad (\text{ラプラスの方程式}) \qquad (1.3\text{a})$$

$$u_{tt} = u_{xx} + u_{yy} \qquad (\text{波動方程式}) \qquad (1.3\text{b})$$

$$u_t = u_{xx} + u_{yy} \qquad (\text{熱伝導方程式}) \qquad (1.3\text{c})$$

などはいずれも2階の偏微分方程式である．m 階微分方程式の解で C^m 級
であるものを**古典的な解**あるいは**古典解**(classical solution)という．ただし
熱伝導方程式(1.3c)のような場合は，時間変数 t について C^1 級で空間変数
x, y について C^2 級である解を古典解と呼ぶ．偏微分方程式論においてはさ
まざまな理由から，古典的でない解，すなわち**広義解**(generalized solution)
もしばしば取り扱われる(第5章参照).

注意1.1 とくに断らない限り，本書で扱う関数は実数値関数とする．

(b) 線形方程式と非線形方程式

両辺が未知関数およびその偏導関数のたかだか1次式の形に書き表わされ
る偏微分方程式を**線形**(linear)の偏微分方程式と呼び，そうでないものを**非
線形**(nonlinear)の偏微分方程式と呼ぶ．前項(a)で例として掲げた偏微分方
程式はいずれも線形である．2独立変数の1階線形偏微分方程式の一般形は
次の形に書かれる．

$$a(x, y)u_x + b(x, y)u_y + c(x, y)u = g(x, y) \qquad (1.4)$$

とくに $g(x,y)\equiv 0$ であれば方程式は次の形になる.

$$a(x,y)u_x+b(x,y)u_y+c(x,y)u=0 \qquad (1.5)$$

(1.5)を(1.4)に付随する**斉次**(または**同次**)の線形偏微分方程式と呼ぶ. これに対し, (1.4)を**非斉次**(または**非同次**)の線形偏微分方程式と呼ぶ. 高階の線形偏微分方程式に対しても, 同じように'斉次'のものと'非斉次'のものの区別がなされる.

　'線形'の拡張概念として, 例えば方程式

$$a(x,y,u,u_x,u_y)u_{xx}+b(x,y,u,u_x,u_y)u_{yy}=g(x,y,u,u_x,u_y)$$

のように, 未知関数の最高階の導関数だけに着目すれば1次式の形に書き表わされている偏微分方程式を**準線形**(quasilinear)の方程式という. 準線形方程式のうち, 未知関数の最高階の導関数にかかる係数が未知関数を一切含まないものを**半線形**(semilinear)の方程式という. 例えば,

$$a(x,y)u_{xx}+b(x,y)u_{yy}=g(x,y,u,u_x,u_y)$$

は半線形の方程式である. より具体的な例として,

$$u_t+u_x=u^2 \qquad\qquad\qquad\qquad\qquad (1.6\mathrm{a})$$

$$u_t+uu_x=0 \qquad\qquad （非粘性バーガーズ方程式） \qquad (1.6\mathrm{b})$$

$$u_t+uu_x=u_{xx} \qquad\qquad （バーガーズ方程式） \qquad (1.6\mathrm{c})$$

$$u_{xx}u_{yy}-(u_{xy})^2=a \qquad （モンジュ–アンペール方程式） \quad (1.6\mathrm{d})$$

はいずれも非線形の偏微分方程式であるが, (1.6a),(1.6b),(1.6c)は準線形で, そのうち(1.6a),(1.6c)が半線形である.

　斉次の線形偏微分方程式に対しては, **重ね合わせの原理**(principle of superposition)が成り立つ. すなわち $u_1,\cdots,u_N$ が解であれば, それらの定数係数の線形結合 $u=c_1u_1+\cdots+c_Nu_N$ ($c_1,\cdots,c_N$ は定数)も再び解になる. これは微分演算子の線形性

$$\partial_x(c_1u_1+\cdots+c_Nu_N)=c_1\partial_xu_1+\cdots+c_N\partial_xu_N, \quad \cdots\cdots$$

からただちにわかることであるが, このために線形方程式は非線形方程式に比べはるかに取り扱いやすくなっている. (準線形ないし半線形方程式については線形でないかぎり重ね合わせの原理は成り立たない.)

（c） 偏微分方程式の '型'

偏微分方程式の中で重要なものの多くは，**楕円型**，**双曲型**，**放物型**のいずれかに分類される．代表的な例として次の方程式が知られている（(1.3)参照）．

ラプラスの方程式	楕円型
波動方程式	双曲型
熱伝導方程式	放物型

偏微分方程式の解の性質は，その方程式の型のいかんに大きく左右されるので，上の分類は大変便利である．第2章–第4章で熱伝導方程式，ラプラスの方程式，波と振動の方程式の三者を別個に扱うのはこの理由による．上記の '型' の正確な定義は付録Aで与える．なお，上記のいずれの型にも属さない方程式や，複数の型が併存する方程式も少なからず存在する．

§1.2 偏微分方程式の導出例

本節ではさまざまな偏微分方程式がどのようにして導かれるかを，いくつかの典型的な例から学ぶことにする．熱伝導方程式の導出方法については，第2章で改めて解説する．

（a） 関数の不変性と偏微分方程式

例1.2 α を実数とする．関数 $u(x_1, x_2, \cdots, x_n)$ が α 次の**同次式**であるとは，任意の定数 $\lambda > 0$ に対して恒等式

$$u(\lambda x_1, \lambda x_2, \cdots, \lambda x_n) = \lambda^\alpha u(x_1, x_2, \cdots, x_n) \tag{1.7}$$

が成り立つことをいう．上式の両辺を λ で微分して $\lambda = 1$ を代入すると，'オイラーの関係式' と呼ばれる次の1階線形偏微分方程式が得られる．

$$x_1 u_{x_1} + x_2 u_{x_2} + \cdots + x_n u_{x_n} = \alpha u \tag{1.8} \;\square$$

関係式(1.7)は，言いかえれば関数 u が変換

$$v(x_1, x_2, \cdots, x_n) \longmapsto \lambda^{-\alpha} v(\lambda x_1, \lambda x_2, \cdots, \lambda x_n)$$

に関して**不変**(invariant)であることを意味している．この例に限らず，ある
関数がパラメータ付きの変換の族に関して不変であれば，そこから何らかの
微分方程式が導かれる場合がある．

問1　逆に(1.8)から(1.7)を導け．

例1.3　平面 $\mathbb{R}^2$ 上で定義された関数 $u(x, y)$ が原点中心の回転に関して不
変である，すなわち次式が任意の θ に対して成り立つとする．
$$u(x \cos\theta - y \sin\theta, \ x \sin\theta + y \cos\theta) = u(x, y) \qquad (1.9)$$
このとき(1.9)の両辺を θ で微分して $\theta = 0$ を代入すれば，偏微分方程式
$$-yu_x + xu_y = 0 \qquad\qquad (1.10)$$
が得られる．逆に $u(x, y)$ が(1.10)をみたせば(1.9)が成り立つことも証明で
きる．　　　　　　　　　　　　　　　　　　　　　　　　　　　　□

問2　$u(x, t)$ がローレンツ変換で不変，すなわち
$$u\left(\frac{x - vt}{\sqrt{1 - v^2}}, \frac{t - vx}{\sqrt{1 - v^2}} \right) = u(x, t) \quad (|v| < 1)$$
となるための条件を微分方程式で表わせ．

（b）　包絡面の方程式

例1.4　xyz 空間内に，α, β をパラメータとする平面の族
$$z = \alpha x + \beta y + h(\alpha, \beta)$$
が与えられているとする．ここで $h(\alpha, \beta)$ はこの平面族を特徴づける何らか
の実数値関数である．パラメータ α, β の値を指定するごとに平面がひとつ
定まるが，これを $P_{\alpha, \beta}$ とおくと，上記の平面族は $\mathcal{P} = \{P_{\alpha, \beta}\}_{\alpha, \beta \in \mathbb{R}}$ と表わせ
る．xyz 空間内の曲面 S が平面族 $\mathcal{P}$ の**包絡面**(enveloping surface)であると
は，S の各点における接平面が $\mathcal{P}$ に属し，かつ S 自身は $\mathcal{P}$ に属さないこと
をいう(図1.1(a))．

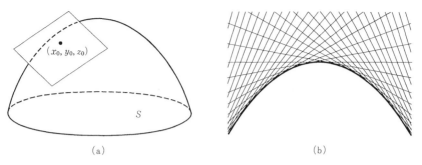

図 1.1 （a）点 (x_0, y_0, z_0) における曲面 S の接平面，（b）$h(\alpha, \beta) = \alpha^2 + \beta^2$ の場合の包絡面 $z = -(x^2 + y^2)/4$ の断面図（太線部）．

今，$\mathcal{P}$ の包絡面が $z = u(x, y)$ という形に書けるとして，関数 u がみたす偏微分方程式を導こう．点 (x_0, y_0, z_0) において曲面 $z = u(x, y)$ と平面
$$z = \alpha_0 x + \beta_0 y + h(\alpha_0, \beta_0)$$
が接するとすると，次式が成り立たねばならない．
$$u(x_0, y_0) = \alpha_0 x_0 + \beta_0 y_0 + h(\alpha_0, \beta_0) \ (= z_0)$$
$$u_x(x_0, y_0) = \alpha_0, \quad u_y(x_0, y_0) = \beta_0$$
これらから α_0, β_0 を消去すると次の関係式が得られる．
$$u(x_0, y_0) = x_0 u_x(x_0, y_0) + y_0 u_y(x_0, y_0) + h(u_x(x_0, y_0), u_y(x_0, y_0))$$
しかるに (x_0, y_0) は関数 $u(x, y)$ の定義域上の任意の点であったから，結局 u は次の偏微分方程式を満足することがわかる．
$$u = x u_x + y u_y + h(u_x, u_y) \tag{1.11}$$
(1.11)は**クレロー**（Clairaut)**型の微分方程式**と呼ばれる． 　　□

（c） 酔歩の極限としての拡散現象

微分方程式においては，独立変数も未知関数もともに連続量でなければならない．独立変数あるいは未知関数が飛び飛びの値をとる系，すなわち**離散的な系**のふるまいを記述するには，微分方程式は本来そぐわない．しかしながら，離散的な系から，何らかの極限移行によって微分方程式が導かれることがある．

例1.5 数直線 $\mathbb{R}$ 上に等間隔 h で点を配置し，それらを $x_j\,(=jh)$ とおく ($j \in \mathbb{Z}$)．ここで $\mathbb{Z}$ は整数の全体を表わす．時間軸にも一定間隔 τ で刻みを入れ，それらを $t_k\,(=k\tau)$ とおく ($k=0,1,2,\cdots$)．今，点列 $\{x_j\}_{j \in \mathbb{Z}}$ 上を次の規則に従って運動する粒子を考える．

[規則] 時刻 t_k において点 x_j の位置にある粒子は，時刻 t_{k+1} で x_{j-1} または x_{j+1} の位置にそれぞれ p の確率で移動し，$1-2p$ の確率で同じ位置 x_j にとどまる．

ここで p は，$0 < p \leqq 1/2$ をみたす定数である．このような粒子の運動は，**酔歩**(random walk)または**乱歩**と総称される運動の特別の場合である．粒子の数が膨大で，かつ各粒子が互いに独立に上記の運動を繰り返すとすると，各位置 x_j，各時刻 t_k における粒子数 $u(x_j, t_k)$ の間に以下の関係式

$$u(x_j, t_{k+1}) = pu(x_{j-1}, t_k) + (1-2p)u(x_j, t_k) + pu(x_{j+1}, t_k) \quad (1.12)$$

が成り立つことがわかる．この関係式は，次のように書き直せる．

$$\frac{u(x_j, t_k+\tau) - u(x_j, t_k)}{\tau} = \frac{ph^2}{\tau}\, \frac{u(x_j-h, t_k) - 2u(x_j, t_k) + u(x_j+h, t_k)}{h^2}$$

さて今，時刻刻み幅 τ と空間刻み幅 h を，τ/h^2 を一定値 ($=a$) に保ちながら 0 に近づけると，上の差分方程式は形式的に以下の偏微分方程式に移行する．

$$u_t = \frac{p}{a} u_{xx}$$

このとき，方程式に現れる u は連続変数 x, t の関数である．$u(x,t)$ は時刻 t，位置 x における粒子密度を表わす． $\square$

上で得られた方程式は**拡散方程式**と呼ばれる．p/a は拡散の速さを表わす係数である．第2章で詳しく論じるように，この方程式は物体内の熱伝導を記述する方程式としても知られており(こちらの方が歴史が古い!)，**熱伝導方程式**とも呼ばれる．この場合 $u(x,t)$ は時刻 t，位置 x における物体の温度を表わす．

(d) 1次元弾性体における疎密波

例 1.6 バネの先端におもりが取り付けられ，それが直線的な伸縮運動を繰り返すという状況を考えよう．バネ自身が質量をもつ場合は，伸縮の度合は一般にバネの各部分で一定とはならず，内部に疎密波が生じる．この疎密波のふるまいを記述する偏微分方程式を導こう．例 1.5 と同様に，まず離散モデルを構成し，そこから極限移行によって連続モデルに対する方程式を導出することにする．

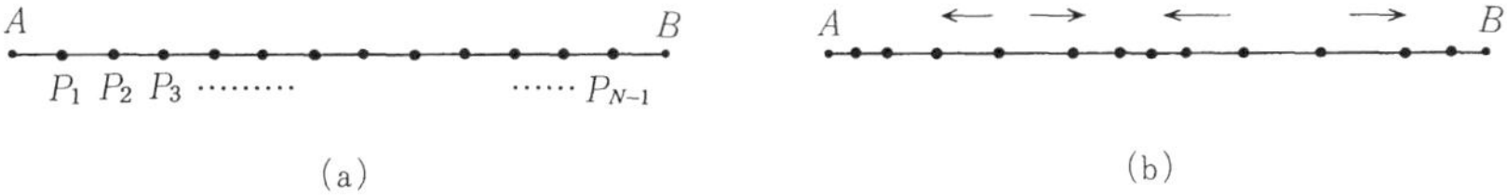

図 1.2 弾性体内の疎密波の離散モデル．(a) 静止状態，(b) 運動状態．

さて，質量を有するバネの離散モデルとして，図 1.2(a) のように長さの等しいバネで質点 $P_1, P_2, \cdots, P_{N-1}$ を順につないで得られる 'ひも' を考える．ひもの両端は固定点 A, B につながれており，ひもの各部分の運動は線分 AB 上に制限されているとする．線分 AB の長さを l とし，これを数直線上の区間 $0 \leq x \leq l$ と同一視しておく．各バネの質量は 0 とし，ヤング率を E，静止状態(図 1.2(a))での長さを $h\,(=l/N)$ とおく．また，ひも全体の自然長を l_0，各バネの自然長を $h_0\,(=l_0/N)$，各質点 P_j の質量を m とする．今，時刻 t における質点 P_j の静止状態の位置からの変位を $u_j(t)$ とおくと，P_j につながれた左右のバネの長さはそれぞれ $u_j - u_{j-1} + h$ と $u_{j+1} - u_j + h$ であるから，$u_1(t), u_2(t), \cdots, u_{N-1}(t)$ は次の常微分方程式系をみたす．

$$m\frac{d^2 u_j}{dt^2} = E\Big(\frac{u_{j+1}-u_j+h}{h_0}-1\Big) - E\Big(\frac{u_j - u_{j-1}+h}{h_0}-1\Big)$$

$$= E\frac{u_{j+1}-2u_j+u_{j-1}}{h_0} \qquad (j=1,2,\cdots,N-1)$$

ただし上式では $u_0 = u_N = 0$ と理解するものとする．（これは A, B が固定点であるという事実を反映している．）静止状態でのひもの線密度を ρ とおくと，$\rho = m/h$ ゆえ，上式は次のように書き直せる．

$$\frac{d^2 u_j}{dt^2} = \frac{El}{\rho l_0}\frac{u_{j+1}-2u_j+u_{j-1}}{h^2} \qquad (j = 1, 2, \cdots, N-1) \quad (1.13)$$

今，ひもの自然長 l_0，ヤング率 E，線密度 ρ を一定に保ったまま $h \to 0$ とすると，常微分方程式系(1.13)は形式的に以下の線形偏微分方程式に移行する.

$$u_{tt} = c^2 u_{xx} \qquad (0 < x < l,\ t \in \mathbb{R}) \qquad (1.14)$$

ただしここで $c = \sqrt{El/\rho l_0}$ とおいた. ⬜

　方程式(1.14)は空間1次元の**波動方程式**と呼ばれ，波の伝播や弾性体の振動などの現象を記述する際にしばしば登場する．その詳しい性質は§1.5および第4章で論じる.

　注意1.7　1次元波動方程式で記述される物理的現象の例として，弦の振動が取り上げられることが多いが，これは線分 AB に垂直な方向の変位を未知関数とするもので，例1.6で扱った疎密波とは種類が異なる(図1.3)．弦の振動の場合，波動方程式はあくまでも近似的にしか成り立たず，その運動を正確に記述しようとすると複雑な非線形方程式が得られる．(ただし，微小振動に対しては近似の精度はよい.)これに対し，(1.14)は，ひもが理想的な弾性体である限り厳密に成立するものであることを注意しておく.

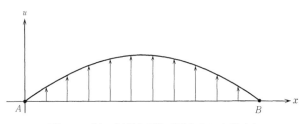

図1.3　弦の振動(両端が固定された場合)

(e)　変分問題から導かれる偏微分方程式

　何らかの汎関数 $J[u]$ を極小(場合によっては極大)にする関数 u を求める問題を**変分問題**という．変分問題は本シリーズ『現代解析学への誘い』§3.6，『力学と微分方程式』第5章でも扱われている．そこで述べられた例におい

ては，得られた微分方程式はいずれも常微分方程式であったが，偏微分方程式を導く変分問題も少なくない.

例 1.8 Ω を有界な平面領域とし，Γ をその境界とする. Ω 上で定義された関数 $u(x, y)$ に対し

$$E[u] = \iint_{\Omega} \{(u_x)^2 + (u_y)^2\} dxdy$$

とおくと，$E[u]$ は**汎関数**，すなわち関数にスカラー値を対応させる写像になる. 今，$\overline{\Omega}$ 上で定義された滑らかな関数であって，Γ 上での境界値が与えられた関数 $\psi(x, y)$ に一致するものの全体を X_ψ とおく. X_ψ に属する u の中で $E[u]$ を最小にするものを求めよう. この変分問題を

$$\underset{u \in X_\psi}{\text{Minimize}} E[u] \qquad (1.15)$$

で表わすことにする. もし $\overline{u}(x, y)$ がこの変分問題の解——すなわち E の最小点——であるとすると，

$$E[u] \geqq E[\overline{u}] \qquad (\forall u \in X_\psi)$$

が成り立つ. したがって，$\overline{\Omega}$ 上で定義された滑らかな関数で Γ 上で 0 となるものの全体を X_0 とおくと，任意の $\varphi \in X_0$ について $\overline{u} + \varepsilon\varphi \in X_\psi$ だから，

$$E[\overline{u} + \varepsilon\varphi] \geqq E[\overline{u}] \qquad (\forall \varepsilon > 0, \forall \varphi \in X_0)$$

が成り立つ. なお，変分問題(1.15)の '解' の意味を広義に解釈すると，E の最小点のみならず極小点も含まれるが，この場合にも上の不等式は少なくとも十分小さい ε に対して成立する. いずれにせよ，これより

$$0 = \frac{d}{d\varepsilon} E[\overline{u} + \varepsilon\varphi]\Big|_{\varepsilon=0} = 2\iint_{\Omega} (\overline{u}_x\varphi_x + \overline{u}_y\varphi_y) dxdy$$

が従う. ここでグリーンの定理

$$\iint_{\Omega} \{(\overline{u}_x\varphi_x + \overline{u}_y\varphi_y) + (\overline{u}_{xx} + \overline{u}_{yy})\varphi\} dxdy = \int_{\Gamma} (-\varphi\overline{u}_y dx + \varphi\overline{u}_x dy)$$

を思い出そう(『現代解析学への誘い』定理 2.36). いま $\varphi|_\Gamma = 0$ であったから，

$$\iint_\Omega (\overline{u}_x\varphi_x + \overline{u}_y\varphi_y)dxdy = -\iint_\Omega (\overline{u}_{xx} + \overline{u}_{yy})\varphi\, dxdy$$

となるので，結局

$$\iint_\Omega (\overline{u}_{xx} + \overline{u}_{yy})\varphi\, dxdy = 0 \qquad (\forall\varphi \in X_0)$$

が得られる．さて，一般に連続関数 $f(x,y)$ に対して，

$$\iint_\Omega f\varphi\, dxdy = 0 \qquad (\forall\varphi \in X_0)$$

が成り立つのは $f(x,y)\equiv 0$ の場合に限ることが知られている．（これを**変分法の基本原理**という．）このことから，$\overline{u}$ は**ラプラスの方程式**

$$\overline{u}_{xx} + \overline{u}_{yy} = 0$$

を Ω 上でみたすことがわかる．ラプラスの方程式の解をこのように変分問題の解として求める方法を，**ディリクレ(Dirichlet)原理**という． ☐

　上の例は，高次元の場合にそのまま拡張できる．Ω を n 次元領域として，

$$E[u] = \int_\Omega (u_{x_1}^2 + \cdots + u_{x_n}^2)dx$$

とおくと，変分問題(1.15)の解は

$$\Delta\overline{u} = 0$$

を満足することが例1.8とまったく同じ方法で示される．ここで

$$\Delta = \frac{\partial^2}{\partial x_1^2} + \cdots + \frac{\partial^2}{\partial x_n^2} \qquad (1.16)$$

は**ラプラス演算子**あるいは**ラプラシアン**と呼ばれ，今後繰り返し現れる重要な演算子である．なお，上式中の $\int_\Omega dx$ なる記号は n 重積分を表わし，dx は $dx_1\cdots dx_n$ と書くのと同等である．今後誤解の恐れのない限り，多重積分であってもしばしば上のように表記することにする．

　問3 $a(x,y), b(x,y)$ を平面領域 Ω の上で定義された正値関数とし，$\psi(x,y)$ を Ω の境界上で定義された関数とする．このとき変分問題

$$\underset{u \in X_\psi}{\text{Minimize}} \iint_\Omega (au_x^2 + bu_y^2)dxdy$$

の解は偏微分方程式 $(au_x)_x + (bu_y)_y = 0$ をみたすことを示せ.

例1.9（石けん膜の形状）　針金で作った輪を石けん水の中に入れてそっと引き上げると，石けん水の薄膜が張る．この膜の形状について考えてみよう．

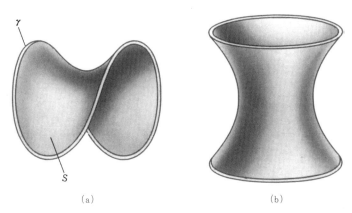

γ

S

(a) (b)

図1.4　(a) 針金の輪に張られた石けん膜，(b) 平行して向かい合う二つの円の間を張る石けん膜(いずれも極小曲面)．後者は電線のたわみ方を表わす曲線として知られる懸垂線を回転してできる面に一致し，懸垂面(catenoid)と呼ばれる(演習問題1.7参照)．この面の方程式は $\sqrt{x^2+y^2} = (e^z+e^{-z})/2$ となるが，この全体を1価関数のグラフで表わすことはできない．

　針金の輪を $\mathbb{R}^3$ 内の閉曲線 γ，石けん膜を曲面 S で表わす(図1.4)．S および γ が xy 平面上に1対1に射影できると仮定して，その像をそれぞれ Ω, Γ とおく．Ω は平面領域で，Γ はその境界である．曲面 S は，Ω 上で定義された何らかの関数 $\overline{u}(x,y)$ を用いて $z=\overline{u}(x,y)$ という形に表わされる．同様に閉曲線 γ は，Γ 上の関数 $\psi(x,y)$ を用いて $z=\psi(x,y)$ と表わされる．境界値 ψ は針金の形状から定まる既知関数と考えてよい．以下，未知関数 $\overline{u}(x,y)$ がみたす偏微分方程式を導こう．

　石けん膜はその面積に比例した内部エネルギーをもつので，重力や他の外

力の影響を無視すれば，面積を極小にする状態に最終的に落ち着く．すなわち，$\overline{u}(x,y)$ は次の変分問題の解になる．

$$\underset{u \in X_\psi}{\text{Minimize}}\, A[u]$$

ここで X_ψ は境界値が ψ であるような $\overline{\Omega}$ 上の関数全体の集合であり，

$$A[u] := \iint_\Omega \sqrt{1+u_x^2+u_y^2}\, dxdy$$

は曲面 $z=u(x,y)$ の面積を表わす汎関数である．例 1.8 でやったのと同様に，$\left.\dfrac{d}{d\varepsilon}A[\overline{u}+\varepsilon\varphi]\right|_{\varepsilon=0}=0$ を計算すると

$$\iint_\Omega \frac{\overline{u}_x\varphi_x+\overline{u}_y\varphi_y}{\sqrt{1+\overline{u}_x^2+\overline{u}_y^2}}\, dxdy = 0$$

を得る．左辺をグリーンの定理を用いて変形し，変分問題の基本原理を適用すると，偏微分方程式

$$\left(\frac{\overline{u}_x}{\sqrt{1+\overline{u}_x^2+\overline{u}_y^2}}\right)_x + \left(\frac{\overline{u}_y}{\sqrt{1+\overline{u}_x^2+\overline{u}_y^2}}\right)_y = 0 \qquad (1.17)$$

が導かれる．これを書き直すと

$$(1+\overline{u}_y^2)\overline{u}_{xx}+(1+\overline{u}_x^2)\overline{u}_{yy}-2\overline{u}_x\overline{u}_y\overline{u}_{xy} = 0 \qquad (1.17')$$

という形になる．方程式(1.17)や(1.17′)をラグランジュの**極小曲面方程式**と呼ぶ．これは準線形の偏微分方程式である．　　　　　　　　　　□

　一般に $F(x,u,p_1,\cdots,p_n)$ を与えられた関数として，n 次元領域 Ω 上で定義された関数 $u(x_1,\cdots,x_n)$ に対する汎関数

$$J[u] = \int_\Omega F(x,u,u_{x_1},\cdots,u_{x_n})dx$$

が与えられたとき，変分問題

$$\underset{u \in X_\psi}{\text{Minimize}}\, J[u]$$

の解は次の偏微分方程式をみたすことが例 1.8 や例 1.9 と同じように示される.

$$F_u - \sum_{j=1}^{n} (F_{p_j}(x, \overline{u}(x), \overline{u}_{x_1}(x), \cdots, \overline{u}_{x_n}(x)))_{x_j} = 0 \qquad (1.18)$$

(1.18)を上記の変分問題に対する**オイラー方程式**と呼ぶ. 例 1.8 の変分問題に対するオイラー方程式はラプラスの方程式であり, 例 1.9 のオイラー方程式は極小曲面方程式である.

§1.3　簡単な偏微分方程式の解法

（a）　定数係数 1 階方程式

例 1.10　未知関数 $u(x, y)$ に対する偏微分方程式
$$u_x = 0, \quad (x, y) \in \mathbb{R}^2 \qquad (1.19)$$
を解いてみよう. (1.19)は, 等式 $u_x(x, y) = 0$ が平面 $\mathbb{R}^2$ 上のすべての点 (x, y) に対して成立することを意味する. したがって

$$u(x, y) = u(0, y) + \int_0^x u_x(s, y)ds = u(0, y)$$

が平面 $\mathbb{R}^2$ 上で成立する. 右辺は y のみの関数であるのでこれを $g(y)$ と書くと, (1.19)の解は

$$u(x, y) = g(y) \qquad (1.20)$$

という形に表わされる. 逆に, $g(y)$ を勝手な関数とすると, (1.20)で与えられる関数 $u(x, y)$ が偏微分方程式(1.19)をみたすのは明らかである. よって(1.20)が方程式(1.19)のすべての解をつくす. ここで $g(y)$ はどんな関数でもよいので, これを**任意関数**と呼ぶ. また, 任意関数を用いて表わされる偏微分方程式の解を**一般解**(general solution)と呼ぶ.

　今度は方程式(1.19)の定義域が, 平面内の領域 Ω である場合を考えよう. このとき方程式は次の形に書き表わされる.

$$u_x = 0, \quad (x, y) \in \Omega \qquad (1.21)$$

もし Ω が図 1.5(a)に示した形の領域であれば, 解 $u(x, y)$ の値は図 1.5(b)

の各水平線分上で一定になる. ただし y 座標が同じでも, 連結な水平線分で結ばれない 2 点(例えば点 A, B など)においては, u の値は等しいとは限らない. したがって, (1.21)の一般解は(1.20)よりもっと複雑になる. □

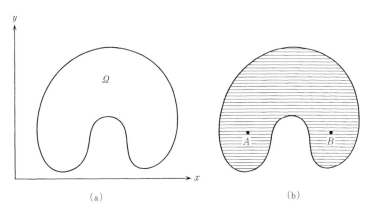

(a) (b)

図 1.5 (1.21)の解は, (b)に図示した各水平線分の上で一定の値をとる. 点 A, B で同じ値とは限らない.

注意 1.11 Ω がどんな領域であっても, 方程式
$$u_x = u_y = 0 \qquad ((x,y) \in \Omega)$$
の解は定数に限る. 実際, u は座標軸に平行な線分の上で一定値をとるからである(図 1.6 参照).

例 1.12 未知関数 $u(x,t)$ に対する次の偏微分方程式を考えよう.
$$u_t + cu_x = 0 \qquad (x \in \mathbb{R}, \ t \in \mathbb{R}) \tag{1.22}$$
ここで c は定数である. 今, $\xi = x - ct$ とおき, 独立変数を (x,t) から (ξ,t) に変換すると,
$$u(x,t) = u(\xi + ct, t)$$
と書ける. 右辺を ξ, t の関数と見て $w(\xi,t)$ とおくと, w は方程式
$$w_t(\xi,t) = cu_x(\xi + ct, t) + u_t(\xi + ct, t) = 0$$
をみたす. よって例 1.10 の結果から, $w(\xi,t) = g(\xi)$ と表わされる. これよ

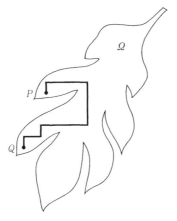

図1.6 Ω の任意の2点 P, Q を座標軸に平行な折れ線で結べば，$u(P) = u(Q)$ が導かれる．

り (1.22) の一般解は

$$u(x, t) = g(x - ct) \qquad (g \text{ は任意関数}) \tag{1.23}$$

の形で与えられることがわかる． □

（b）　簡単な2階方程式

例 1.13　未知関数 $u = u(x, y)$ に対する偏微分方程式

$$u_{xy} = 0, \quad (x, y) \in \mathbb{R}^2 \tag{1.24}$$

を考える．この方程式は $(u_x)_y = 0$ と書き直せるので，例 1.10 の結果から

$$u_x(x, y) = h(x) \qquad (h \text{ は任意関数})$$

が成り立つ．$h(x)$ の原始関数のひとつを $H(x)$ で表わすと，上式は

$$(u(x, y) - H(x))_x = 0$$

と書けるので，再び例 1.10 の結果を用いて

$$u(x, y) - H(x) = g(y) \qquad (g \text{ は任意関数})$$

が成り立つことがわかる．すなわち，(1.24) の一般解は

$$u(x, y) = H(x) + g(y) \qquad (H, g \text{ は任意関数})$$

で与えられる． □

例 1.14（1 次元波動方程式）　未知関数 $u(x,t)$ に対する 1 次元波動方程式
$$u_{tt} - c^2 u_{xx} = 0 \qquad (x \in \mathbb{R},\ t \in \mathbb{R}) \qquad (1.25)$$
を考える．新たな独立変数 $\xi = x - ct,\ \eta = x + ct$ を導入すると，
$$u(x,t) = u\left(\frac{\xi + \eta}{2}, \frac{-\xi + \eta}{2c}\right)$$
と書ける．上式の右辺を $w(\xi, \eta)$ とおくと，
$$u(x,t) = w(x - ct,\ x + ct)$$
ゆえ，
$$u_{xx} = w_{\xi\xi} + 2w_{\xi\eta} + w_{\eta\eta}, \quad u_{tt} = c^2(w_{\xi\xi} - 2w_{\xi\eta} + w_{\eta\eta})$$
となり，これと(1.25)から w は次の方程式をみたすことがわかる．
$$w_{\xi\eta} = 0$$
よって例 1.13 より $w(\xi, \eta) = h(\xi) + g(\eta)$ と書ける．したがって(1.25)の一般解は次の形で与えられる．
$$u(x,t) = h(x - ct) + g(x + ct) \qquad (1.26)$$
ここで h, g は任意関数（ただし C^2 級）である．　　　　　　　　　□

注意 1.15　例 1.12 や例 1.14 で独立変数を変換した際に未知関数 u を w に書き替えたが，これはあくまで独立変数が入れ替わっていることを強調するためのものであり，誤解の恐れがなければ，むろん，同じ文字を用いて差し支えない．なお，x, t, ξ, η による微分をそれぞれ微分演算子 D_x, D_t, D_ξ, D_η で表わすと，
$$D_x = \frac{\partial \xi}{\partial x} D_\xi + \frac{\partial \eta}{\partial x} D_\eta = D_\xi + D_\eta$$
$$D_t = \frac{\partial \xi}{\partial t} D_\xi + \frac{\partial \eta}{\partial t} D_\eta = c(D_\xi - D_\eta)$$
であるから，
$$D_t^2 - c^2 D_x^2 = c^2(D_\xi - D_\eta)^2 - c^2(D_\xi + D_\eta)^2 = -4c^2 D_\xi D_\eta$$
となる．よって u が(1.25)の解ならば
$$(D_t^2 - c^2 D_x^2)u = -4c^2 D_\xi D_\eta u = 0$$
が成り立つ．このように，定数係数の線形偏微分方程式においては，微分演算子を用いると式変形がやりやすい．

§1.4 初期値問題と境界値問題

偏微分方程式に対しても初期値問題や境界値問題を考えることができる.

(a) 初期値問題

例 1.16 c を定数とする. 方程式
$$u_t + cu_x = 0 \qquad (x \in \mathbb{R},\ t \in \mathbb{R}) \tag{1.27a}$$
の解 $u(x,t)$ で次の条件をみたすものを求めよう.
$$u(x,t_0) = u_0(x) \qquad (x \in \mathbb{R}) \tag{1.27b}$$
ここで u_0 は与えられた関数, t_0 は与えられた実数である.

方程式(1.27a)の一般解は(1.23)で与えられるから, これが条件(1.27b)をみたすように関数 g を定めればよい. 結局求める解は以下のようになる.
$$u(x,t) = u_0(x - c(t - t_0)) \tag{1.28}$$ □

常微分方程式の場合と同じく, (1.27b)のような条件を**初期条件**と呼び, t_0 を**初期時刻**, $u_0(x)$ を**初期値**と呼ぶ. また, 微分方程式の解の中で, 与えられた初期条件をみたすものを求める問題を**初期値問題**(initial value problem)という. 偏微分方程式の場合, 初期値は関数になる. 例えば熱伝導の方程式においては初期値は物体内の初期温度分布を表わし, 弦の振動方程式の場合は, 初期値は弦の力学的初期状態(すなわち各水平位置での弦の初期変位と初速度)を表わす.

さて, $u(x,t)$ を初期値問題(1.27)の解とする. 時間変数 t を止めて, 関数 $x \mapsto u(x,t)$ のグラフを描いてみると, 時間の経過とともに同じ形のグラフが一定速度 c で x 軸の正の方向に($c < 0$ の場合は負の方向に)移動することがわかる(図1.7). このように(1.28)で表わされる解を**進行波**と呼ぶ.

例 1.17(1次元波動方程式の初期値問題) c を正定数として, 初期値問題

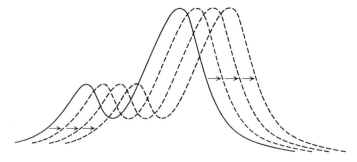

図1.7　初期値問題(1.27)の解のふるまい. 解のグラフは形を変えずに一定速度で進行する.

$$\begin{cases} u_{tt} - c^2 u_{xx} = 0 & (x \in \mathbb{R},\ t \in \mathbb{R}) & (1.29\text{a}) \\ u(x,0) = u_0(x), \quad u_t(x,0) = u_1(x) & (x \in \mathbb{R}) & (1.29\text{b}) \end{cases}$$

を考えてみよう. 方程式は t について2階であるので, 上のように二つの初期値を指定する必要がある. 方程式(1.29a)の一般解は(1.26)で与えられるから, これが初期条件(1.29b)を満足するように関数 g, h を定めればよい. 結局求める解は次式で与えられることがわかる.

$$u(x,t) = \frac{1}{2}\left\{ u_0(x-ct) - \frac{1}{c} U_1(x-ct) \right\} \\ + \frac{1}{2}\left\{ u_0(x+ct) + \frac{1}{c} U_1(x+ct) \right\} \qquad (1.30)$$

ここで $U_1(x) = \int_0^x u_1(y)dy$ である. (1.30)は波面が $\pm c$ の速度で左右の方向に広がる様子を表わしている. 上式はまた, 次のようにも表わされる.

$$u(x,t) = \frac{1}{2}\{ u_0(x-ct) + u_0(x+ct) \} + \frac{1}{2c} \int_{x-ct}^{x+ct} u_1(y)dy \quad (1.31)$$

(1.31)をダランベール(d'Alembert)の公式と呼ぶ. 　　　　　□

(b)　境界値問題

真空の領域 Ω 内に広がる静電場が与えられているとする. $\varphi(x,y,z)$ をこ

の静電場のポテンシャルとすると，φ は次のラプラスの方程式を Ω 内でみたすことが知られている（§3.1 参照）．

$$\varphi_{xx} + \varphi_{yy} + \varphi_{zz} = 0, \quad (x, y, z) \in \Omega \qquad (1.32a)$$

今，Ω 内の φ の値は未知であるが Ω の境界 S 上での φ の値（すなわち表面電位）は観測できているとしよう．この観測値を ψ とおくと，

$$\varphi = \psi, \quad (x, y, z) \in S \qquad (1.32b)$$

が成り立つ．ここで $\psi(x, y, z)$ は S 上で定義された既知関数である．表面電位の情報から内部の電位を計算する作業は，方程式（1.32a）の解で条件（1.32b）をみたすものを求める問題に帰着する．

　この例のように，領域 Ω の上で何らかの偏微分方程式が与えられているとき，Ω 上いたるところでこの偏微分方程式をみたし，かつ Ω の境界上では指定された条件を満足する関数を求める問題を（その偏微分方程式に対する）**境界値問題**（boundary value problem）という．また，領域の境界上で課せられる（1.32b）のような条件を**境界条件**と呼ぶ．

　例 1.18　平面内の領域 D における次の境界値問題を考える．

$$\begin{cases} u_{xx} + u_{yy} = 0 & ((x, y) \in D) & (1.33a) \\ u = 0 & ((x, y) \in \Gamma) & (1.33b) \end{cases}$$

ここで Γ は D の境界を表わす．定数関数 $u(x, y) \equiv 0$ がこの境界値問題の解であることはすぐにわかるが，これ以外に解がないことを以下の手順で示そう．

　まず，グリーンの定理から一般に次の関係式が成り立つ．

$$\iint_D u(u_{xx} + u_{yy}) dx dy + \iint_D (u_x^2 + u_y^2) dx dy = \int_\Gamma (-u u_y dx + u u_x dy)$$

$$(1.34)$$

ここで上式の右辺は Γ 上の線積分を表わす．（1.33a）より左辺の第 1 項は 0 に等しく，（1.33b）より右辺も 0 になる．よって

$$\iint_D (u_x^2 + u_y^2)dxdy = 0$$

が成り立たねばならない．被積分関数はいたるところで非負だから，この積分が0になるのは $u_x = u_y = 0$ が D 上で成り立つ場合に限る．よって u は定数になる．この事実と境界条件(1.33b)から $u \equiv 0$ が得られる．　　　　　□

注意 1.19　グリーンの定理を用いる上の証明方法だと，関数 $u(x,y)$ が D の内部のみならず境界 Γ 上でも微分可能であることを仮定する必要がある．一方，第3章で述べる最大値原理を適用すれば，Γ 上での微分可能性を仮定せずに解の一意性を示すことができる(定理3.12 の系 3.14 参照)．

(1.32b)や(1.33b)のような形の境界条件を**第1種境界条件**または**ディリクレ境界条件**と呼ぶ．とくに $\psi \equiv 0$ の場合は，**斉次のディリクレ境界条件**と呼ばれることがある．境界条件にはこれ以外の種類もある．詳しくは§2.1，§3.5，§4.2で解説する．

(c)　初期境界値問題

問題によっては，与えられた偏微分方程式に初期条件と境界条件の両方が課せられることがある．例えば例1.6で扱った疎密波の問題の場合，ひもの各部分の変位 $u(x,t)$ は次の方程式をみたす．

$$u_{tt} - c^2 u_{xx} = 0 \qquad (0 < x < l,\ t \in \mathbb{R}) \qquad (1.35\text{a})$$

例1.17と同様に，初期条件は次の形で与えられる．

$$u(x,0) = u_0(x), \quad u_t(x,0) = u_1(x) \qquad (0 < x < l) \quad (1.35\text{b})$$

一方，ひもの両端が固定されているので，以下の境界条件がみたされる．

$$u(0,t) = u(l,t) = 0 \qquad (t \in \mathbb{R}) \qquad (1.35\text{c})$$

すなわち，ひもの内部の疎密波の様子を調べるには，波動方程式(1.35a)の解 $u(x,t)$ で初期条件(1.35b)と境界条件(1.35c)を満足するものを求めればよい．このように，偏微分方程式の解で，与えられた初期条件と境界条件をみたすものを求める問題を**初期境界値問題**(initial-boundary value problem)

という.

初期境界値問題が現れるもう一つの典型例として，§1.2(c)で導出した熱伝導方程式

$$u_t = u_{xx} \qquad (0 < x < l,\ t > 0)$$

を考えよう．これは，1次元区間 $[0, l]$ に見たてた細長い物体，たとえば針金の温度変化を記述する数理モデルとして知られている(詳細については第2章を見よ)．もし針金の両端における温度が一定値 T に保たれているならば，境界条件

$$u(0, t) = u(l, t) = T \qquad (t > 0)$$

が得られる．$u(x, t) - T$ を改めて $u(x, t)$ とし，これに初期温度分布 $u_0(x)$ の情報を加味すると，以下の初期境界値問題が得られる.

$$u_t = u_{xx} \qquad (0 < x < l,\ t > 0) \tag{1.36a}$$
$$u(x, 0) = u_0(x) \qquad (0 < x < l) \tag{1.36b}$$
$$u(0, t) = u(l, t) = 0 \qquad (t > 0) \tag{1.36c}$$

熱伝導方程式および波動方程式に対する初期境界値問題は，次節§1.5および第2章と第4章で詳しく取り扱う.

なお，初期境界値問題(1.35a), (1.35b), (1.35c)は，例1.6で扱った疎密波の運動に限らず，両端が固定された弦の垂直振動の近似モデルとしても使えることは注意1.7で述べたとおりである(図1.3).

(d) 初期値問題の適切性

初期値問題が**適切**(well-posed)であるとは，次の(A1)–(A3)が成り立つことをいう.

(A1) 勝手な初期値に対して解(正確には局所解)が存在する．[存在]

(A2) 解がただ一つしかない．[一意性]

(A3) 初期値に微小な摂動を加えると，対応する解も微小な変化しか示さない．[初期値に対する解の連続依存性]

与えられた初期値問題が何らかの物理的系の状態の時間的変化を記述する数理モデルである場合，上記の(A3)は，同一の実験を何度繰り返しても同

じ観測結果が得られることを保証する性質と解釈できる．なぜなら，現実の世界では計測器にかからないほどの微小な誤差は不可避であり，そのため生ずる初期値の間のわずかなバラつきが実験結果に大きな影響を与えるようでは，実験の再現性が保証されないからである．こうして，決定論的な物理法則の支配する世界では，それを記述する数理モデルは上記(A1)–(A3)の性質を保有していないと具合が悪いことがわかる．

最も簡単な例として，常微分方程式に対する初期値問題

$$\begin{cases} \dfrac{du}{dt} = f(u) \\ u(0) = a \end{cases}$$

を考えてみよう．関数 $f(u)$ が C^1 級であれば(A1)–(A3)が成り立つことは，常微分方程式論でよく知られた事実である．よって上の初期値問題は適切である．

次に例 1.17 で扱った 1 次元波動方程式の初期値問題を考えてみよう．解はダランベールの公式

$$u(x,t) = \frac{1}{2}\{u_0(x-ct) + u_0(x+ct)\} + \frac{1}{2c}\int_{x-ct}^{x+ct} u_1(y)dy$$

で与えられるから，(A1), (A2)が成り立つのは明らかである．また，この公式から性質(A3)も容易に導かれる(問4参照)．なお，(A1)において「勝手な初期値」としているが，初期値は適当な関数のクラスから選ばねばならないのはもちろんであり，どのような関数のクラスが適当であるかは考えている問題に応じて異なる．

適切性の概念は，初期境界値問題にもそのまま拡張される．ただし初期境界値問題の場合は，解が初期値だけでなく境界値の摂動に対しても連続的に依存することを要請することがある．本書で扱う初期値問題や初期境界値問題はすべて適切である．熱伝導方程式および波動方程式の適切性については，第2章と第4章で改めて論ずる．

問4 初期値 $u_0^N(x)$, $u_1^N(x)$ に対する 1 次元波動方程式の解を $u^N(x,t)$ とする

$(N = 1, 2, 3, \cdots)$. 以下を示せ.

(1) $N \to \infty$ のとき $u_0^N(x) \to u_0^\infty(x)$, $u_1^N(x) \to u_1^\infty(x)$ ($\mathbb{R}$ 上一様収束) とし, 初期値 $u_0^\infty(x)$, $u_1^\infty(x)$ に対する解を $u^\infty(x, t)$ とおくと,

$$\lim_{N \to \infty} u^N(x, t) = u^\infty(x, t)$$

この収束は, $T > 0$ をどう選んでも, 領域 $-\infty < x < \infty$, $-T \leqq t \leqq T$ 上で一様収束である.

(2) $\|w\|_0 = \sup_{x \in \mathbb{R}} |w(x)|$, $\|w\|_1 = \sup_{x \in \mathbb{R}} |w(x)| + \sup_{x \in \mathbb{R}} |w'(x)|$ とおく.

$$\|u_0^N - u_0^\infty\|_1 \to 0, \quad \|u_1^N - u_1^\infty\|_0 \to 0 \qquad (N \to \infty)$$

なら, $u^N(x, t)$, $u_x^N(x, t)$, $u_t^N(x, t)$ はそれぞれ $u^\infty(x, t)$, $u_x^\infty(x, t)$, $u_t^\infty(x, t)$ に領域 $-\infty < x < \infty$, $-T \leqq t \leqq T$ 上で一様収束する.

§1.5 フーリエの方法

(a) フーリエ級数の発見

初期境界値問題の解法には, フーリエによって発見された方法がしばしば大きな力を発揮する. これは方程式の線形性を徹底して有効に利用した方法であり, 重ね合わせの原理が鍵になる. フーリエ自身が取り扱った熱伝導の方程式の初期境界値問題 (§1.4(c) の (1.36a)–(1.36c)) に即して, まずそのアイデアを説明しよう.

ひとまず初期条件 (1.36b) を忘れて, 微分方程式 (1.36a) の解で

$$u(x, t) = \psi(t) \varphi(x)$$

の形に書けるものを捜してみよう. このように, 多変数の関数が 1 変数の関数の積で表示されるとき, **変数分離形**であるという. さて, 境界条件 (1.36c) より

$$\varphi(0) = \varphi(l) = 0 \tag{1.37}$$

でなければならない. 上の形を (1.36a) に代入して両辺を $u(x, t)$ で割ると

$$\frac{\psi'(t)}{\psi(t)} = \frac{\varphi''(x)}{\varphi(x)}$$

となる. この左辺は x によらず, 右辺は t によらないから, 両辺は x, t に無

関係な定数でなければならない．それを μ とおけば

$$\psi'(t) = \mu\psi(t) \tag{1.38}$$

$$\varphi''(x) = \mu\varphi(x) \tag{1.39}$$

を得る．ここで(1.39)が境界条件(1.37) をみたす 0 でない解をもつために
は $\mu = -\left(\dfrac{n\pi}{l}\right)^2$ $(n = 1, 2, 3, \cdots)$ でなければならず，そのとき定数倍を除き

$$\varphi(x) = \sin\left(\frac{n\pi}{l}x\right)$$

となることがわかる．

問5　(1.39)を解いてこれを確かめよ．

またこのとき，(1.38)は $\psi(t) = \alpha_n e^{-n^2\pi^2 t/l^2}$ (α_n は定数)と解くことができ
る．

さて，方程式(1.36a)は線形であるから，重ね合わせの原理により上で得
られた解の和

$$\sum_{n=1}^{N} \alpha_n e^{-n^2\pi^2 t/l^2} \sin\left(\frac{n\pi}{l}x\right)$$

もまた(1.36)をみたす解である．少し乱暴だが $N \to \infty$ として

$$u(x, t) = \sum_{n=1}^{\infty} \alpha_n e^{-n^2\pi^2 t/l^2} \sin\left(\frac{n\pi}{l}x\right) \tag{1.40}$$

も解になると期待される．残された初期条件(1.36b)が成り立つためには，
$t = 0$ とおいて

$$u_0(x) = \sum_{n=1}^{\infty} \alpha_n \sin\left(\frac{n\pi}{l}x\right) \tag{1.41}$$

であればよい．すなわち，無限個の任意定数 α_n を(1.41)が成り立つよう
に選ぶことができれば，初期境界値問題の解が(1.40)の形で得られる．い
ま(1.41)の両辺に $\sin(m\pi x/l)$ $(m = 1, 2, \cdots)$ を掛けて項別に積分し，関係式

$$\frac{2}{l}\int_0^l \sin\left(\frac{n\pi x}{l}\right)\sin\left(\frac{m\pi x}{l}\right)dx = \begin{cases} 1 & (m=n) \\ 0 & (m\neq n) \end{cases}$$

を用いれば

$$\frac{2}{l}\int_0^l u_0(x)\sin\left(\frac{m\pi x}{l}\right)dx = \alpha_m$$

が得られる. こうして係数 α_n は $u_0(x)$ から決定される.

　ここで, 任意に与えられた関数 $u_0(x)$ から α_n を上のように定めたとき, 展開(1.41)が実際に成り立つのかという疑問が生じる. (歴史上そのように主張したフーリエは激しい抵抗に出会った.) 次項(b),(c)でこの点に関し一般的に知られている事実を紹介する.

（b）　フーリエ級数

3角関数を項とする

$$\frac{a_0}{2} + \sum_{n=1}^{\infty}(a_n\cos nx + b_n\sin nx) \tag{1.42}$$

の形の級数を **3角級数** という. a_n, b_n が区間 $[-\pi,\pi]$ で定義された関数 $f(x)$ によって

$$a_n = \frac{1}{\pi}\int_{-\pi}^{\pi}f(x)\cos nx\,dx \qquad (n\geqq 0) \tag{1.43}$$

$$b_n = \frac{1}{\pi}\int_{-\pi}^{\pi}f(x)\sin nx\,dx \qquad (n\geqq 1) \tag{1.44}$$

と与えられるとき, (1.42)を $f(x)$ の **フーリエ級数**, (1.43),(1.44)を **フーリエ係数** と呼び, この関係を

$$f(x) \sim \frac{a_0}{2} + \sum_{n=1}^{\infty}(a_n\cos nx + b_n\sin nx) \tag{1.45}$$

と表わす. 次項で述べるように, $f(x)$ が適当な条件をみたせば(1.45)の $\sim$ は等号として成立する(定理1.21, 定理1.24. このとき(1.45)を $f(x)$ の **フーリエ級数展開** という.) 逆に $f(x)$ が(1.42)の形の3角級数で表わされると

き，両辺に $\cos nx$, $\sin nx$ を掛けて形式的に項別積分を行なえば，次の**直交関係**(『微分と積分1』例題 3.40)により a_n, b_n は(1.43), (1.44)の形に一意的に定められることがわかる．

$$\frac{1}{\pi} \int_{-\pi}^{\pi} \cos mx \sin nx \, dx = 0 \qquad (m \geqq 0, \ n \geqq 1)$$

$$\frac{1}{\pi} \int_{-\pi}^{\pi} \cos mx \cos nx \, dx = \begin{cases} 2 & (m = n = 0) \\ 1 & (m = n \geqq 1) \\ 0 & (m \neq n) \end{cases}$$

$$\frac{1}{\pi} \int_{-\pi}^{\pi} \sin mx \sin nx \, dx = \begin{cases} 1 & (m = n \geqq 1) \\ 0 & (m \neq n) \end{cases}$$

しかし(1.42)がいつ収束し(1.45)がいつ等号で成り立つか，また上で行なった無限和と積分の順序交換がいつ可能かについては本来慎重な吟味が必要である．

注意 1.20 $f(x)$ が区間 $[-l, l]$ で定義された関数であるときは，変数のスケールによりこれを $[-\pi, \pi]$ での関数とみなせる．このときフーリエ級数は

$$f(x) \sim \frac{a_0}{2} + \sum_{n=1}^{\infty} \left(a_n \cos\left(\frac{n\pi x}{l}\right) + b_n \sin\left(\frac{n\pi x}{l}\right) \right) \tag{1.46}$$

$$a_n = \frac{1}{l} \int_{-l}^{l} f(x) \cos \frac{n\pi x}{l} \, dx, \qquad b_n = \frac{1}{l} \int_{-l}^{l} f(x) \sin \frac{n\pi x}{l} \, dx \tag{1.47}$$

の形をとる．

(c) フーリエ級数の収束

フーリエ級数の収束については，岩波講座『現代数学の基礎』「実関数と Fourier 解析 1, 2」において詳しく述べられている．ここでは基本的な事実を紹介するにとどめよう．

定理 1.21 連続関数 $f(x)$ は $[-\pi, \pi]$ において有限個の飛びをもつほかは区分的に C^1 級であるとする．このときフーリエ級数は区間の各点 x_0 で収束し，

$$\frac{a_0}{2} + \sum_{n=1}^{\infty} (a_n \cos nx_0 + b_n \sin nx_0)$$

$$= \begin{cases} f(x_0) & (f(x) \text{ が } x = x_0 \text{ で連続なとき}) \\ \dfrac{f(x_0+0)+f(x_0-0)}{2} & (f(x) \text{ が } x = x_0 \text{ で不連続なとき}) \end{cases}$$

が成り立つ. ▯

ここで $f(x)$ が $x = x_0$ で飛びをもつとは, 左右両側からの極限値 $f(x_0 \pm 0) = \lim_{\varepsilon \to 0} f(x_0 \pm \varepsilon)$ が存在するが等しくないことをいう.

例 1.22 $f(x) = x(\pi - x)$ $(0 \le x \le \pi)$, $= x(\pi + x)$ $(-\pi \le x \le 0)$ の場合, $f(-x) = -f(x)$ であるから $a_n = 0$. また

$$b_n = \frac{2}{\pi} \int_0^{\pi} x(\pi - x) \sin nx \, dx = \frac{4}{n^3 \pi} (1 - (-1)^n)$$

したがって

$$x(\pi - x) = \frac{8}{\pi} \sum_{n=1}^{\infty} \frac{1}{(2n-1)^3} \sin(2n-1)x \qquad (0 \le x \le \pi)$$

▯

例 1.23 $f(x) = x/2$ $(-\pi < x < \pi)$ とおく. 両端での値は, 例えば $f(x + 2\pi) = f(x)$ となるように定める. (このとき $f(x)$ は $x = \pm\pi$ で飛びをもちうるが, フーリエ係数の計算には影響がない.) フーリエ級数は次のようになる.

$$\frac{x}{2} = \sum_{n=1}^{\infty} (-1)^{n-1} \frac{1}{n} \sin nx \qquad (-\pi < x < \pi)$$

これは絶対収束しないが収束するフーリエ級数の例を与える. 3角級数(1.42)の第 n 項(第 n モードと呼ぶことがある)は n が大きいと非常に激しく振動する関数である. 上のように絶対収束しない場合には, 振動の結果正負の項がほとんど打ち消しあうことによって収束が生じていると考えられる. ▯

問6　例 1.22 と 1.23 で与えた公式で $x = \pi/2$ とおくと, それぞれどのような等式が得られるか.

一般に $f(x)$ が滑らかなほど a_n, b_n は $n \to \infty$ で速く減少し, フーリエ級数

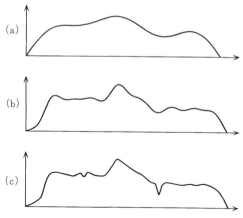

図 1.8 フーリエ級数の第 N モードまでの部分和のグラフが $f(x)$ のグラフに近づいていく様子を示す．(a) $N = 5$，(b) $N = 20$，(c) $N = 100$.

の収束がよくなる．また例えば

$$\sum_{n=1}^{\infty} n^m |a_n|, \quad \sum_{n=1}^{\infty} n^m |b_n| < \infty$$

であれば，フーリエ級数は m 回項別に微分することが許される（『現代解析学への誘い』例題 3.61）．

問7 $f(x)$ のフーリエ級数を $a_n(f), b_n(f)$ のように f を明示して表わす．部分積分を利用して，$f(x)$ が C^1 級で $f(-\pi) = f(\pi)$ ならば

$$a_n(f) = -\frac{1}{n} b_n(f'), \qquad b_n(f) = \frac{1}{n} a_n(f')$$

となることを示せ．

問8 $f(x)$ が C^m 級であって $f^{(j)}(-\pi) = f^{(j)}(\pi)$ $(0 \le j \le m-1)$ ならば
$$|a_n(f)|, \ |b_n(f)| = O(n^{-m}) \qquad (n \to \infty)$$
となることを示せ．

各点での収束とは別の意味でフーリエ級数の収束を考えることが便利なこ

ともある. 関数 $f(x)$ に対し,

$$\|f\| = \sqrt{(f,f)} = \left(\frac{1}{\pi} \int_{-\pi}^{\pi} f(x)^2 dx \right)^{1/2}$$

を $f(x)$ の **L^2-ノルム**と呼ぶ. いま $f(x)$ のフーリエ級数(1.45)の第 N 部分和を $S_N(f)$ で表わせば次が成り立つ.

定理1.24 $f(x)$ が $[-\pi, \pi]$ で 2 乗可積分, すなわち $\|f\| < \infty$ ならば

$$\lim_{N \to \infty} \|f - S_N(f)\| = 0 \qquad (1.48)$$

□

このように L^2-ノルムの意味での収束を**平均収束**という. このときさらに

$$\frac{1}{\pi} \int_{-\pi}^{\pi} |f(x)|^2 dx = \frac{1}{2} a_0^2 + \sum_{n=1}^{\infty} (a_n^2 + b_n^2) \qquad (1.49)$$

が成り立ち, L^2-ノルムはフーリエ係数から簡単に計算される. これを**パーセヴァル(Parseval)の等式**という. これらの事実が示すように, L^2-ノルムという尺度はフーリエ級数となじみがよい.

注意1.25 $f(x)$ が $[-\pi, \pi]$ 上の奇関数ならば $a_n = 0$ であるから, (1.45)は**フーリエ正弦級数展開**

$$f(x) = \sum_{n=1}^{\infty} b_n \sin(nx) \qquad (1.50)$$

となる. 同様に $f(x)$ が偶関数ならば $b_n = 0$ となり**フーリエ余弦級数展開**

$$f(x) = \frac{a_0}{2} + \sum_{n=1}^{\infty} a_n \cos(nx) \qquad (1.51)$$

の形をとる.

いま $f(x)$ が $[0, \pi]$ で与えられたとき, これを $[-\pi, \pi]$ に奇関数としても偶関数としても拡張することができるので, 例えば $f(x)$ が 2 乗可積分ならば平均収束の意味で(1.50)の形にも(1.51)の形にも展開が可能である. ただしそれぞれの場合に

$$a_n = \frac{2}{\pi} \int_0^{\pi} f(x) \cos nx \, dx, \qquad b_n = \frac{2}{\pi} \int_0^{\pi} f(x) \sin nx \, dx$$

である. しかし $f(x)$ が境界条件

$$f(0) = f(\pi) = 0$$

をみたす滑らかな関数の場合には，これを奇関数として拡張すれば全体で滑らかな関数になるから，この場合はフーリエ正弦級数展開を用いた方が収束の仕方がよい．同様に境界条件

$$f'(0) = f'(l) = 0$$

をみたす関数の場合には，偶関数として拡張すると滑らかになるので，フーリエ余弦級数展開を用いた方が収束がよい．収束がよくなければ項別積分などの式変形は十分に正当化できない．この理由で，境界条件に応じ正弦級数展開と余弦級数展開を使い分けるのが都合がよい．

(d)　初期境界値問題

1 次元の波動方程式(1.35a)–(1.35c)に立ち戻って，初期境界値問題のフーリエ級数による解法をまとめておこう．

境界条件(1.35c)を考慮して，解 $u(x,t)$ を区間 $-l \leqq x \leqq l$ 上の奇関数に拡張し，フーリエ正弦級数に展開する((1.46), (1.47)参照)．

$$u(x,t) = \sum_{n=1}^{\infty} b_n(t) \sin\left(\frac{n\pi}{l}x\right)$$

この式を項別に微分して微分方程式(1.35a)に代入すると

$$u_{tt}(x,t) - c^2 u_{xx}(x,t) = \sum_{n=1}^{\infty} \left(b_n''(t) + c^2\left(\frac{n\pi}{l}\right)^2 b_n(t)\right)\sin\left(\frac{n\pi}{l}x\right) = 0$$

を得る．各フーリエ係数を 0 とおいて

$$b_n''(t) + c^2\left(\frac{n\pi}{l}\right)^2 b_n(t) = 0$$

この常微分方程式の一般解は

$$b_n(t) = \alpha_n \cos\left(\frac{nc\pi}{l}t\right) + \beta_n \sin\left(\frac{nc\pi}{l}t\right) \qquad (\alpha_n, \beta_n \text{ は任意定数})$$

で与えられる．よって，

$$u(x,t) = \sum_{n=1}^{\infty} \left(\alpha_n \cos\frac{nc\pi}{l}t + \beta_n \sin\frac{nc\pi}{l}t\right)\sin\frac{n\pi}{l}x \qquad (1.52)$$

あとは初期条件(1.35b)がみたされるように係数 α_n, β_n を決めてやればよい．

そこで(1.52)およびその両辺を t で微分したものに $t=0$ を代入すると

$$u(x,0) = u_0(x) = \sum_{n=1}^{\infty} \alpha_n \sin\left(\frac{n\pi}{l}x\right)$$

$$u_t(x,0) = u_1(x) = \sum_{n=1}^{\infty} \frac{nc\pi}{l}\beta_n \sin\left(\frac{n\pi}{l}x\right)$$

を得る. したがって α_n, β_n は $u_0(x), u_1(x)$ のフーリエ係数を用いて

$$\alpha_n = \frac{2}{l}\int_0^l u_0(x)\sin\left(\frac{n\pi}{l}x\right)dx$$

$$\beta_n = \frac{2}{nc\pi}\int_0^l u_1(x)\sin\left(\frac{n\pi}{l}x\right)dx$$

と与えられる. ($u_0(x), u_1(x)$ が十分滑らかであれば上で行なった項別微分の操作は正当化することができるが, ここではこれ以上立ち入らない.)

フーリエの解法では, 各自然数 n に対して特解

$$\left(\alpha_n \cos\frac{nc\pi}{l}t + \beta_n \sin\frac{nc\pi}{l}t\right)\sin\frac{n\pi}{l}x \tag{1.53}$$

が得られる. これは一定数の節をもった波形が時間 t とともに振動する解を表わす(図1.9). 波動方程式(1.35a)を弦の振動を記述するものと解釈すれば, (1.53)は弦の**固有振動**を表わしている. (1.52)は, 弦の一般の振動を無限個の固有振動の合成として表示する公式なのである.

太鼓などのように, 周囲が固定された膜の振動は, 空間の変数 x が2変数となった波動方程式によって記述される. フーリエの方法はこの場合にも一般化することができ, 固有振動による展開の類似が成立する. これについては§2.3, §3.6, §4.2で改めて述べる.

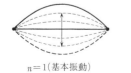

$n=1$(基本振動) $n=2$(倍振動)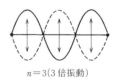

$n=3$(3倍振動)

図1.9 弦の固有振動. 一般に固有振動の特徴は, その運動が $\psi(t)\varphi(x)$ という変数分離形で表わされる点にある.

── 3角級数をめぐって ──

　フーリエ級数の理論は19世紀初頭にフーリエの熱伝導の研究の中から生まれたが，微分方程式の解を3角級数で表示する試みは，フーリエが最初ではない．すでに18世紀半ばにダニエル・ベルヌーイは，弦の振動の方程式 $u_{tt}=c^2u_{xx}$ の一般解が級数(1.52)で与えられると主張していた．これは，同じ方程式に対してダランベールがその数年前に得た公式(1.30)とはまったく異なる形の公式であり，いずれの解の表示法が優れているかについて人々の間で烈しい議論が交わされた．この議論は，関数とはそもそも何であるのかという根本的な問いかけを人々に迫るものであった．いずれにせよ，ベルヌーイの級数解は特殊なクラスの解を表わしているにすぎないとの批判は根強く，ベルヌーイ自身も，自己の主張を裏づける説得力のある根拠は見出せなかった．こうして，18世紀における3角級数をめぐる論議は不完全燃焼のまま，やがて人々の関心の枠外へと消えていった．

　19世紀に入り，フーリエの仕事が現れると，3角級数論は一躍脚光を浴びることとなった．フーリエの業績の偉大な点は，任意の関数が3角級数表示できることを「証明」した点にある．ただ，不連続関数ですら3角級数表示できるというフーリエの主張はあまりにも過激であったので，当初は反対者も少なくなかった．実際フーリエ自身の証明にはさまざまな不備があり，その不備は当時の数学の水準では処理できなかった．そこでディリクレ，リーマン(Riemann)をはじめ後の時代の多くの数学者たちが3角級数の収束の問題に取り組んだ．集合論を創始したカントール(Cantor)が実数についての研究を始めた動機も，3角級数論から派生した未解決問題を解くためであったことはよく知られている．

---

§1.6　1階偏微分方程式の一般論

　本節では1階偏微分方程式の理論を，やや一般的な立場から取り扱う．ただし単独方程式に的を絞り，連立系は扱わない．

(a) 線形方程式と特性曲線

平面 $\mathbb{R}^2$ 上で定義された実数値関数 $a(x,y)$, $b(x,y)$ が与えられているとする. これらを係数とする線形偏微分方程式

$$a(x,y)u_x + b(x,y)u_y = 0 \qquad (1.54)$$

の解 $u(x,y)$ は，以下の手順で求められる. まず，$\mathbb{R}^2$ 上の次の常微分方程式系を考える.

$$\begin{cases} \dfrac{d}{ds}X(s) = a(X(s), Y(s)) \\[2mm] \dfrac{d}{ds}Y(s) = b(X(s), Y(s)) \end{cases} \qquad (1.55)$$

(1.55)の各解曲線は，ベクトル場 $(a(x,y), b(x,y))$ の積分曲線にほかならない. (1.55)の勝手な解 $X(s), Y(s)$ を(1.54)の解 $u(x,y)$ に代入すると，

$$\begin{aligned} \frac{d}{ds}u(X(s), Y(s)) &= u_x\frac{dX}{ds} + u_y\frac{dY}{ds} \\ &= a(X, Y)u_x + b(X, Y)u_y \\ &= 0 \end{aligned}$$

となるから，$u(x,y)$ はベクトル場 (a,b) の各積分曲線上で一定の値をとることがわかる. 逆にこのような性質をもつ C^1 級関数 $u(x,y)$ があれば，それが(1.54)の解になることも容易に確かめられる. 偏微分方程式(1.54)の係数が定めるベクトル場 (a,b) の積分曲線をこの方程式の**特性曲線**(characteristic curve)と呼ぶ. なお，後で見るように，より一般の準線形方程式においては，'特性曲線' という言葉はやや異なるニュアンスで用いられる(注意1.29参照).

問9 方程式 $xu_x + 2yu_y = 0$ の特性曲線を計算し，その結果を用いて一般解を求めよ.

(b) 半線形の場合

0階の項を含む方程式

$$a(x,y)u_x + b(x,y)u_y = g(x,y)u$$

や，この方程式を一般化した次の半線形方程式

$$a(x,y)u_x + b(x,y)u_y = f(x,y,u) \tag{1.56}$$

についても，線形の場合とほとんど同じ方法が適用できる．ただし a, b, f はいずれも C^1 級であると仮定する．この場合もベクトル場 (a,b) の積分曲線を**特性曲線**と呼ぶ．今，平面上の点 (x_0, y_0) を勝手に選び，常微分方程式系(1.55)の解で初期条件

$$X(0) = x_0, \quad Y(0) = y_0 \tag{1.57}$$

をみたすものを $X(s; x_0, y_0)$, $Y(s; x_0, y_0)$ と書くことにする．

$$h(s) := u(X(s; x_0, y_0), \ Y(s; x_0, y_0))$$

とおくと，

$$\frac{d}{ds}h(s) = u_x \frac{dX}{ds} + u_y \frac{dY}{ds} = a(X,Y)u_x + b(X,Y)u_y$$
$$= f(X, Y, u(X,Y))$$

であるから，$h(s)$ は次の初期値問題の解になる．

$$\begin{cases} \dfrac{d}{ds}h(s) = f(X(s; x_0, y_0), \ Y(s; x_0, y_0), \ h(s)) \\ h(0) = u(x_0, y_0) \end{cases} \tag{1.58}$$

したがって，点 (x_0, y_0) における u の値を指定すると，常微分方程式の解の一意性定理により，(x_0, y_0) を通る特性曲線の上での u の値が(1.58)から一義的に定まる．これはいわば，"1階偏微分方程式(1.56)の解の情報が特性曲線に沿って伝わる" ことを意味している．

独立変数の数が増えても事情はまったく同じである．例えば方程式

$$a(x,y,z)u_x + b(x,y,z)u_y + c(x,y,z)u_z = f(x,y,z,u)$$

の場合，特性曲線はベクトル場 (a,b,c) の積分曲線として定義される．上と同様に，点 (x_0, y_0, z_0) における u の値を指定すれば，その点を通る特性曲線

の上で u の値が一意的に決定する.

例 1.26 例 1.2 で扱った未知関数 $u(x_1, \cdots, x_n)$ に対する方程式

$$x_1 u_{x_1} + \cdots + x_n u_{x_n} = \alpha u$$

について考えてみよう. 特性曲線は常微分方程式系

$$\frac{dX_k}{ds} = X_k \quad (k = 1, 2, \cdots, n)$$

の解曲線である. この方程式系の解は

$$X_k(s) = e^s X_k(0) \quad (k = 1, 2, \cdots, n) \tag{1.59}$$

で与えられるから, 各特性曲線は原点を始点とする半直線になる. 一方, (1.58) に相当する方程式は今の場合 $dh/ds = \alpha h$ であり, その解は $h(s) = e^{\alpha s} h(0)$ で与えられる. これと (1.59) より,

$$u(e^s X_1(0), \cdots, e^s X_n(0)) = e^{\alpha s} u(X_1(0), \cdots, X_n(0))$$

が得られる. $(X_1(0), \cdots, X_n(0))$ は $\mathbb{R}^n$ 内の勝手な点であったから, $\lambda = e^s$ とおけば, 上式は (1.7) に帰着する. すなわち, u は α 次の同次式になる. □

(c) 初期値問題

簡単のため, 再び話を独立変数が 2 個の場合に戻そう. 平面 $\mathbb{R}^2$ 内に曲線 Γ が与えられているとし, $\psi(x, y)$ を Γ 上で定義された関数とする. 偏微分方程式 (1.56) の解で, Γ 上で条件

$$u = \psi \quad ((x, y) \in \Gamma) \tag{1.60}$$

を満足するものを求める問題を偏微分方程式 (1.56) に対する**初期値問題**といい, (1.60) を**初期条件**と呼ぶ. また, Γ を**初期曲線**, ψ を**初期値**と呼ぶ. 初期曲線は, 常微分方程式の初期値問題における初期時刻に相当する. 常微分方程式の場合と同じく, 初期値問題の解の定義域はあらかじめ指定しないことも多い. この点で, 後述の境界値問題とは事情を大きく異にしている. 初期曲線 Γ の近傍の上だけで定義された初期値問題の解を**局所解**と呼ぶ. 解が定義される近傍はどれだけ小さくてもよく, また, 解ごとに異なり得る.

初期値問題の解は以下の手順で求められる. Γ 上の勝手な点 (x_0, y_0) に対し, その点を通る特性曲線を描く. 点 (x_0, y_0) における u の値は初期条

件(1.60)で与えられているので，（1.58)からこの特性曲線上での u の値が定まる．以下同様に，Γ の各点を通る特性曲線をすべて集めた曲線族を考えれば，この曲線族で覆われる領域——以下，この領域を $D(\Gamma)$ と記すことにする——の上で，u の値が初期条件(1.60)から完全に定まることがわかる.

こうして構成された関数 $u(x, y)$ が実際に初期値問題(1.56), (1.60)の解になっているかどうかは，確認の必要がある．もし $u(x, y)$ が C^1 級であることがわかれば，関係式

$$u(X(s; x_0, y_0), Y(s; x_0, y_0)) = h(s) \tag{1.61}$$

と(1.58)から，$u(x, y)$ が方程式(1.56)を領域 $D(\Gamma)$ 上でみたし，かつ初期条件(1.60)を満足することは容易に示せる．よって，

（1）　関数 $u(x, y)$ が C^1 級であること

（2）　$D(\Gamma)$ が Γ の近傍を完全に覆うこと

の2点が確認されれば，初期値問題(1.56), (1.60)の局所解の存在が結論できる．また，局所解の一意性も，常微分方程式(1.58)に対する一意性定理からただちに従う.

実は上記の性質(1), (2)は，つねに成り立つわけではない．この点について考えるために，まずいくつかの重要な概念を定義しておく．平面曲線 Γ が，点 $(x_0, y_0) \in \Gamma$ において**特性的**(characteristic)であるとは，その点において Γ が特性曲線に接すること，より正確には，その点における Γ の接ベクトルと $(a(x_0, y_0), b(x_0, y_0))$ が1次従属であることをいう．Γ が，点 $(x_0, y_0) \in \Gamma$ で**非特性的**(non-characteristic)であるとは，その点で Γ が特性的でないことをいう(図1.10)．曲線 Γ が，その上のすべての点において非特性的であるとき，この曲線は非特性的であるという.

定理 1.27　C^1 級の曲線 Γ が非特性的であれば，初期値問題(1.56), (1.60)は任意の C^1 級の初期値 ψ に対して局所解をもつ．すなわち，Γ の近傍を十分小さくとれば，そこで定義された(1.56)の解で初期条件(1.60)をみたすものが存在する．しかもこの局所解は，初期値 ψ を与えれば一意的に定まる.

□

上の定理において，Γ が非特性的であるという仮定は重要である．もし Γ

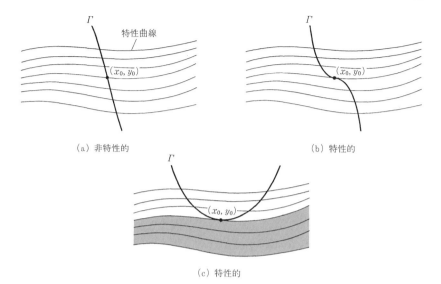

（a）非特性的　　　　　　　　　　　（b）特性的

（c）特性的

図 1.10 曲線 Γ と特性曲線．(b)では解の一意性は保証されるが，C^1 級の解が存在するためには Γ 上で与える初期値には制約が課せられる．また，(c)の場合には陰影をつけた部分において解の値が一意的に定まらない．

がある点で特性的であれば，局所解は必ずしもすべての初期値 ψ に対して存在するとは限らない．例えば図 1.10(b)のような場合，点 (x_0, y_0) における Γ に沿っての ψ の微分は，その点における特性曲線に沿っての u の微分に等しく，この値は，$\psi(x_0, y_0)$ を与えれば，(1.58)から一意に定まる．したがって，C^1 級の解が存在するためには，初期値 ψ の点 (x_0, y_0) における微分は上記の制約を受ける．言いかえれば，勝手な初期値を与えると局所解は必ずしも存在しないことがわかる．また，図 1.10(c)のような場合には，$D(\Gamma)$ は Γ の近傍を覆いつくさないので，解の一意性が成り立たない．

　［定理 1.27 の証明の概略］　曲線 Γ をパラメータ ξ を用いて
$$\Gamma = \{(x_0(\xi), y_0(\xi)) \mid \xi_1 < \xi < \xi_2\}$$
と表わすことにし，2 変数 s, ξ の関数 $h(s, \xi)$ を

$$\begin{cases} \dfrac{\partial h}{\partial s} = f(X(s; x_0(\xi), y_0(\xi)), \, Y(s; x_0(\xi), y_0(\xi)), \, h) \\ h(0, \xi) = \psi(x_0(\xi), y_0(\xi)) \end{cases} \tag{1.62}$$

の解とする．(1.62)は1階偏微分方程式の初期値問題であるが，ξ を固定して考えれば常微分方程式の初期値問題と見なすことができる．これは(1.58)と実質上同一のものである．したがって解が一意に定まる．ξ をパラメータと見れば，h の初期値 $\psi(x_0(\xi), y_0(\xi))$ および方程式の右辺は，このパラメータに滑らかに依存する．よって，パラメータに依存する常微分方程式の一般論から，$h(s, \xi)$ が s, ξ の C^1 級関数になることがわかる．

さて，2変数 x, y の関数 $u(x, y)$ を，先述の構成法に従って，

$$u(X(s; x_0(\xi), y_0(\xi)), \, Y(s; x_0(\xi), y_0(\xi))) = h(s, \xi) \tag{1.63}$$

で定めよう．この関数は領域 $D(\Gamma)$ 上で定義されている．本項目の初めでも述べたように，定理の結論を示すには，$u(x, y)$ が x, y について C^1 級であることと，領域 $D(\Gamma)$ が Γ の適当な近傍を覆うことを確かめればよい．しかるに，$u(x, y)$ と $h(s, \xi)$ は同一の関数を異なる座標系で表現したものであり，二つの座標系 (x, y) と (s, ξ) は以下の関係式で結ばれている（図1.11）．

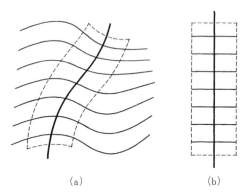

(a)　　　　　　　　　(b)

図1.11　(a) xy 平面上での初期曲線 Γ（太い線）と特性曲線，(b) $s\xi$ 平面上でこれら（ただし点線で囲まれた部分）を表わしたもの．Γ は直線 $s = 0$（すなわち ξ 軸）の一部になり，各特性曲線は s 軸に平行な線分になる．

$$x = X(s; x_0(\xi), y_0(\xi)), \quad y = Y(s; x_0(\xi), y_0(\xi)) \qquad (1.64)$$

h の場合と同じ理由により, X, Y は s, ξ の C^1 級関数である. また, Γ が非特性的であることから, 座標変換(1.64)のヤコビアン $X_s Y_\xi - X_\xi Y_s$ は Γ の近傍で 0 でない. よって逆関数定理から, 座標変換(1.64)の逆変換

$$s = S(x, y), \quad \xi = \Xi(x, y)$$

が少なくとも Γ の近傍上で存在する. これより $D(\Gamma)$ が Γ の近傍を覆うことがわかる. また, (1.63)から関数 u は以下の形に書き表わされる.

$$u(x, y) = h(S(x, y), \Xi(x, y))$$

ここで, $h(s, \xi), S(x, y), \Xi(x, y)$ はいずれも C^1 級であるから, $u(x, y)$ も C^1 級になる. ∎

例 1.28 $a(x, t)$ を既知の関数として, 次の初期値問題を考える.

$$\begin{cases} u_t + a(x, t)u_x = 0 & (x \in \mathbb{R}, \ t \in \mathbb{R}) \\ u(x, 0) = u_0(x) & (x \in \mathbb{R}) \end{cases} \qquad (1.65)$$

この方程式の特性曲線は, xt 平面上のベクトル場 $(a(x, t), 1)$ の積分曲線である. このベクトル場の向きが x 軸と平行になることはないから, x 軸は初期曲線として非特性的である. したがって定理 1.27 より, 任意の C^1 級の初期値 $u_0(x)$ に対して初期値問題(1.65)の古典解がただひとつ存在する. この解がどのようにふるまうかを調べよう.

xt 平面上の点 $(x_0, 0)$ を通る特性曲線は, 具体的には初期値問題

$$\begin{cases} \dfrac{dX}{ds} = a(X, \tau), \quad \dfrac{d\tau}{ds} = 1 \\ X(0) = x_0, \quad \tau(0) = 0 \end{cases}$$

の解曲線として与えられる. 上式より $\tau(s) = s$ となるから, 初期値問題

$$\begin{cases} \dfrac{d}{ds}X(s) = a(X(s), s) \\ X(0) = x_0 \end{cases}$$

の解を $X(s; x_0)$ とおくと, 上の特性曲線は $(X(s; x_0), s)$ という形にパラメー

タ表示できる. 方程式(1.54)の項で見たように各特性曲線上で u の値は一定になるから, 結局(1.65)の解 $u(x,t)$ は次の関係式から一義的に定まる.

$$u(X(t;x_0),t) = u_0(x_0) \qquad (1.66)$$

さて, 点 $x = X(t;x_0)$ は速度 $a(X,t)$ で x 軸上を移動する. したがって各時刻における関数 $x \mapsto u(x,t)$ のグラフは, 各点において $a(x,t)$ の速さで x 軸の正の方向に($a < 0$ のときは負の方向に)移動・変形していくことがわかる. とくに a が定数のときは, (1.66)は

$$u(x,t) = u_0(x - at)$$

と同値であるのは明らかである.

次に空間次元が 2 の場合を考える. 初期値問題は

$$\begin{cases} u_t + a(x,y,t)u_x + b(x,y,t)u_y = 0 & ((x,y) \in \mathbb{R}^2,\ t \in \mathbb{R}) \\ u(x,y,0) = u_0(x,y) \end{cases} \qquad (1.67)$$

という形に書ける. この場合も(1.65)と同じ方法で取り扱える. 特性曲線は xyt 空間上のベクトル場 $(a,b,1)$ の積分曲線として与えられ, 初期曲面である xy 平面は非特性的である. また, (1.66)を 2 次元に拡張した関係式

$$u(X(t;x_0,y_0), Y(t;x_0,y_0), t) = u_0(x_0,y_0)$$

が成り立つ. ここで点 (X,Y) は時間の経過とともに xy 平面上を速度 (a,b) で移動する. したがって, u の値の変化は, (a,b) を速度場とする xy 平面上の一種の'流れ'によって引き起こされると考えてよい.

このことからとくに, 関数 $(x,y) \mapsto u(x,y,t)$ の各等高線は, xy 平面上を速度 (a,b) で移動・変形する. 同様に, 各実数 c に対し, 領域

$$D_c(t) := \{(x,y) \in \mathbb{R}^2 \mid u(x,y,t) > c\}$$

も上の流れに沿って変形していく. なお, 流れが'非圧縮性'のとき, すなわち

$$\mathrm{div} \begin{pmatrix} a \\ b \end{pmatrix} := a_x + b_y = 0$$

のときは, この変形によって $D_c(t)$ の面積は保存される(§3.1(d)参照). 空間次元が 3 以上の場合も, 事情はまったく同じである. □

（d）　準線形方程式

今度は次の形の準線形の1階偏微分方程式を考えよう.

$$a(x,y,u)u_x + b(x,y,u)u_y = f(x,y,u) \qquad (1.68)$$

この方程式の解 $u(x,y)$ が与えられたとき，それが定める xyz 空間内の曲面 $z=u(x,y)$ を(1.68)の**解曲面**または**積分曲面**と呼ぶ. また，3次元ベクトル場

$$(a(x,y,z),\, b(x,y,z),\, f(x,y,z))$$

の各積分曲線を準線形方程式(1.68)の**特性曲線**と呼ぶ.

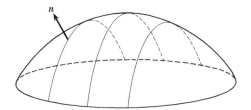

図1.12　解曲面の概念図. n は曲面の法線方向を表わし，曲面上の曲線族は特性曲線を表わす.

方程式(1.68)の勝手な解 $u(x,y)$ をひとつ選んでそれが定める解曲面 $z=u(x,y)$ を考えると，容易にわかるように，この曲面上の各点 (x_0,y_0,z_0) における法線方向(図1.12)はベクトル

$$(u_x(x_0,y_0,z_0),\, u_y(x_0,y_0,z_0),\, -1)$$

に平行である. したがって方程式(1.68)は，幾何学的には，ベクトル (a,b,f) と解曲面の法線方向が各点で直交することを表わしている. これは言いかえれば，ベクトル

$$(a(x,y,u(x,y)),\, b(x,y,u(x,y)),\, f(x,y,u(x,y)))$$

が，点 $(x,y,u(x,y))$ における解曲面の接平面に含まれることを意味している. ベクトル (a,b,f) を(1.68)の**特性方向**という. 上の事実を利用して，S 上のどんな点から出発した特性曲線も S に完全に含まれることが示される.

注意1.29　準線形方程式(1.68)の特性曲線を xy 平面上に射影したものを'特

性基礎曲線’と呼ぶことがある．点 (x_0, y_0) を通る特性基礎曲線の方向，すなわちベクトル (a, b) は，その点における u の値に一般に依存する．ただし線形方程式(1.54)や半線形方程式(1.56)の場合は，u の値に無関係に特性基礎曲線が定まる．なお，今日では‘特性基礎曲線’という言葉はあまり用いられない．誤解の恐れがない限り，特性基礎曲線のことを単に特性曲線と呼ぶことが多い．

例1.30　非粘性バーガーズ方程式に対する初期値問題

$$u_t + uu_x = 0 \tag{1.69a}$$

$$u(x, 0) = u_0(x) \tag{1.69b}$$

を考えよう．例1.28で述べたように，点 $(x_0, 0)$ を通る(1.69a)の特性基礎曲線は

$$\begin{cases} \dfrac{d}{ds}X(s) = u(X(s), s) \\ X(0) = x_0 \end{cases}$$

の解 $X(s; x_0)$ を用いて $x = X(t; x_0)$ と表示される．特性基礎曲線上では u の値は一定であるから，

$$\frac{d}{dt}X(t; x_0) = u(X(t; x_0), t) = u_0(x_0)$$

が成り立つ．すなわち，各特性基礎曲線は直線

$$x - x_0 = u_0(x_0)t$$

またはその一部になる．よって前掲の公式(1.66)との類比から，初期値問題(1.69)の解 $u(x, t)$ は，形式的には関係式

$$u(x_0 + u_0(x_0)t,\ t) = u_0(x_0) \tag{1.70}$$

から一義的に決まると期待される．しかし関係式(1.70)は初期時刻 $t = 0$ の近くで局所解を構成するのには役立つが(問10参照)，時間が経過すると関数 $u(x, t)$ に不連続性が生じ，その結果(1.70)が破綻することがあるので注意が必要である．例えば初期値 $u_0(x)$ が図1.13(a)のような形で与えられる場合を考えてみよう．

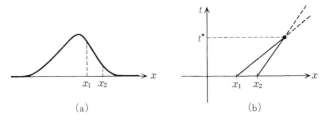

図 1.13　非粘性バーガーズ方程式の解の例.（a）初期値の
グラフ,（b）特性基礎曲線.

　時刻 $t=0$ で図中の点 x_1, x_2 を通る特性基礎曲線を xt 平面上に描くと，こ
れらはそれぞれ傾きが $u_0(x_1)^{-1}$, $u_0(x_2)^{-1}$ の直線だから，ある時刻 $t=t^*$ に
おいて交わる（図 1.13(b)）. 各々の直線上で u は一定の値——$u_0(x_1)$ および
$u_0(x_2)$ ——をとるから 2 直線の交点において関数 $u(x,t)$ は不連続になるこ
とがわかる. 時刻 $0 \leqq t \leqq t^*$ の範囲での解のふるまいを図示すると図 1.14 の
ようになる.　　　　　　　　　　　　　　　　　　　　　　　　　　　　　□

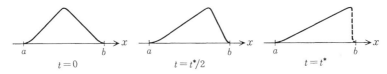

図 1.14　非粘性バーガーズ方程式の解における不連続点の出現

　上の例では解 $u(x,t)$ は時刻 $t=t^*$ において不連続となったから，古典解の
範囲では解をそれ以上延長できない. しかしながら，解の概念を何らかの形
で広げることで，たとえ不連続性を呈する解であってもそのふるまいを論ず
ることが可能となる. 例えば図 1.14 の右端に示したような不連続性がいっ
たん現れると，時刻 t^* 以降も広義解に同様の不連続性が存続することが知ら
れている. このような解を非粘性バーガーズ方程式(1.69a)の**衝撃波解**また
は単に**衝撃波**(shock wave)と呼ぶ.

　なお，非粘性バーガーズ方程式の衝撃波については§5.5(c)でより詳しく
論じる.

問 10　$u_0(x)$ は $\mathbb{R}$ 上で定義された C^1 級関数で,

$$M := \sup_{x \in \mathbb{R}}(-u_0'(x)) < \infty$$

をみたすものとし, $M > 0$ のとき $T = M^{-1}$, それ以外のとき $T = \infty$ とおく. このとき, 任意の実数 $0 \leq t < T$ に対し, 対応

$$z \longmapsto z + u_0(z)t$$

は $\mathbb{R}$ から $\mathbb{R}$ の上への 1 対 1 写像を定めることを示せ. また, この事実を利用して, 初期値問題(1.69)の解が $0 \leq t < T$ の範囲で関係式(1.70)によって決定されることを示せ.

問 11　$u(x, t)$ を初期値問題(1.69)の古典解とすると

$$u(x, t) = u_0(x - u(x, t)t)$$

が成り立つことを示せ.

問 12　次のそれぞれの場合について, 初期値問題(1.69)の局所解を計算せよ. (ヒント. 問 11 の結果を用いよ.)

(1) $u_0(x) = -x$　　(2) $u_0(x) = \dfrac{2}{x + \sqrt{x^2 + 4}}$

《まとめ》

1.1　自然現象の数理モデルや幾何学上の問題など, 偏微分方程式を用いて定式化できる対象は数多い.

1.2　簡単な偏微分方程式の解法を示した.

1.3　「任意の」関数は 3 角級数に展開できる(フーリエ展開). これは初期境界値問題の有力な解法を与える.

1.4　1 階の偏微分方程式は, 特性曲線に注目することにより, 常微分方程式を解く問題に帰着できる.

──────── 演習問題 ────────

1.1　関数 $\varphi(x, t)$ が熱伝導方程式

$$\varphi_t = \nu\varphi_{xx}$$

の解であれば, $u = -2\nu\varphi_x/\varphi$ で定まる関数 $u(x,t)$ はバーガーズ方程式 $u_t + uu_x = \nu u_{xx}$ の解になることを示せ. (これをバーガーズ方程式の解に対するコール–ホップ変換と呼ぶ.)

1.2

(1) 関数 $u(x,y)$ の等高線の点 (x_0, y_0) における接線は, ベクトル $(-u_y(x_0, y_0),\; u_x(x_0, y_0))$ に平行であることを示せ.

(2) $u(x,y)$ の各等高線が, いたるところで直線族 $\lambda x + (1-\lambda)y = 0$ $(-\infty < \lambda < \infty)$ と直交しているとする. このとき $u(x,y)$ は偏微分方程式 $-yu_x + xu_y = 0$ をみたすことを示せ.

1.3 偏微分方程式 $-yu_x + xu_y = 0$ の各特性曲線は, 原点を中心とする円であることを示せ. このことを利用して, 上の方程式の解が回転対称性をもつことを証明せよ.

1.4 関数 $u(x,y)$, $v(x,y)$ はある領域の上で $(u_x, u_y) \neq (0,0)$ かつ関係式 $u_x v_y - u_y v_x = 0$ をみたすものとする. このとき, u の等高線上では v は一定の値をとり, v の各等高線上では u は一定の値をとることを示せ. このことは, u, v の間に何らかの関数関係 $v = \varphi(u)$ が成り立つことを意味するか?

1.5 $f(z)$ は正の値をとる関数とする. 方程式 $r = f(z)$ $(r = \sqrt{x^2 + y^2})$ で与えられる曲面が極小曲面になるための条件を求めよ.

1.6 懸垂面 $\sqrt{x^2 + y^2} = (e^z + e^{-z})/2$ が極小曲面であることを確かめよ.

1.7 c, μ を正の定数とする. 初期境界値問題

$$\begin{cases} u_{tt} + 2\mu u_t = c^2 u_{xx} & (0 < x < \pi,\; 0 < t) \\ u(x,0) = u_0(x),\; u_t(x,0) = u_1(x) & (0 < x < \pi) \\ u(0,t) = u(\pi,t) = 0 & (t > 0) \end{cases}$$

の解をフーリエの方法で求めよ. (上の方程式は, 弦の振動の方程式に, 摩擦や粘性による‘制動力’の影響を加味したものである. $\mu = 0$ の場合の解と, その挙動を比較せよ.)

1.8 x, y を独立変数とする関数 $u(x,y)$ が与えられているとする. $\xi = u_x$, $\eta = u_y$ を新たな独立変数と見なし, $w = xu_x + yu_y - u$ によって関数 $w(\xi, \eta)$ を定めると,

$$x = w_\xi, \quad y = w_\eta, \quad u = \xi w_\xi + \eta w_\eta - w$$

が成り立つことを示せ．（上で与えた未知関数と独立変数の組の変換 $(x,y,u) \mapsto (\xi,\eta,w)$ を，ルジャンドル(Legendre)変換と呼ぶ．）

1.9　ルジャンドル変換を利用して，非線形方程式 $u_x^2 + u_y^2 = u^2$ を線形方程式に変換せよ．

1.10　初期値問題 $u_t + a(u)u_x = 0$, $u(x,0) = h(x)$ の解 $u(x,t)$ は，関係式

$$u = h(x - a(u)t)$$

をみたすことを確かめよ．また $a'(u) > 0$ とするとき，$h(x)$ が単調非減少関数でない限り，解 $u(x,t)$ には有限時間内に特異点が発生することを示せ．

1.11　ある2次元媒質内に物質Aが溶け込んでいるとする．物質Aの，位置 (x,y)，時刻 t における濃度を $\varphi(x,y,t)$ とおく．物質Aは何らかのメカニズムで自己増殖する性質をもち，その増殖の速さは，増殖が起こる地点における現在の濃度 φ のみに依存するとする．これを，適当な関数 f を用いて $f(\varphi)$ と表わしておく．いま，この媒質内に流れが生じているとし，物体は流れに逆らわずに媒質内を移動するものと仮定する．拡散や外力の効果も無視できるとする．流れの速度場を $(u(x,y,t), v(x,y,t))$ とすると，$\varphi(x,y,t)$ は偏微分方程式

$$\varphi_t + (u\varphi)_x + (v\varphi)_y = f(\varphi)$$

をみたすことを示せ．

2 熱伝導と拡散

コップの水に1滴のインクを滴らすと，時間とともにインクは水の中に広がり，ついには全体が均一化してうっすらと色づくことになる．物質がこのように拡散していく過程を記述するのが，本章のテーマである熱伝導方程式である．

熱伝導の方程式は，歴史的には物体の温度変化を表わすモデルとして，フーリエによって導かれた．この章では，熱現象や拡散現象の特徴が，熱伝導方程式の解の性質に鮮やかに反映する様子を学ぶ．

§2.1 方程式の導出

（a） 熱伝導方程式

まず，1次元熱伝導方程式を導こう．針金のように非常に細い物体が与えられているとして，その上の熱の伝導を考える．この物体を1次元の線分と見なして，数直線上の区間 $0 < x < l$ と同一視しておく．時刻 t，位置 x における物体の温度を $u(x, t)$ と表わすことにし，次の仮定をおく．

（仮定1） 物体の内部で新たな熱の発生や吸収は起こらない．

（仮定2） 各点での '熱の流れの速さ' は，その点での温度勾配に比例する（フーリエの法則）．より詳しくいうと，物体内の勝手な点 x を境にして，その右側部分から左側部分に単位時間あたりに流れ込む熱量(ただ

し逆方向に流れ込んだ熱量は差し引いて考える)は，$K(x)\dfrac{\partial u}{\partial x}$ に等しい．
ここで $K(x)$ は点 x における物体の**熱伝導度**を表わす．

さて，区間 $(0,l)$ 内に勝手な部分区間 (a,b) をとる．区間 (a,b) 上での総熱量は

$$Q(t) = \int_a^b c(x)\rho(x)u(x,t)dx$$

で与えられる．ここで $c(x), \rho(x)$ は点 x における物体の比熱と密度をそれぞれ表わす．上式を t で微分すると以下の式を得る．

$$\frac{d}{dt}Q(t) = \int_a^b c(x)\rho(x)\frac{\partial u}{\partial t}(x,t)dx \qquad (2.1)$$

一方(仮定1)から，区間 (a,b) 内での総熱量の変化は，両端点 a, b を通してどれだけの熱量が流入あるいは流出したかで決まる．この事実と(仮定2)から，

$$\frac{d}{dt}Q(t) = K(b)\frac{\partial u}{\partial x}(b,t) - K(a)\frac{\partial u}{\partial x}(a,t) \qquad (2.2)$$

が成り立つ．この右辺を変形して次式を得る．

$$\frac{d}{dt}Q(t) = \int_a^b \frac{\partial}{\partial x}\left(K(x)\frac{\partial u}{\partial x}(x,t)\right)dx \qquad (2.2')$$

(2.1) と $(2.2')$ から次の方程式が導かれる．

$$\int_a^b c(x)\rho(x)\frac{\partial u}{\partial t}(x,t)dx = \int_a^b \frac{\partial}{\partial x}\left(K(x)\frac{\partial u}{\partial x}(x,t)\right)dx$$

これが任意の部分区間 (a,b) に対して成り立つためには，容易にわかるように

$$c(x)\rho(x)\frac{\partial u}{\partial t} = \frac{\partial}{\partial x}\left(K(x)\frac{\partial u}{\partial x}\right) \qquad (2.3)$$

がいたるところで成立せねばならない．偏微分方程式 (2.3) を**熱伝導方程式**または単に**熱方程式**(heat equation)と呼ぶ．とくに c, ρ, K がいずれも定数である場合には，$k = K/c\rho$ とおくと (2.3) は以下の形に帰する．

$$\frac{\partial u}{\partial t} = k\frac{\partial^2 u}{\partial x^2} \tag{2.4}$$

(b) 高次元の熱伝導方程式

空間の次元が高い場合も，まったく同じ考え方で熱伝導方程式が導かれる．3次元の領域を例にとって説明しよう．ただし，(仮定2)は次のように書き替える必要がある．

(仮定2′) 物体内に勝手な点 (x, y, z) と，その点を通る勝手な微小面 S_0 をとる．ただし S_0 には表と裏の区別があるものとする．このとき，S_0 を通して表側から裏側に流れ込む熱量(単位時間・単位面積あたりに換算したもの)は $K\nabla u \cdot \nu$ に等しい(**フーリエの法則**)．ここで ∇u は温度勾配

$$\nabla u = \operatorname{grad} u = \begin{pmatrix} \partial u/\partial x \\ \partial u/\partial y \\ \partial u/\partial z \end{pmatrix}$$

を表わし，ν は S_0 の単位法線ベクトル(ただし表側を向いたもの)，・はベクトルの内積，$K(x, y, z)$ は物体の熱伝導度を表わす．

注意 2.1 速度 V で運動する流体が微小面 S_0 を通過する流量が，単位時間・単位面積あたりに換算すると $-V \cdot \nu$ になることは周知の通りである．したがって熱量の移動を一種の'流れ'と見なすならば，上記のフーリエの法則は'熱の流れ'の各点における速度が $-K\nabla u$ に等しいことを主張していると解釈できる．

さて，考えている物体が占める空間領域を Ω とおく．Ω 内に勝手な部分領域 D をとり，D 内での総熱量を $Q(t)$ とおくと，これは

$$Q(t) = \iiint_D c\rho u(x, y, z, t)dxdydz$$

と表わされる．これより

$$\frac{d}{dt}Q(t) = \iiint_D c\rho\frac{\partial u}{\partial t}dxdydz \tag{2.5}$$

を得る. 一方, D の境界面を S とおくと, (仮定1), (仮定2′)から,

$$\frac{d}{dt}Q(t) = \iint_S K\nabla u \cdot \nu \, d\sigma \qquad (2.6)$$

が成り立つ(図2.1). ここで ν は曲面 S の各点における外向き単位法線ベクトル(すなわち S に垂直な長さ1のベクトル)を表わし, $d\sigma$ は曲面 S 上での面積分を表わす.

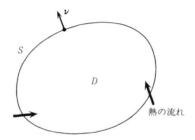

図2.1 領域 D 内の総熱量の変化は, 境界面 S を通して流入する熱量の総和に一致する. ただし流出は負の流入と考える.

ガウスの発散定理(『現代解析学への誘い』定理2.51)により, 上式の右辺は次のように変形できる.

$$右辺 = \iiint_D \mathrm{div}(K\nabla u)dxdydz \qquad (2.6')$$

ここで

$$\mathrm{div}(K\nabla u) = \frac{\partial}{\partial x}\left(K\frac{\partial u}{\partial x}\right) + \frac{\partial}{\partial y}\left(K\frac{\partial u}{\partial y}\right) + \frac{\partial}{\partial z}\left(K\frac{\partial u}{\partial z}\right)$$

である. (2.5)と(2.6′)から, 1次元の場合と同じようにして, 偏微分方程式

$$c\rho\frac{\partial u}{\partial t} = \mathrm{div}(K\nabla u) \qquad (2.7)$$

が得られる. これを**熱伝導方程式**または**熱方程式**と呼ぶ. (2.7)はもちろん

$$c\rho\frac{\partial u}{\partial t} = \frac{\partial}{\partial x}\left(K\frac{\partial u}{\partial x}\right) + \frac{\partial}{\partial y}\left(K\frac{\partial u}{\partial y}\right) + \frac{\partial}{\partial z}\left(K\frac{\partial u}{\partial z}\right) \qquad (2.7')$$

と書き表わしてもよい. ただし(2.7)のままの形であれば3次元以外の場合にも通用する. なお, c, ρ, K が定数の場合には, 前と同様に $k = K/c\rho$ とおくと(2.7)は次の形に帰する.

$$\frac{\partial u}{\partial t} = k\Delta u \tag{2.8}$$

ここで, Δ は**ラプラス演算子(ラプラシアン)**で(§1.2(1.16)参照), 1, 2, 3次元の場合にそれぞれ次式で与えられる.

$$\Delta = \frac{\partial^2}{\partial x^2}, \quad \Delta = \frac{\partial^2}{\partial x^2} + \frac{\partial^2}{\partial y^2}, \quad \Delta = \frac{\partial^2}{\partial x^2} + \frac{\partial^2}{\partial y^2} + \frac{\partial^2}{\partial z^2}$$

(c) 拡散方程式

空間内をランダムに運動する膨大な数量の微粒子を考える. マクロスケールで観察すると微粒子の群れは連続体と見立てることができる. $u(x, t)$ を場所 x, 時刻 t における微粒子の密度(あるいは濃度)とすると, 個々の微粒子のランダムな運動のため, u の値の分布は通常は次第に平均化する方向に向かう. 典型的な例として, 水の中に溶け込んだ化学物質の濃度が, 攪拌しなくても長い時間がたつと全体的に均一化していく過程や, 異種の希薄気体どうしが互いに混ざり合う過程があげられる. こうした現象を**拡散**(diffusion)という. 熱伝導の場合と同様に, u は次の偏微分方程式をみたすことが知られている.

$$\frac{\partial u}{\partial t} = \mathrm{div}(k\nabla u) \tag{2.9}$$

ここで $k = k(x, y, z)$ は拡散係数と呼ばれ, 各点での拡散の速さを示す量である. とくに k が定数の場合は(2.9)は(2.8)に帰着する. (2.9)や(2.8)を**拡散方程式**(diffusion equation)と呼ぶ.

拡散方程式(2.9)は**フィック**(Fick)**の法則**と呼ばれる原理から導かれる. この法則は, 未知量の物理的意味の違いを除けば, 熱伝導におけるフーリエの法則, すなわち(仮定2′)と数式上は同等の原理である. 拡散方程式が熱伝導方程式と基本的に同じ形であるのはこの理由による.

注意 2.2 拡散をひき起こす実際の分子的過程は一般に複雑であるが，さまざまに単純化・理想化された数理モデルが考えられている．離散モデルの最も簡単な場合が，例 1.5 で述べた酔歩である．一方，連続モデルの代表格として**ブラウン運動**と呼ばれるものがある．ブラウン運動の場合，拡散粒子は周囲から絶えず不規則な力を受け，かつ媒質に対する粘性抵抗を受けて運動する（図 2.2）．ブラウン運動と拡散方程式 (2.9) の間の関係は §2.2(b) で述べる．

図 2.2 ブラウン運動する粒子の軌跡

（d）　初期条件と境界条件

空間 $\mathbb{R}^n$ 全体を占める物質内の温度変化が熱伝導方程式 $\partial u/\partial t = \Delta u$ によって記述されているとする．初期時刻 $t = 0$ における温度分布 $u_0(x)$ の情報から，その後の温度分布の推移を決定する問題は，数学的には下記の式をみたす関数 $u(x,t)$ を求める問題として定式化される．

$$\frac{\partial u}{\partial t} = \Delta u \qquad (x \in \mathbb{R}^n,\ t > 0) \qquad (2.10\mathrm{a})$$

$$u(x,0) = u_0(x) \qquad (x \in \mathbb{R}^n) \qquad (2.10\mathrm{b})$$

§1.4(a) でも述べたように，一般に上のような問題を方程式 (2.10a) に対する**初期値問題**と呼び，(2.10b) を**初期条件**，u_0 を**初期値**または**初期データ**と呼ぶ．

今度は物体が占める領域が $\mathbb{R}^n$ 全体ではなく，その部分領域 Ω である場合

ブラウン運動の再帰性

ブラウン運動の研究は，1827 年にイギリスの植物学者ブラウン(Brown)が，水中に浮かべた花粉を顕微鏡で観察中に，花粉の細胞液中の微粒子が不規則な細動を繰り返すことを偶然発見したことに端を発する．ブラウンは，当初この細動が生命現象と何らかの関わりがあるだろうと考えたが，実験を続けるうち，無機物の粒子にも同様の細動を見いだした．後にアインシュタイン(Einstein)，スモルコフスキー(Smoluchowski)，ペラン(Perrin)らの研究によって，この細動が微粒子と熱運動をする水分子との絶え間ない衝突によって引き起こされることが明らかにされた．彼らの研究は，長らく仮説にすぎなかった分子の存在を実証する有力な手がかりを与えた点でも歴史的意義が大きい．なお，同様の不規則な細動の例は，このほかにも数多く知られている．

ブラウン運動の数学的に厳密な定式化はウィーナー(Wiener)によって1923 年に与えられた．これは，一種の理想的状況下でのブラウン運動の数理モデルであり，数学の世界でブラウン運動といえば，通例ウィーナーの構築したモデルを指す．

ブラウン運動の個々の粒子の軌跡はほとんどつねに連続曲線であるが，これはさまざまな興味深い性質を有している．例えば，空間 $\mathbb{R}^d$ におけるブラウン運動は，次元が $d \le 2$ のときは**再帰的**であるが，次元が $d \ge 3$ のときには再帰的でないことが知られている．再帰的とは，勝手な点 P から出発した粒子が他の勝手な点 Q を中心とする半径 ε の球 $B_\varepsilon(Q)$ の中に有限時間内に戻ってくる確率が，点 P, Q の選び方や $\varepsilon > 0$ の値によらず 1 であることをいう．したがって，直線上や平面上のブラウン運動の場合は，ほとんどすべての粒子が自分が一度通過した点のいくらでも近くに繰り返し戻ってくるのに対し，3 次元以上の空間では，同じ点の近くに立ち戻らずさまよい続ける粒子が多いことになる．この他，空間 $\mathbb{R}^d$（ただし $d \ge 2$）内のブラウン運動の粒子が描く曲線のハウスドルフ次元は，ほとんどつねに(すなわち確率 1 で) 2 に等しいことが知られている．(ハウスドルフ次元については『現代解析学への誘い』の付録 C を参照されたい．) この事実と，平面上のブラウン運動が再帰的であることとは密接な関係がある．

を考えよう. この場合は, 初期時刻 $t=0$ における温度分布 $u_0(x)$ の情報と, Ω の境界 S の上で測定した各時刻での温度分布 $\psi(x,t)$──いわば表面温度──の情報から, 物体内での温度分布が決定する. これは, 数学的には下記の式をみたす関数 $u(x,t)$ を求める問題として定式化される.

$$\frac{\partial u}{\partial t} = \Delta u \qquad (x \in \Omega,\ t > 0) \qquad (2.11\text{a})$$

$$u(x,0) = u_0(x) \qquad (x \in \Omega) \qquad (2.11\text{b})$$

$$u = \psi(x,t) \qquad (x \in S,\ t > 0) \qquad (2.11\text{c})$$

§1.4(c)で述べたように, 一般に上のような問題を方程式(2.11a)に対する**初期境界値問題**と呼ぶ. (2.11b)は**初期条件**, (2.11c)は**境界条件**と呼ばれる.

とくに物体の表面温度が一定値(例えば 0)に保たれているときは(2.11c)は

$$u = 0 \qquad (x \in S,\ t > 0) \qquad (2.11\text{c}')$$

という形に書ける. これを**等温境界条件**という. これに対し, 境界 S を通して Ω の内部と外部の間に熱のやりとりがない状態を表わすのは**断熱境界条件**と呼ばれ, 次のような形の式で書き表わされる.

$$\frac{\partial u}{\partial \nu} = 0 \qquad (x \in S,\ t > 0) \qquad (2.12)$$

ここで $\partial/\partial\nu$ は境界 S 上の外向き**法線微分**, すなわち S の各点での外向き法線ベクトル ν に沿った方向微分を表わす. よって(2.12)は $\nabla u \cdot \nu = 0$ と書くこともできる. フーリエの法則により, 上式は '熱の流れ' が壁面 S を通り抜けないことと同値である. §1.4(b)で述べたように, 一般に(2.11c)のような形の境界条件を**ディリクレ**(Dirichlet)**境界条件**または**第 1 種境界条件**といい, とくに(2.11c′)を**斉次のディリクレ境界条件**という. 一方, (2.12)のような形のものを(斉次の)**ノイマン**(Neumann)**境界条件**または**第 2 種境界条件**という.

ところで(2.11a)を拡散方程式と解釈した場合は, 境界条件(2.11c′)は境界面に到達した粒子がことごとく捕捉されて二度と領域 Ω 内に戻ってこられない状態を表わし(**吸収壁**の条件), 境界条件(2.12)は, 境界面にぶつかった粒子がそのまま跳ね返される状態を表わす(**反射壁**の条件).

§2.2 基 本 解

本節以降，しばらく等質な媒体中の熱伝導や拡散を扱うことにする．したがって方程式は(2.4)や(2.8)の形で表わされる．必要があれば時間スケールを変えることにより，以後 $k=1$ と仮定しても一般性を失わない．すなわち方程式は次の形に書かれる．

$$\frac{\partial u}{\partial t} = \Delta u \qquad (2.13)$$

熱伝導方程式に対する初期値問題を解くには'基本解'が重要な役割を演ずる．さいわい，方程式(2.13)の場合には基本解の具体形が簡単に求まるので，以下これについて説明しよう．

(a) δ 関 数

基本解を定義するには δ 関数の概念を知っておく必要がある．まず，1次元の場合から始める．$-\infty < x < \infty$ 上で定義された $\delta(x)$ が次の性質をもつとき，これをディラック(Dirac)の **δ 関数** と呼ぶ．

（性質1）　$\delta(x)$ は原点に台をもつ．すなわち

$$\delta(x) = 0 \qquad (x \neq 0) \qquad (2.14)$$

（性質2）

$$\int_{-\infty}^{\infty} \delta(x)dx = 1 \qquad (2.15)$$

むろん，(2.14)と(2.15)が同時に成り立つためには $\delta(0) = \infty$ でなければならず，$\delta(x)$ が通常の意味での関数でないことは明らかである．しかし，このような $\delta(x)$ の存在を仮定しておくと，いろいろと便利なことが多い．現在では δ 関数は数学的実在として合理化されており，正確には，任意の連続関数 $\varphi(x)$ に対して

$$\int_{-\infty}^{\infty} \delta(x)\varphi(x)dx = \varphi(0) \qquad (2.16)$$

が成り立つような'超関数'として定義される．超関数の考え方については第

5章で述べる．以後の記述では δ 関数の性質を一応承認して議論を進め，必要に応じて形式的に導かれた式の意味を吟味することにしよう．$(2.14),(2.15)$ は性質(2.16)から容易に導かれる．逆に，$(2.14),(2.15)$から（形式的にではあるが）関係式(2.16)を導くことも可能であるので，この両者はほぼ同等と考えてよい．

さて，(2.16)より，

$$\int_{-\infty}^{\infty} \delta(x-y)\varphi(y)dy = \varphi(x) \tag{2.17}$$

が導かれる（$z=x-y$ と変数変換せよ）．また，

$$\int_{-\infty}^{\infty} \delta(\mu x)dx = \frac{1}{|\mu|}\int_{-\infty}^{\infty} \delta(\mu x)d(\mu x) = \frac{1}{|\mu|}$$

であるから，$\mu \neq 0$ のとき次式が成り立つこともわかる．

$$\delta(\mu x) = \frac{1}{|\mu|}\delta(x) \tag{2.18}$$

次に一般次元の場合は，$\mathbb{R}^n$ 上で定義された $\delta(x)$ で，任意の連続関数 $\varphi(x)$ に対して

$$\int_{\mathbb{R}^n} \delta(x)\varphi(x)dx = \varphi(0) \tag{2.19}$$

が成り立つものをディラックの **δ 関数** と呼ぶ．ここで $x = (x_1, x_2, \cdots, x_n)$ であり，(2.19)の左辺は n 重積分を表わすことに注意されたい．高次元の変数や積分も，以後しばしば(2.19)のように略記する．

1次元の場合と同様に

$$\int_{\mathbb{R}^n} \delta(x-y)\varphi(y)dy = \varphi(x) \tag{2.20}$$

が成立する．ただし(2.18)は今の場合

$$\delta(\mu x) = \frac{1}{|\mu|^n}\delta(x) \tag{2.21}$$

となる．また $y = Ax$ が直交変換ならば，$|\det A| = 1$ であるから

$$\int_{\mathbb{R}^n} \delta(Ax)\varphi(x)dx = \int_{\mathbb{R}^n} \delta(y)\varphi(A^{-1}y)d(A^{-1}y)$$

$$= \varphi(0)$$

$$= \int_{\mathbb{R}^n} \delta(x)\varphi(x)dx$$

これより δ 関数は回転不変性をもつ.

$$\delta(Ax) = \delta(x) \qquad (A \text{ は直交行列}) \tag{2.22}$$

注意 2.3 一般に, 領域 Ω で定義された関数 $u(x)$ について, それが 0 でない点の閉包 $\Omega \cap \overline{A}$ $(A = \{x \in \Omega \,|\, u(x) \neq 0\})$ のことを $u(x)$ の**台**(support)といい, 記号 $\mathrm{supp}\, u$ で表わす. n 次元の δ 関数は原点 $x = 0$ にのみ台をもつ.

(b) 基本解の定義

初期値問題

$$\frac{\partial u}{\partial t} = \Delta u \qquad (x \in \mathbb{R}^n, \ t > 0) \tag{2.23a}$$

$$u(x,0) = u_0(x) \qquad (x \in \mathbb{R}^n) \tag{2.23b}$$

の**基本解**(fundamental solution)とは, 次の性質をもつ関数 $U(x,y,t)$ のことをいう.

$$\frac{\partial U}{\partial t} = \Delta_x U \tag{2.24a}$$

$$\lim_{t \searrow 0} U(x,y,t) = \delta(x-y) \tag{2.24b}$$

ここで

$$\Delta_x = \frac{\partial^2}{\partial x_1^2} + \frac{\partial^2}{\partial x_2^2} + \cdots + \frac{\partial^2}{\partial x_n^2}$$

は, 変数 x についてのラプラス演算子を表わす. すなわち基本解 $U(x,y,t)$ とは, y をパラメータと考えれば, 初期値が $\delta(x-y)$ であるような初期値問題(2.23)の解にほかならない. ところで $\delta(x-y)$ は 1 点 y に台をもち, かつ

$$\int_{\mathbb{R}^n} \delta(x-y)dx = 1$$

をみたす'超関数'であるから，初期値が $\delta(x-y)$ であるということは，例えば総質量が1の微粒子の群れが時刻 $t=0$ において全質量を1点 y に集中している状態に相当する．したがって $U(x,y,t)$ は，そのような初期状態から出発した粒子の群れの，その後の密度分布の推移を表わすものと解釈できる（図2.3）．なお $u(x,t)$ が(2.13)の解ならば

$$\frac{\partial}{\partial t}\int_{\mathbb{R}^n}u(x,t)dx=\int_{\mathbb{R}^n}\Delta u(x,t)dx=0$$

これは粒子の総質量が各時刻で一定に保たれることを表わす（質量保存の法則）．とくに基本解については

$$\int_{\mathbb{R}^n}U(x,y,t)dx=\lim_{t\searrow 0}\int_{\mathbb{R}^n}U(x,y,t)dx=\int_{\mathbb{R}^n}\delta(x-y)dx=1$$

が成り立つ．

$U(x,y,t)$ はまた，ブラウン運動をする粒子の位置の確率論的な予測を与える．すなわち，$t=0$ のとき確率1で点 y 上に存在した1個の粒子が，その後ブラウン運動によって x 軸上を不規則に動き回るとき，時刻 t において粒

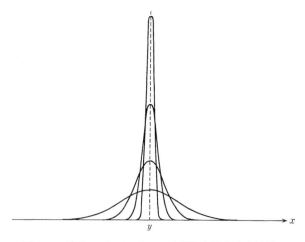

図2.3 時刻 $t=0$ で1点 y に全質量が集中する粒子の群れの，その後の密度分布の推移．後で示すように，各時刻 $t>0$ における密度分布は正規分布になる．

子の x 軸上の位置が点 x である確率密度は，$U(x,y,t)$ に一致する．

（c） 自己相似性を利用した基本解の計算

基本解の計算には通例フーリエ変換が用いられるが，その詳細については他の成書にゆずり，ここではより初等的な発見的計算方法を紹介する．この方法においては，まず，求めるべき関数——すなわち今の場合基本解——がどのような変数変換に関して不変であるかを，方程式の構造や初期値の様子から割り出す．次にその情報に基づいて実質的な独立変数の個数を減らし，もとの問題をより扱いやすい低次元の問題に帰着させる．この操作により，計算は大幅に簡略化される．同様の手法は，熱伝導方程式に限らず他の多くの問題にも適用可能であるので，知っておくと便利である．（なお，フーリエ変換を用いた基本解の計算法については，付録 B を参照せよ．）

まず，$K(x,t)$ を次の初期値問題の解とする．

$$\frac{\partial K}{\partial t} = \Delta K \qquad (x \in \mathbb{R}^n,\ t > 0) \qquad (2.25\mathrm{a})$$

$$\lim_{t \searrow 0} K(x,t) = \delta(x) \qquad (2.25\mathrm{b})$$

この初期値問題の解がただひとつだけ存在するという事実(解の存在と一意性)は，以下の議論で重要なポイントとなるが，この事実はあらかじめ認めておくことにする．容易にわかるように，$U(x,y,t) = K(x-y,t)$ と書けるから，基本解を計算するには $K(x,t)$ の具体形が求まればよい．まず，以下を示す．

（性質1） 任意の $\lambda > 0$ に対して次式が成り立つ．

$$\lambda^n K(\lambda x,\ \lambda^2 t) = K(x,t) \qquad (2.26)$$

（性質2） 2 変数 $r \geqq 0$, $t > 0$ の適当な関数 $H(r,t)$ を用いて $K(x,t)$ は以下のように表わせる．

$$K(x,t) = H(|x|,t) \qquad (2.27)$$

（性質2)はラプラシアンと δ 関数の回転不変性から導かれる．いま $A = (a_{ij})$ を任意の直交行列とし，$\widetilde{K}(x,t) = K(Ax,t)$ とおこう．$A^t A = I$，すなわち

$\sum_{j=1}^{n} a_{ij}a_{kj} = \delta_{ik}$ であるから

$$\Delta \widetilde{K}(x,t) = \sum_{j=1}^{n} \frac{\partial^2}{\partial x_j^2} K(Ax,t)$$

$$= \sum_{i,j,k=1}^{n} a_{ij}a_{kj} \frac{\partial^2 K}{\partial x_i \partial x_k}(Ax,t)$$

$$= \sum_{i=1}^{n} \frac{\partial^2 K}{\partial x_i^2}(Ax,t) = (\Delta K)(Ax,t)$$

したがって $\partial \widetilde{K}/\partial t = \Delta \widetilde{K}$ が成り立つ. 一方(2.22)より,

$$\lim_{t \searrow 0} \widetilde{K}(x,t) = \delta(Ax) = \delta(x)$$

となるので, $\widetilde{K}$ も初期値問題(2.25a), (2.25b)の解であることがわかる. よって解の一意性から $\widetilde{K}(x,t) = K(x,t)$ となる. このことから $K(x,t)$ は $|x|$ と t のみに依存することがわかる. (性質1)も $\widetilde{K}(x,t) = \lambda^n K(\lambda x, \lambda^2 t)$ を考えることにより同様の論法で示される.

さて, (2.26), (2.27)を用いて $K(x,t)$ の具体形を求めよう. 簡単のため, $n=1$ の場合を考える. (2.26)で $\lambda = 1/\sqrt{t}$ とおくと

$$K(x,t) = t^{-1/2} K\left(\frac{x}{\sqrt{t}}, 1\right) \tag{2.28}$$

となる. 一方, (2.26)を λ で微分して $\lambda = 1$ を代入すると

$$0 = K + x\frac{\partial K}{\partial x} + 2t\frac{\partial K}{\partial t} = K + x\frac{\partial K}{\partial x} + 2t\frac{\partial^2 K}{\partial x^2}$$

を得る. ここで $t=1$ とおくと, 関数 $w(x) := K(x,1)$ は

$$2w'' + xw' + w = 0 \tag{2.29}$$

をみたすことがわかる. $w = e^{-x^2/4}v$ とおけばこの方程式は $2v'' - xv' = 0$ に変換される. これを解くと, 一般解は

$$w(x) = c_1 e^{-x^2/4} + c_2 e^{-x^2/4} \int_0^x e^{z^2/4} dz \tag{2.30}$$

で与えられる. しかるに質量保存の法則より,

$$\int_{-\infty}^{\infty} K(x,t)dx = 1$$

が成り立たねばならない. 上式で $t=1$ とおいて(2.30)を代入すると $c_1=1/\sqrt{4\pi}$, $c_2=0$ であることがわかる. これと(2.28)より

$$K(x,t) = \frac{1}{\sqrt{4\pi t}} e^{-x^2/4t} \qquad (2.31)$$

を得る. したがって, 基本解は次の形で与えられる.

$$U(x,y,t) = \frac{1}{\sqrt{4\pi t}} \exp\left(-\frac{(x-y)^2}{4t}\right) \qquad (2.32)$$

計算は省くが, 一般 n 次元の場合は,

$$K(x,t) = \frac{1}{(4\pi t)^{n/2}} \exp\left(-\frac{|x|^2}{4t}\right) \qquad (2.31')$$

$$U(x,y,t) = \frac{1}{(4\pi t)^{n/2}} \exp\left(-\frac{|x-y|^2}{4t}\right) \qquad (2.32')$$

となる. ただし x,y はそれぞれ $\mathbb{R}^n$ 上を動く変数である. なお, 関数 $K(x,t)$ を**熱核**(heat kernel)と呼ぶことがある. 容易にわかるように, (2.31)は分散 $2t$ の正規分布に一致する. 上の導出ではいくつかの事実を承認したが, いったん答が見つかればそれを直接確かめることは難しくない. 初期条件(2.25b)の意味については§2.3(a)で検討する.

問1 (2.31′)が熱伝導方程式(2.25a)をみたすことを直接示せ.

注意 2.4 解 $K(x,t)$ の各時刻でのグラフは, 時間の経過とともに刻々と形状を変えるが, 座標の横軸と縦軸を適当にスケール変換してやると実質的には単一の形状に帰着することが関係式(2.28)からわかる. 一般に偏微分方程式の初期値問題の解でこのような性質を有するものを**自己相似解**(self-similar solution)と呼ぶ.

（d）　初期境界値問題の基本解

初期値問題に限らず，初期境界値問題に対しても基本解を考えることができる．例えば初期境界値問題$(2.11a), (2.11b), (2.11c')$の場合，その**基本解**とは次の性質をもつ関数 $U(x, y, t)$ のことをいう．

$$\frac{\partial U}{\partial t} = \Delta_x U \qquad (x \in \Omega, \ y \in \Omega, \ t > 0) \qquad (2.33a)$$

$$\lim_{t \searrow 0} U(x, y, t) = \delta(x - y) \qquad\qquad (2.33b)$$

$$U(x, y, t) = 0 \qquad (x \in S, \ y \in \Omega, \ t > 0) \qquad (2.33c)$$

境界条件$(2.11c')$が(2.12)などの他の境界条件で置き換われば，$(2.33c)$もそれに対応する境界条件で置き換えられるのはいうまでもない．

　一般の高次元領域における初期境界値問題の基本解の具体形を求めるのは困難であるが，半空間や2次元円板領域など特別の領域においては'折り返し法'を用いて具体形が簡単に求まる．以下これを示そう．簡単のため，はじめに Ω が1次元の半無限区間 $0 < x < \infty$ である場合を考える．まず，ディリクレ境界条件の場合は，基本解は(2.31)で定義した関数 $K(x, t)$ を用いて次の形で与えられる．

$$U(x, y, t) = K(x - y, t) - K(x + y, t) \qquad (2.34)$$

これを示すには，上の関数が以下をみたすことを確かめればよい．

$$\frac{\partial U}{\partial t} = \frac{\partial^2 U}{\partial x^2} \qquad\qquad (x, y > 0, \ t > 0) \qquad (2.35a)$$

$$\lim_{t \searrow 0} U(x, y, t) = \delta(x - y) \qquad (x, y > 0) \qquad (2.35b)$$

$$U(0, y, t) = 0 \qquad\qquad (y > 0, \ t > 0) \qquad (2.35c)$$

まず，$K(x-y, t)$ も $K(x+y, t)$ も，y を固定すれば1次元熱伝導方程式

$$\frac{\partial u}{\partial t} = \frac{\partial^2 u}{\partial x^2} \qquad (x \in \mathbb{R}, \ t > 0) \qquad (2.36)$$

の解であるから，方程式の線形性より，それらの1次結合(2.34)も(2.36)の解になる．したがって$(2.35a)$が成り立つ．

また，(2.25b)より $\lim_{t \searrow 0} U(x,y,t) = \delta(x-y) - \delta(x+y)$ となるが，$x, y > 0$ の範囲では $\delta(x+y) = 0$ であるから，初期条件 (2.35b) が成り立つことがわかる．また，$U(0,y,t) = K(-y,t) - K(y,t) = 0$ ゆえ，境界条件 (2.35c) も成立する．よって (2.34) で与えた $U(x,y,t)$ が (2.35a)–(2.35c) をみたすことが確かめられた．

ノイマン境界条件の場合の初期境界値問題の基本解は，(2.35a), (2.35b) および

$$\frac{\partial U}{\partial x}(0,y,t) = 0 \qquad (y > 0, \ t > 0) \qquad (2.35c')$$

をみたす関数 $U(x,y,t)$ として定義される．この場合は基本解は

$$U(x,y,t) = K(x-y,t) + K(x+y,t) \qquad (2.37)$$

で与えられることが上と同じようにしてわかる．

Ω が半平面 $\{(x_1,x_2) \in \mathbb{R}^2 \,|\, x_1 > 0\}$ や半空間である場合も，変数 x_1 に関する折り返しを用いれば，上記 1 次元の場合とまったく同じようにして基本解が求まる．また，Ω が平面の第 1 象限 $\{(x_1,x_2) \in \mathbb{R}^2 \,|\, x_1, x_2 > 0\}$ である場合も，折り返しの議論を用いて基本解が計算できる (演習問題 2.4)．

§2.3 初期値問題と初期境界値問題

本節では初期値問題や初期境界値問題の解の計算法と，それらの解の公式からただちに得られる簡単な性質について述べる．

(a) 初期値問題

初期値問題 (2.23) の解 $u(x,t)$ は，(2.24) で定まる基本解 $U(x,y,t)$ を用いて，

$$u(x,t) = \int_{\mathbb{R}^n} U(x,y,t) u_0(y) dy \qquad (2.38)$$

と表現できる．まずこのことを形式的な計算で確かめよう．

$$\frac{\partial u}{\partial t} = \frac{\partial}{\partial t} \int_{\mathbb{R}^n} U(x,y,t)u_0(y)dy = \int_{\mathbb{R}^n} \frac{\partial U}{\partial t}(x,y,t)u_0(y)dy$$

$$= \int_{\mathbb{R}^n} \Delta_x U(x,y,t)u_0(y)dy$$

$$= \Delta \int_{\mathbb{R}^n} U(x,y,t)u_0(y)dy = \Delta u$$

となるから $u(x,t)$ は方程式(2.23a)をみたす. また,

$$\lim_{t \searrow 0} u(x,t) = \int_{\mathbb{R}^n} \lim_{t \searrow 0} U(x,y,t)u_0(y)dy$$

$$= \int_{\mathbb{R}^n} \delta(x-y)u_0(y)dy$$

に(2.20)を適用すれば, (2.23b)が成り立つことがわかる.

　上で無造作に行なった積分記号下の微分が正当であることを確認しよう. 方法は同様であるから t 微分を考える. そのために次の判定条件を思い出しておく(『微分と積分2』定理1.40参照).

　補題 2.5　連続関数 $f(x,t)$ $(x \in \mathbb{R}^n,\ t \in \mathbb{R})$ が t について偏微分可能で, $\frac{\partial f}{\partial t}(x,t)$ も連続, かつ

$$\left| \frac{\partial f}{\partial t}(x,t) \right| \leqq \varphi(x), \quad \int_{\mathbb{R}^n} \varphi(x)dx < \infty$$

をみたす連続関数 $\varphi(x)$ が選べるならば

$$F(t) = \int_{\mathbb{R}^n} f(x,t)dx$$

は t について微分可能で

$$\frac{dF}{dt}(t) = \int_{\mathbb{R}^n} \frac{\partial f}{\partial t}(x,t)dx \qquad\qquad □$$

　命題 2.6　$u_0(x)$ が有界な関数ならば, (2.38)で定まる $u(x,t)$ は $x \in \mathbb{R}^n$, $t > 0$ で微分可能であり, 積分記号下の微分が許される.

　[証明]　(2.32′)を微分すると

$$\left| \frac{\partial U}{\partial t}(x,y,t) \right| = \frac{1}{(4\pi t)^{n/2}} \cdot \frac{|x-y|^2}{4t^2} e^{-|x-y|^2/4t}$$

いま $\delta, R > 0$ を任意にとり, 領域 $t > \delta$, $|x| < R$ で考える. $|u_0(y)| \leqq K$ とす

れば

$$\left|\frac{\partial U}{\partial t}(x,y,t)u_0(y)\right| \leqq \frac{K}{\delta^{n/2+2}}|x-y|^2 e^{-\frac{|x-y|^2}{4\delta}}$$

そこで

$$\varphi(y) = \frac{K}{\delta^{2+n/2}} \times \begin{cases} (|y|+R)^2 & (|y| < R) \\ (|y|+R)^2 \exp\left(-\frac{(|y|-R)^2}{4\delta}\right) & (|y| \geqq R) \end{cases}$$

とおけば

$$\left|\frac{\partial U}{\partial t}(x,y,t)u_0(y)\right| \leqq \varphi(y), \quad \int_{\mathbb{R}^n} \varphi(y)dy < \infty$$

が確かめられる. ゆえに補題 2.5 より結論を得る. ∎

次に初期条件(2.33b)について考えよう.

命題 2.7 $u_0(x)$ が有界かつ連続ならば(2.38)の $u(x,t)$ は(2.33b)をみたす. すなわち

$$\lim_{t \searrow 0} \int_{\mathbb{R}^n} U(x,y,t)u_0(y)dy = u_0(x) \qquad (x \in \mathbb{R}^n) \qquad (2.39)$$

が成り立つ.

[証明] 変数変換 $y = x - 2\sqrt{t}\,z$ によって

$$u(x,t) = \frac{1}{(4\pi t)^{n/2}} \int_{\mathbb{R}^n} e^{-|x-y|^2/4t} u_0(y)dy$$

$$= \frac{1}{\pi^{n/2}} \int_{\mathbb{R}^n} e^{-|z|^2} u_0(x-2\sqrt{t}\,z)dz$$

と書ける. $\int e^{-|z|^2}dz = \pi^{n/2}$ であるから

$$|u(x,t)-u_0(x)| = \left|\frac{1}{\pi^{n/2}} \int_{\mathbb{R}^n} e^{-|z|^2}(u_0(x-2\sqrt{t}\,z)-u_0(x))dz\right|$$

$$\leqq \frac{1}{\pi^{n/2}} \int_{\mathbb{R}^n} e^{-|z|^2}|u_0(x-2\sqrt{t}\,z)-u_0(x)|dz$$

ここで任意に与えられた $\varepsilon > 0$ に対し, 十分大きく $R > 0$ をとれば

$$\int_{|z|>R} e^{-|z|^2} dz < \varepsilon$$

とできる. $|u_0(x)| \leqq K$ であるとすれば

$$\frac{1}{\pi^{n/2}} \int_{|z|>R} e^{-|z|^2} |u_0(x-2\sqrt{t}\,z) - u_0(x)| dz < 2K\varepsilon \qquad (2.40)$$

次に, $u_0(y)$ は $y=x$ で連続であるから, 適当に $\delta > 0$ をとると

$$|y-x| < \delta \quad \text{なら} \quad |u_0(y) - u_0(x)| < \varepsilon$$

とすることができる. このとき, $0 < t < (\delta/2R)^2$ であれば $|2\sqrt{t}\,z| < \delta\,(|z| \leqq R)$, よって

$$\frac{1}{\pi^{n/2}} \int_{|z|\leqq R} e^{-|z|^2} |u_0(x-2\sqrt{t}\,z) - u_0(x)| dz < \frac{\varepsilon}{\pi^{n/2}} \int_{|z|\leqq R} e^{-|z|^2} dz \leqq \varepsilon$$

$$(2.41)$$

$(2.40), (2.41)$ を合わせると, $0 < t < (\delta/2R)^2$ の下に

$$|u(x,t) - u_0(x)| < (2K+1)\varepsilon$$

が得られる. これは $\lim_{t \searrow 0} |u(x,t) - u_0(x)| = 0$ を示す. ∎

(b)　初期境界値問題

Ω を空間 $\mathbb{R}^n$ 内の領域とし, S をその境界とする. 初期境界値問題

$$\frac{\partial u}{\partial t} = \Delta u \qquad (x \in \Omega,\ t > 0) \qquad (2.42\text{a})$$

$$u(x,0) = u_0(x) \qquad (x \in \Omega) \qquad (2.42\text{b})$$

$$\text{境界条件} \qquad (x \in S,\ t > 0) \qquad (2.42\text{c})$$

に対する基本解を $U(x,y,t)$ とおく. ここで, 境界条件としては, 具体的には $(2.11\text{c}')$ や (2.12) を念頭に置いている. 初期境界値問題の場合も, 初期値問題と同じく, 解は基本解を用いて以下の形に表わされる.

$$u(x,t) = \int_{\Omega} U(x,y,t) u_0(y) dy \qquad (2.43)$$

§1.5 で説明したフーリエの方法によって初期境界値問題の解を計算する

こともできる. まず, 空間 1 次元の初期境界値問題

$$
\begin{cases}
\dfrac{\partial u}{\partial t} = \dfrac{\partial^2 u}{\partial x^2} & (0 < x < l,\ t > 0) \\[2mm]
u(x, 0) = u_0(x) & (0 < x < l) \\[2mm]
u(0, t) = u(l, t) = 0 & (t > 0)
\end{cases}
\tag{2.44}
$$

の解 $u(x, t)$ を求めよう. §1.5(d) と同様に u を

$$
u(x, t) = \sum_{k=1}^{\infty} b_k(t) \sin \frac{k\pi}{l} x
$$

とフーリエ正弦級数展開する. これを方程式に代入して常微分方程式系

$$
b_k'(t) = -\frac{k^2 \pi^2}{l^2} b_k(t) \qquad (k = 1, 2, \cdots)
$$

を得る. 一方, 初期条件から

$$
\sum_{k=1}^{\infty} b_k(0) \sin \frac{k\pi}{l} x = u_0(x)
$$

が成り立ち, この両辺に $\sin \dfrac{k\pi}{l} x$ を乗じて積分することにより $b_k(0)$ が求まる. これらから $b_k(t)$ が定まり, 結局 (2.44) の解 $u(x, t)$ は次式で与えられる.

$$
u(x, t) = \sum_{k=1}^{\infty} b_k \exp\left(-\frac{k^2 \pi^2}{l^2} t \right) \sin \frac{k\pi}{l} x
\tag{2.45}
$$

$$
\left(b_k = \frac{2}{l} \int_0^l u_0(y) \sin \frac{k\pi}{l} y\, dy \right)
$$

このフーリエ級数は, 例えば $u_0(x)$ が C^1 級ならば意味をもつ. のみならず, $t > 0$ のときは $b_k(t)$ が $k \to \infty$ で非常に速く減少するので (§2.3(d) 参照), 項別微分が正当化される. 同様にして, ノイマン境界条件を課した初期境界値問題

$$
\begin{cases}
\dfrac{\partial u}{\partial t} = \dfrac{\partial^2 u}{\partial x^2} & (0 < x < l,\ t > 0) \\[2mm]
u(x, 0) = u_0(x) & (0 < x < l) \\[2mm]
u_x(0, t) = u_x(l, t) = 0 & (t > 0)
\end{cases}
\tag{2.46}
$$

の解は次のように表わされる.

$$u(x,t) = \frac{a_0}{2} + \sum_{k=1}^{\infty} a_k \exp\left(-\frac{k^2\pi^2}{l^2}t\right)\cos\frac{k\pi}{l}x \qquad (2.47)$$

$$\left(a_k = \frac{2}{l}\int_0^l u_0(y)\cos\frac{k\pi}{l}y\,dy\right)$$

問2 (2.44)において, $u_0(x) = x(l-x)$ の場合に解 $u(x,t)$ を3角級数を用いて表示せよ. (ヒント. 例1.22の結果を用いよ.)

公式(2.45)や(2.47)は, 多次元領域における初期境界値問題に対しても自然に拡張される. これについて述べよう. Ω を空間 $\mathbb{R}^n$ 内の有界な領域とし, 初期境界値問題(2.42)を考える. ただし境界条件としてはとりあえずディリクレ境界条件(2.11c′)を考える. まず, 境界条件(2.11c′)の下での方程式(2.42a)の解で $u(x,t) = \varphi(x)h(t)$ という変数分離形で表わされるものをすべて求めてみる. $u = \varphi h$ を(2.42a)に代入して整理すると

$$\frac{\Delta\varphi(x)}{\varphi(x)} = \frac{h'(t)}{h(t)}$$

を得る. 左辺は x のみの, 右辺は t のみの関数であるから, 両者がつねに等しいためにはこれらは定数でなければならない. この定数を $-\lambda$ とおくと, 境界条件(2.11c′)より, 次が成り立つ.

$$-\Delta\varphi = \lambda\varphi \qquad (x \in \Omega) \qquad (2.48\text{a})$$

$$\varphi = 0 \qquad (x \in S) \qquad (2.48\text{b})$$

$$h'(t) = -\lambda h(t) \qquad (2.49)$$

(2.48)は, λ がディリクレ境界条件下での微分演算子 $-\Delta$ の**固有値**であり, $\varphi(x)$ がそれに属する**固有関数**であることを意味している. (2.48)を満足する $\varphi(x) \not\equiv 0$ と λ の組をすべて求めることを, "固有値問題(2.48)を解く"という. いったんこのような $\varphi(x), \lambda$ が求まれば, (2.49)から, 解は

$$ce^{-\lambda t}\varphi(x) \qquad (2.50)$$

という形に書けることがわかる.

さて, Ω が 1 次元空間 $(0, l)$ である場合は, §1.5(a)で見たように固有値は $k^2\pi^2/l^2$ $(k = 1, 2, 3, \cdots)$ であり, 対応する固有関数は $\sin \dfrac{k\pi}{l} x$ となる. 多次元領域の場合も, 固有値は実数の無限列

$$0 < \lambda_1 < \lambda_2 \leqq \lambda_3 \leqq \cdots \to \infty$$

を構成することが知られている(§3.6 参照). 各固有値 λ_k に属する固有関数を $\varphi_k(x)$ とおくと, Ω 上で定義された任意の関数 $w(x)$ (ただし 2 乗可積分であるもの)は,

$$w(x) = \sum_{k=1}^{\infty} c_k \varphi_k(x) \tag{2.51}$$

という無限級数で表わされることが知られている. ここで級数の収束は平均収束の意味で考えるものとする. $-\Delta$ の各固有関数は次の意味で互いに直交するように選べることが知られている(§3.6 参照):

$$\int_{\Omega} \varphi_j(x) \varphi_k(x) dx = 0 \qquad (j \neq k)$$

必要なら $\varphi_k(x)$ をその定数倍にとりかえて,

$$\int_{\Omega} \varphi_k(x)^2 dx = 1 \qquad (k = 1, 2, 3, \cdots)$$

としておく. このとき, (2.51)の両辺に $\varphi_k(x)$ を乗じて積分することにより

$$c_k = \int_{\Omega} w(y) \varphi_k(y) dy$$

となることもわかる. (2.51)を固有関数系 $\{\varphi_k\}_{k=1}^{\infty}$ による $w(x)$ の固有関数展開と呼ぶ. (2.50)と(2.51)を組み合わせると, 初期境界値問題(2.42)の解は

$$u(x, t) = \sum_{k=1}^{\infty} c_k e^{-\lambda_k t} \varphi_k(x) \tag{2.52}$$

$$\left(c_k = \int_{\Omega} u_0(y) \varphi_k(y) dy \right)$$

という形に書き表わされることがわかる. (1 次元の場合同様, $t > 0$ で項別微分できることがいえるがここでは立ち入らない.)

　境界条件 $(2.11c')$ の代わりに別の境界条件を課すと，$(2.48b)$ はそれに応じてしかるべき境界条件で置き換えられるが，この点を除けば上記の議論はまったく変更なく成り立ち，解はやはり (2.52) の形で表わされる．同じ考え方で空間的に非一様な熱伝導係数をもつ熱伝導方程式

$$\frac{\partial u}{\partial t} = \frac{\partial}{\partial x}\left(k(x)\frac{\partial u}{\partial x}\right)$$

や，さらにこれを一般化した方程式に対しても固有関数展開が適用できる．

　公式 (2.52) と (2.43) を比較することにより，初期境界値問題 (2.42) に対する基本解は固有関数を用いて次の形に書き表わされることもわかる．

$$U(x,y,t) = \sum_{k=1}^{\infty} e^{-\lambda_k t}\varphi_k(x)\varphi_k(y) \tag{2.53}$$

（c）　非斉次方程式

　媒体中で熱が新たに発生したり，あるいは放射や吸収によって熱が失われることがあれば，温度変化は次のような非斉次の方程式で記述される．

$$\frac{\partial u}{\partial t} = \Delta u + g(x,t) \qquad (x \in \Omega,\ t > 0) \tag{2.54}$$

　1 階の常微分方程式の初期値問題

$$\frac{du}{dt} = Au + g(t), \quad u(0) = u_0$$

は，ラグランジュの定数変化法を用いて解くことができる（『力学と微分方程式』§2.4 参照）．

$$u(t) = e^{tA}u_0 + \int_0^t e^{(t-s)A}g(s)ds$$

(2.54) に初期条件 $(2.42b)$，境界条件 $(2.42c)$ を課した初期境界値問題についても，これと類似の次の公式が成り立つ：

$$u(x,t) = \int_\Omega U(x,y,t)u_0(y)dy + \int_0^t \int_\Omega U(x,y,t-s)g(y,s)dyds \tag{2.55}$$

（初期値問題の場合は $\Omega = \mathbb{R}^n$ ととればよい．）形式的計算によってこの式

が(2.54)をみたすことを確かめよう.

$$\frac{\partial u}{\partial t} = \int_\Omega \frac{\partial U}{\partial t}(x,y,t)u_0(y)dy + \int_0^t \int_\Omega \frac{\partial U}{\partial t}(x,y,t-s)g(y,s)dyds$$

$$+ \lim_{t \searrow 0} \int_\Omega U(x,y,t)g(y,t)dy$$

$$= \int_\Omega \Delta_x U(x,y,t)u_0(y)dy + \int_0^t \int_\Omega \Delta_x U(x,y,t-s)g(y,s)dyds$$

$$+ \int_\Omega \delta(x-y)g(y,t)dy$$

$$= \Delta u + g(x,t)$$

なお,厳密な証明には後述の評価式(2.58)–(2.60)が用いられる.

例 2.8 初期境界値問題

$$\begin{cases} \dfrac{\partial u}{\partial t} = \dfrac{\partial^2 u}{\partial x^2} + 1 & (0 < x < \pi,\ t > 0) \\[2mm] u(x,0) = 0 & (0 < x < \pi) \\[2mm] u(0,t) = u(\pi,t) = 0 & (t > 0) \end{cases}$$

の解 $u(x,t)$ を求めよう. (2.53)より基本解は次の形に書ける.

$$U(x,y,t) = \frac{2}{\pi} \sum_{k=1}^\infty e^{-k^2 t} \sin kx \sin ky$$

これを公式(2.55)にあてはめると解が以下の形で求まる.

$$u(x,t) = \int_0^t \int_0^\pi \frac{2}{\pi} \sum_{k=1}^\infty e^{-k^2(t-s)} \sin kx \sin ky\, dyds$$

$$= \frac{4}{\pi} \int_0^t \sum_{m=1}^\infty e^{-(2m-1)^2(t-s)} \frac{1}{2m-1} \sin(2m-1)x\, ds$$

$$= \frac{4}{\pi} \sum_{m=1}^\infty \frac{1 - e^{-(2m-1)^2 t}}{(2m-1)^3} \sin(2m-1)x$$

□

(d)　平滑化作用

基本解による解の表示式(2.43)の両辺を x_j で微分すると形式的に

$$\frac{\partial u}{\partial x_j} = \int_{\mathbb{R}^n} u_0(y) \frac{\partial U}{\partial x_j}(x, y, t) dy \qquad (2.56)$$

となる．しかるに

$$\frac{\partial U}{\partial x_j}(x, y, t) = \frac{\partial K}{\partial x_j}(x - y, t) = -\frac{x_j - y_j}{2t} K(x - y, t)$$

$$= O\left(\frac{|x - y|}{t^{n/2+1}} \exp\left(-\frac{|x - y|^2}{4t}\right)\right) \qquad (2.57)$$

であり，この関数は $x \in \mathbb{R}^n$, $t > 0$ を固定して y だけの関数とみれば遠方で非常に速く減衰するので，例えば初期値 u_0 が $\mathbb{R}^n$ 上で有界な関数であれば (2.56) が正当化される（命題 2.6 の証明参照）．

さて，関数 u_0 の L^∞-ノルムなるものを

$$\|u_0\|_{L^\infty} := \sup_{x \in \mathbb{R}^n} |u_0(x)|$$

によって定義し，これを用いて上の積分を評価すると次のようになる．

$$\left|\int_{\mathbb{R}^n} u_0(y) \frac{\partial U}{\partial x_j}(x, y, t) dy\right| \leq \|u_0\|_{L^\infty} \int_{\mathbb{R}^n} \left|\frac{\partial U}{\partial x_j}(x, y, t)\right| dy$$

$$\leq M\|u_0\|_{L^\infty} \int_{\mathbb{R}^n} \frac{|x - y|}{t^{n/2+1}} \exp\left(-\frac{|x - y|^2}{4t}\right) dy$$

$$= \frac{M\|u_0\|_{L^\infty}}{\sqrt{t}} \int_{\mathbb{R}^n} |z| e^{-|z|^2} dz$$

ここで $z = \dfrac{x - y}{\sqrt{t}}$ なる変数変換を行なった．これより，以下の定理を得る．

定理 2.9　初期値問題 (2.23) において，初期値 $u_0(x)$ は有界な関数であるとする．このとき，u_0 に無関係な定数 K が存在して，以下の評価式が成り立つ．

$$\left\|\frac{\partial}{\partial x_j} u(\cdot, t)\right\|_{L^\infty} \leq \frac{K}{\sqrt{t}} \|u_0\|_{L^\infty} \qquad (j = 1, 2, \cdots, n) \qquad (2.58)$$

ただし，左辺は $\displaystyle \sup_{x \in \mathbb{R}^n} \left|\frac{\partial u}{\partial x_j}(x, t)\right|$ を意味するものとする．　　　　□

同じ方法で以下のような評価式も得られる．

$$\left\| \frac{\partial^2}{\partial x_i \partial x_j} u(\cdot, t) \right\|_{L^\infty} \leqq \frac{\widetilde{K}}{t} \|u_0\|_{L^\infty} \tag{2.59}$$

$$\left| \frac{\partial}{\partial t} u(\cdot, t) \right|_{L^\infty} \leqq \frac{\widetilde{K}}{t} \|u_0\|_{L^\infty} \tag{2.60}$$

ここで $\widetilde{K}$ は u_0 に無関係な定数である. 同様の議論を繰り返すことで次の定理が得られる.

定理 2.10 $u_0(x)$ は $\mathbb{R}^n$ 上で有界な関数であるとする. このとき, 初期値問題(2.23)の解 $u(x,t)$ は $x \in \mathbb{R}^n$, $t > 0$ に関して何回でも連続微分可能, すなわち C^∞ 級である. □

評価式(2.58)–(2.60)は, 初期境界値問題(2.42)に対してもそのまま成り立つことが知られている(ただし L^∞-ノルムの 'sup' は Ω 上でとるものとする). この事実は, Ω がとくに半無限区間や半空間の場合には, 基本解の表示式(2.34), (2.37)を用いて直接計算で確かめられる. また, 定理 2.10 の結論も, Ω の境界が C^∞ 級の滑らかさをもてばそのまま成り立つ.

定理 2.10 は, たとえ初期値が微分可能でなくても, 解 $u(x,t)$ は正の時刻では必ず滑らかになることを示している. これを熱伝導方程式の**平滑化作用**(smoothing effect)と呼ぶ.

平滑化作用がなぜ起こるかを, フーリエ級数展開や固有関数展開による解の表示式を用いて直観的に説明することもできる. 表示式(2.45), (2.47)より, 解 $u(x,t)$ の第 k モードのフーリエ係数は $\exp(-k^2\pi^2 t/l^2)$ の定数倍だから, $t \to \infty$ のとき高モードのフーリエ係数ほど急速に減衰する. このことは, 高周波成分の比率が時間の経過とともにどんどん小さくなることを意味しており, そのために解のグラフの複雑な起伏は次第にならされて '丸み' を帯びるようになる(図2.4). こうして平滑化がおこる.

平滑化作用は, 熱伝導方程式やその一般化である放物型偏微分方程式(付録A参照)に共通する著しい特徴である. これは大変便利な性質であるが, 逆にこの性質のゆえに, 初期値問題(2.23)や初期境界値問題(2.42)を時間の負の方向に解こうとすると厄介な状況が生じる. というのも, (2.45)や(2.47)からわかるように, 時間変数 t が負の方向に進むと, 高モードのフーリエ係

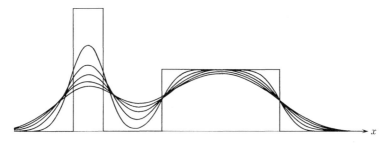

図 **2.4** 熱伝導方程式の平滑化作用. 柱状の図形は初期値のグラフを表わし, 他の曲線はその後の解のグラフの変化を表わす.

数ほど急激に増大する. このため, たとえ滑らかな初期値から出発しても, 途中で解が不連続になったり, あるいはもっと激しい特異性が発生し得る. それどころか多くの初期値に対しては, 解が負時間の方向にまったく延ばせないことが知られている.

偏微分方程式の初期値問題を扱う際には, 初期値 $u_0(x)$ をどのような関数のクラスから選ぶかに注意を払う必要がある. §1.4(d)でも簡単に述べたように, 与えられた初期値問題が, 関数空間 X の上で**適切**(well-posed)であるとは, 任意の初期値 $u_0 \in X$ に対して解 $u(x,t)$ が存在し, しかも t を固定するごとに $u(\cdot,t) \in X$ となり, かつ t を動かすと $u(\cdot,t) \in X$ が X の '位相'——いわば X 内に定められた '距離'——に関して連続的に変化することをいう. 熱伝導方程式に対する初期値問題は

- 有界で一様連続な関数の空間
- $L^p(\mathbb{R}^n)$——p 乗可積分な関数の空間

をはじめ, 数多くの関数空間の上で適切であることが表示式(2.38)を用いて証明できる. これに対し, 時間の負方向には, 通常知られているどのような関数空間の上でも適切でないことが上で述べた事実などからわかる.

熱伝導方程式に時間の方向性がこれだけ強く現れるのは, この方程式が記述する熱伝導や拡散などの現象が**不可逆過程**であるという事実と密接に関連している. これに対し, 波動方程式が記述する波の伝播や振動などの現象は可逆過程であり, この場合は, 表示式(1.52)からも明らかなように, 平滑化

は生じない. ただし, 波や振動であっても, 摩擦や粘性などの影響でエネルギーの散逸をともなうものは不可逆過程であり, 平滑化が起こる.

§2.4　最大値原理とその応用

最大値原理(maximum principle)には, 熱伝導方程式のような非定常の問題に対するものと, 次章で扱うラプラス方程式のような定常問題に対するものがある. むろん, 両者には密接な関係がある.

(a)　最大値原理

Ω を $\mathbb{R}^n$ 内の有界な領域とする. 今, $n+1$ 次元領域 $\Omega \times (0, T)$ 上で定義された関数 $u(x, t)$ が微分不等式

$$\partial u / \partial t \leqq \Delta u \qquad (x \in \Omega, \ 0 < t < T) \qquad (2.61)$$

を満足するとき, これを熱伝導方程式 $\partial u / \partial t = \Delta u$ の**劣解**(subsolution)といい, 逆向きの不等式をみたす関数を**優解**(supersolution)という.

Ω の境界を S とする. $n+1$ 次元柱状領域 $D = \Omega \times (0, T)$ の側面 $S \times [0, T]$ を Σ とおき, 底面 $\Omega \times \{0\}$ を Ω_0 とおく(図 2.5). $\Sigma \cup \Omega_0$ をこの柱状領域の**放物型境界**と呼ぶ.

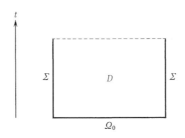

図 2.5　領域 D の放物型境界(太線部)

定理 2.11(最大値原理)　$u(x, t)$ は $\overline{D} = \overline{\Omega} \times [0, T]$ 上で連続で, かつ D で(2.61)をみたすとする. このとき,

$$\max_{(x,t)\in \overline{D}} u(x,t) = \max_{(x,t)\in \Sigma\cup\Omega_0} u(x,t) \qquad (2.62)$$

が成り立つ.

[証明]　高次元の場合も同様に扱えるので，$n=1$ の場合だけ考える. "左辺 $\geqq$ 右辺" が成り立つのは明らかだから，

$$\max_{(x,t)\in \overline{D}} u(x,t) > \max_{(x,t)\in \Sigma\cup\Omega_0} u(x,t) \qquad (2.63)$$

を仮定して矛盾を導けばよい.

$$v_\varepsilon(x,t) = u(x,t) + \varepsilon x^2$$

とおく. 背理法の仮定から，ε が十分小さい限り

$$\max_{(x,t)\in \overline{D}} v_\varepsilon(x,t) > \max_{(x,t)\in \Sigma\cup\Omega_0} v_\varepsilon(x,t) \qquad (2.64)$$

が成り立つ. なぜなら $\varepsilon \to 0$ とすると(2.64)の左辺と右辺はそれぞれ(2.63)の左辺と右辺に収束するからである. (2.64)が成り立つような $\varepsilon > 0$ をひとつ選んで以下固定しておく. この左辺の最大値を達成する点を (x_0,t_0) とおくと，$(x_0,t_0) \notin \Sigma\cup\Omega_0$ だから，

$$x_0 \in \Omega, \quad 0 < t_0 \leqq T$$

が成立する. このような点で u が最大値をとれば，そこで

$$\frac{\partial^2 v_\varepsilon}{\partial x^2}(x_0,t_0) \leqq 0, \quad \frac{\partial v_\varepsilon}{\partial t}(x_0,t_0) \geqq 0$$

が成り立たねばならないのはすぐわかる. これより

$$\frac{\partial u}{\partial t}(x_0,t_0) = \frac{\partial v_\varepsilon}{\partial t}(x_0,t_0) \geqq \frac{\partial^2 v_\varepsilon}{\partial x^2}(x_0,t_0) = \frac{\partial^2 u}{\partial x^2}(x_0,t_0) + 2\varepsilon$$

$$> \frac{\partial^2 u}{\partial x^2}(x_0,t_0)$$

となり，(2.61)に矛盾する. この矛盾は，(2.63)が成り立たないことを示している. 背理法により，定理の結論が成り立つ. ∎

系2.12　$u(x,t)$ は $\overline{D}$ 上で連続で，かつ D 上で熱伝導方程式 $\partial u/\partial t = \Delta u$ をみたすとする. このとき，(2.62)に加えて

$$\min_{(x,t)\in\bar{D}} u(x,t) = \min_{(x,t)\in\Sigma\cup\Omega_0} u(x,t) \qquad (2.65)$$

も成立する. □

上の系は, u が熱伝導方程式の真の解であれば u も $-u$ も劣解となること に注意すればただちに定理 2.11 から従う.

定理 2.11 は, 物理的にはきわめて単純な事実を述べている. 今, 空間 $\mathbb{R}^n$ 内に置かれた物体が占める領域を Ω とし, 領域 $D = \Omega\times(0,T)$ 内で $u(x,t)$ が方程式

$$\frac{\partial u}{\partial t} = \Delta u - g(x,t) \qquad (2.66)$$

をみたしているとしよう. ここで $g(x,t)$ は各位置各時刻での熱の消失を表わ す非負の量である. すなわち(2.66)は, 物体内で熱の消失は起こり得るが新 たな熱の発生は起こらないことを意味している. このとき, $0\leqq t\leqq T$ の期間 に観測される温度の最大値は, 物体表面上で達成されるか, さもなければ初 期時刻においてすでに達成されていることが定理 2.11 からわかる.

定理 2.11 で述べた最大値原理は, 以下の原理の直接の帰結としても得ら れる.

定理 2.13 (強最大値原理) Ω は $\mathbb{R}^n$ 内の必ずしも有界ではない領域とし, $u(x,t)$ は(2.61)をみたすとする. もし u が D の内点(すなわち境界上にない 点) (x_0,t_0) で最大値 M を達成したとすると, $0 < t\leqq t_0$, $x\in\Omega$ の範囲で $u\equiv M$ が成り立つ. □

この定理の証明は定理 2.11 よりやや複雑である. 詳細は略す. なお, 定 理 2.11 や定理 2.13 は, 熱伝導方程式に限らず, もっと一般の 2 階放物型方 程式の劣解に対しても成り立つことが知られている.

(b) 比較定理

最大値原理は一見非常に単純な原理でありながら, 実に幅広い応用を有す る. 近年では非線形の熱伝導方程式あるいは拡散方程式に関するさまざまな 奥深い結果が最大値原理から導かれることがわかってきており, その有用性

が注目されている.

　ここでは，以下，最大値原理の初等的な応用例として，比較定理とそれに関連した話題について述べることにする.

　定理 2.14（比較定理）　Ω は $\mathbb{R}^n$ 内の有界領域であるとし，S をその境界とする. また，$u(x,t), \widetilde{u}(x,t)$ をそれぞれ以下の初期境界値問題の解とする.

$$\begin{cases} \dfrac{\partial u}{\partial t} = \Delta u + f(x,t) & (x \in \Omega,\ t > 0) \\[2mm] u(x,0) = u_0(x) & (x \in \Omega) \\[2mm] u = \psi & (x \in S,\ t > 0) \end{cases} \quad (2.67)$$

$$\begin{cases} \dfrac{\partial \widetilde{u}}{\partial t} = \Delta \widetilde{u} + \widetilde{f}(x,t) & (x \in \Omega,\ t > 0) \\[2mm] \widetilde{u}(x,0) = \widetilde{u}_0(x) & (x \in \Omega) \\[2mm] \widetilde{u} = \widetilde{\psi} & (x \in S,\ t > 0) \end{cases} \quad (2.68)$$

今，$\widetilde{f}(x,t) \geqq f(x,t)$，$\widetilde{u}_0(x) \geqq u_0(x)$，$\widetilde{\psi}(x,t) \geqq \psi(x,t)$ がいたるところで成り立つとすると，以下が成立する.

$$\widetilde{u}(x,t) \geqq u(x,t) \quad (2.69)$$

　［証明］　$w = u - \widetilde{u}$ とおくと，容易にわかるように $w(x,t)$ は以下をみたす.

$$\begin{cases} \dfrac{\partial w}{\partial t} \leqq \Delta w & (x \in \Omega,\ t > 0) \\[2mm] w(x,0) \leqq 0 & (x \in \Omega) \\[2mm] w \leqq 0 & (x \in S,\ t > 0) \end{cases}$$

これと定理 2.11 から，ただちに結論が導かれる.　∎

（c）　初期境界値問題の解の一意性

　定理 2.15　Ω が有界領域であれば，初期境界値問題(2.67)の解は，たかだかひとつしか存在しない.

　［証明］　$u(x,t)$ と $\widetilde{u}(x,t)$ を二つの解とする. 定理 2.14 で $f \equiv \widetilde{f}$，$u_0 \equiv \widetilde{u}_0$，$\psi = \widetilde{\psi}$ としたものを適用することにより，$u \leqq \widetilde{u}$ が得られる. 一方，u

と $\tilde{u}$ を取り替えて同じ定理を適用すれば $u \geqq \tilde{u}$ を得る. これより, $u \equiv \tilde{u}$ が成り立つ. ∎

注意 2.16 Ω が非有界領域の場合は定理 2.15 の結論は必ずしも成り立たない. すなわち複数の解が存在するような反例を構成することができる. 初期値問題(2.23)の場合も一意性は成り立たない. しかしながら, こうして得られる複数(実際には無数)の解は, ただ 1 個を除いて他はすべて無限遠方で途方もなく大きな増大度をもち, 物理的にも現実的な解とはいえない. 無限遠方で比較的穏やかな性質をもつ'現実的'な解のクラスだけを考えれば, Ω が非有界であっても初期境界値問題(2.67)の解の一意性が証明できる. 初期値問題(2.23)においても同様である. なお, 無限遠方で解が'穏やかに'ふるまうとは, 具体的には"適当に定数 $c > 0$ を選ぶと $\lim_{|x| \to \infty} e^{-c|x|^2} u(x, t) = 0$ が成り立つ"ということを意味する.

《まとめ》

2.1 熱の伝導や微粒子の拡散現象は, 熱伝導方程式(2.8)で表わされる.

2.2 熱伝導方程式には平滑化作用がある. これは熱伝導や拡散などの現象が不可逆過程であることと密接に関連する.

2.3 熱伝導方程式の基本解とは, δ 関数を初期値とする解のことである. 一般の初期値問題の解は基本解と初期条件を用いて書き下すことができる.

2.4 フーリエの方法によって有界領域における初期境界値問題を解くことができる.

2.5 熱伝導方程式の最大値原理とその応用について述べた.

――――――― 演習問題 ―――――――

2.1 $u(x, t)$ を次の初期値問題の解とする.

$$
\begin{cases}
\dfrac{\partial u}{\partial t} = \Delta u & (x \in \mathbb{R},\ t > 0) \\
u(x, 0) = H(x) & (x \in \mathbb{R})
\end{cases}
$$

ここで $H(x)$ は $H(x) = 1$ $(x \geq 0)$, $H(x) = 0$ $(x < 0)$ で定められ，ヘヴィサイド関数と呼ばれる．初期値問題の解の一意性を仮定し，任意の $\lambda > 0$ に対して $H(\lambda x) = H(x)$ となる性質を用いて

$$u(\lambda x, \lambda^2 t) = u(x, t)$$

が成り立つことを示せ．また，これより，適当な1変数関数 $h(y)$ が存在して

$$u(x, t) = h\left(\frac{x}{\sqrt{t}}\right)$$

と表わされることを示し，この $h(y)$ の具体形を求めよ．

2.2　熱方程式 $\partial u/\partial t = \Delta u$ の基本解を $U(x, y, t)$ とすると，方程式 $\partial u/\partial t = \Delta u + cu$ の基本解は $e^{ct}U(x, y, t)$ で与えられることを示せ．ここで c は定数とする．

2.3　$u(x, t)$ を初期境界値問題(2.42a), (2.42b), (2.11c′)の解とすると

$$\frac{d}{dt}\frac{1}{2}\int_\Omega |\nabla u(x, t)|^2 dx = -\int_\Omega \left(\frac{\partial u}{\partial t}(x, t)\right)^2 dx \leq 0$$

が成り立つことを示せ．また(2.42a), (2.42b), (2.12)の解についても上式が成り立つことを示せ．

2.4　平面の点 $x = (x_1, x_2)$ に対して $x^* = (-x_1, x_2)$ とおく．このとき，第1象限の領域 $\{(x_1, x_2) \in \mathbb{R}^2 \,|\, x_1, x_2 > 0\}$ における熱伝導方程式の基本解は(2.31′)の熱核 $K(x, t)$ を用いて

$$U(x, y, t) = K(x-y, t) - K(x-y^*, t) - K(x+y^*, t) + K(x+y, t)$$

で与えられることを示せ．

2.5　$u(x, t)$ を次の初期境界値問題の解とする．

$$\begin{cases} \dfrac{\partial u}{\partial t} = \dfrac{\partial^2 u}{\partial x^2} + au & (0 < x < \pi, \; t > 0) \\[2mm] u(x, 0) = u_0(x) & (0 < x < \pi) \\[2mm] u(0, t) = u(\pi, t) = 0 & (t > 0) \end{cases}$$

ただし a は定数とし，$u_0(x)$ は滑らかな関数とする．もし $a < 1$ であれば，$u(x, t)$ は $t \to \infty$ のとき0に収束することを示せ．

2.6　§1.2(c)で扱った酔歩のモデルを改良して，刻み幅を0に近づけた極限において $\dfrac{\partial u}{\partial t} = \dfrac{\partial^2 u}{\partial x^2} + \dfrac{\partial u}{\partial x}$ が得られるような離散モデルを構成せよ．

3

ラプラスの方程式と
ポアソンの方程式

　自然は単純を好む，という．ラプラスの方程式は，その典型的な例にあげられるであろう．重力場や静電場，またある種の流体の場の複雑な様相が，この1個の単純な方程式によって本質的に記述できることを発見した先人達は，大きな驚きと深い感銘を覚えたことだろう．ラプラスの方程式は，自然現象の記述に限らず，複素関数論をはじめとするさまざまの数学の理論や原理と深いつながりをもっている．

　この章ではラプラシアンのもつ美しい対称性にも注意を払いつつ，この単純で有用な方程式のもつ特質を学ぶ.

§3.1　ラプラスの方程式とその背景

(a)　ラプラスの方程式と調和関数

　すでに何度か出てきたが，n 個の独立変数をもつ関数 $u(x_1, x_2, \cdots, x_n)$ に対する次の形の偏微分方程式を(n 次元の)**ラプラスの方程式**と呼ぶ.

$$\frac{\partial^2 u}{\partial x_1^2} + \frac{\partial^2 u}{\partial x_2^2} + \cdots + \frac{\partial^2 u}{\partial x_n^2} = 0 \tag{3.1}$$

あるいはこれを**ポテンシャル方程式**と呼ぶこともある．この方程式は微分演算子 $\Delta := \partial^2/\partial x_1^2 + \partial^2/\partial x_2^2 + \cdots + \partial^2/\partial x_n^2$ を用いて，しばしば

$$\Delta u = 0 \tag{3.1'}$$

と書き表わされる．上の微分演算子 Δ をラプラス演算子またはラプラシアンと呼ぶことも既出である．ラプラシアンはまたナブラと呼ばれるベクトル微分演算子

$$\nabla = \begin{pmatrix} \partial/\partial x_1 \\ \vdots \\ \partial/\partial x_n \end{pmatrix}$$

を用いて次のように表わすこともできる．

$$\Delta u = \mathrm{div}(\mathrm{grad}\, u) = \nabla \cdot \nabla u$$

1次元のラプラスの方程式は $d^2u/dx^2 = 0$ という単純な常微分方程式になり，一般解はただちに求まって $C_1 x + C_2$ という形で与えられる．したがって，この場合はとくに考察を要しない．重要なのは $n \geq 2$ の場合である．2個の独立変数をもつ関数 $u(x,y)$ および3個の独立変数をもつ関数 $u(x,y,z)$ に対するラプラスの方程式は，それぞれ

$$\frac{\partial^2 u}{\partial x^2} + \frac{\partial^2 u}{\partial y^2} = 0$$

$$\frac{\partial^2 u}{\partial x^2} + \frac{\partial^2 u}{\partial y^2} + \frac{\partial^2 u}{\partial z^2} = 0$$

という形に書かれる．後で見るように，2次元以上のラプラスの方程式は互いに独立な解を無数にもつ．一般にラプラスの方程式をみたす関数を調和関数(harmonic function)という．

(b)　ベクトル場のポテンシャル

ラプラスの方程式の起源は，重力ポテンシャルや速度ポテンシャルなどの，いわゆるベクトル場のポテンシャルと深く関わっている．以下しばらく，ベクトル場のポテンシャルについて一般的な観点から考察してみよう．

ベクトル場には，電場，磁場，重力場，流体の速度場など，さまざまなものがある．n 次元領域 D 上のベクトル場とは，D の上で定義された $\mathbb{R}^n$ 値関数にほかならない．

いま，D 上のベクトル場

$$\boldsymbol{v}(x) = \begin{pmatrix} v_1(x_1, x_2, \cdots, x_n) \\ v_2(x_1, x_2, \cdots, x_n) \\ \vdots \\ v_n(x_1, x_2, \cdots, x_n) \end{pmatrix}$$

が与えられたとする．D 上で定義されたスカラー値関数 $\varphi(x)$ が

$$\nabla\varphi(x) = \boldsymbol{v}(x) \qquad\qquad (3.2)$$

をみたすとき，これをベクトル場 $\boldsymbol{v}$ の**スカラー・ポテンシャル**，または単に**ポテンシャル**(potential)という．なお，後述するように，$\boldsymbol{v}(x)$ が重力場や静電場のような '力の場' である場合は，(3.2)の代わりに

$$-\nabla\varphi(x) = \boldsymbol{v}(x)$$

をポテンシャルの定義とするのが慣例であり，多少の注意を要する．

さて，$\varphi(x)$ と $\psi(x)$ をいずれも $\boldsymbol{v}$ のポテンシャルとすると，$\nabla(\varphi-\psi)=0$ ゆえ，考えている領域で次が成り立つ．

$$\varphi(x)-\psi(x) = 定数$$

すなわち，ベクトル場のポテンシャルは定数の差を除いて一意に定まる．

与えられたベクトル場がポテンシャルをもつか否かについては，次の判定条件が役立つ．

命題3.1　$\boldsymbol{v}(x)$ を n 次元領域 D 上の C^1 級ベクトル場とする（$n \geqq 2$）．

（ⅰ）　$\boldsymbol{v}(x)$ がポテンシャルをもてば以下の関係式が成立する．

$$\frac{\partial v_j}{\partial x_i} = \frac{\partial v_i}{\partial x_j} \qquad (i, j = 1, 2, \cdots, n) \qquad (3.3)$$

（ⅱ）　逆に $\boldsymbol{v}(x)$ が(3.3)をみたせば，ポテンシャルが少なくとも局所的に構成できる．すなわち，D に含まれる任意の単連結領域 D' に対して，D' 上で定義された 1 価関数 $\varphi(x)$ で(3.2)をみたすものが存在する．

（ⅲ）　とくに D 自身が単連結であれば，(3.3)はベクトル場 $\boldsymbol{v}(x)$ が D 上でポテンシャルをもつための必要十分条件になる．　　　　　　　　□

領域 D が**単連結**(simply connected)であるとは，D 内に置かれたいかなる閉曲線も，途中 D の外にはみ出さない連続的変形によって 1 点に縮められることをいう．この性質は，D 内の 2 点 A, B を結ぶ勝手な二つの曲線が，

両端点を固定したまま一方から他方へ D 内で連続的に変形できることと同値である(図3.1). 容易にわかるように，円板や球をはじめとする凸領域は，すべて単連結になる．一方，2次元の円環領域や3次元のドーナツ型領域などは単連結ではない(図3.2).

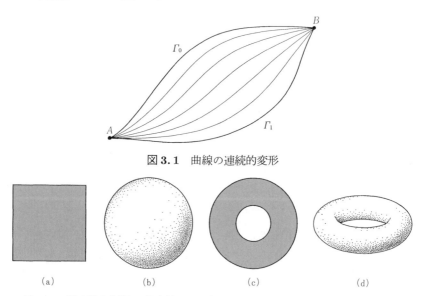

図 **3.1**　曲線の連続的変形

図 **3.2**　単連結な領域と単連結でない領域.
(a) 矩形領域，(b) 球，(c) 2 次元円環領域，(d) ドーナツ型領域.
(a), (b) は単連結，(c), (d) は単連結でない．なお，球の中心部をくりぬいた3次元球殻領域 $\{x \in \mathbb{R}^3 \,|\, r_1 < |x| < r_2\}$ は，(c) の場合と異なり，単連結になる．

　[命題 3.1 の証明]　(i) (3.2) より $v_j = \partial\varphi/\partial x_j$, $v_i = \partial\varphi/\partial x_i$ となるから，

$$\frac{\partial v_j}{\partial x_i} = \frac{\partial}{\partial x_i}\left(\frac{\partial\varphi}{\partial x_j}\right) = \frac{\partial}{\partial x_j}\left(\frac{\partial\varphi}{\partial x_i}\right) = \frac{\partial v_i}{\partial x_j}$$

が成り立つ.

　(ii) 高次元の場合も同様ゆえ，$n=2$ の場合を考える．以下，独立変数を x, y で，ベクトル場を $(u(x,y), v(x,y))$ で表わそう．すると条件式(3.3)は

$$\frac{\partial u}{\partial y} = \frac{\partial v}{\partial x} \tag{3.3'}$$

という形に書き表わされる. いま, 領域 D' 内に勝手な点 (x_0, y_0) を選んで固定する. 次に, D' 内の各点 (x, y) に対して

$$\varphi(x, y) := \int_{\Gamma} (u\, dx + v\, dy) \tag{3.4}$$

と定める. ここで Γ は点 (x_0, y_0) と点 (x, y) を結ぶ D' 内の滑らかな曲線で, (3.4)の右辺は Γ に沿っての**線積分**を表わす. この線積分は, Γ のパラメータ表示 $\{(X(s), Y(s))\}_{0 \leqq s \leqq 1}$ を用いると次のように書き表わせる.

$$\int_0^1 \left\{ u(X, Y)\frac{dX}{ds} + v(X, Y)\frac{dY}{ds} \right\} ds$$

以下に述べる補題 3.2 より, この線積分の値は経路 Γ の選び方によらず, 終点 (x, y) にのみ依存する. この事実から, (3.4)が定める D' 上の関数 $\varphi(x, y)$ が $\partial\varphi/\partial x = u$, $\partial\varphi/\partial y = v$ をみたすことが容易に導かれる. 実際, 点 (x, y) と点 $(x + \Delta x, y)$ を結ぶ線分を $\gamma(\Delta x)$ とおくと

$$\varphi(x + \Delta x, y) - \varphi(x, y) = \int_{\gamma(\Delta x)} (u\, dx + v\, dy) = \int_{\gamma(\Delta x)} u\, dx$$

となるから, 両辺を Δx で割って $\Delta x \to 0$ とすることにより $\partial\varphi/\partial x = u$ を得る. 同様にして $\partial\varphi/\partial y = v$ が示される.

(iii)は(i)と(ii)からただちに導かれる. ∎

補題 3.2 (3.3')が成り立てば, (3.4)の右辺の線積分の値は終点 (x, y) のみに依存し, 経路 Γ のとり方によらない.

［証明］ Γ_0 と Γ_1 を点 (x_0, y_0) と点 (x, y) を結ぶ D' 内の勝手な二つの滑らかな曲線とする. いま, 両端点を固定したまま, 曲線 Γ_0 を曲線 Γ_1 までゆっくりと(滑らかに)変形していく(図 3.1). 領域 D' は単連結と仮定しているから, このような変形を D' 内で行なうことができる. こうして曲線の族 $\Gamma(\mu)$, $0 \leqq \mu \leqq 1$ が得られる. ただし $\Gamma(0) = \Gamma_0$, $\Gamma(1) = \Gamma_1$ である. この曲線族を

$$\Gamma(\mu) = \{(X(s, \mu), Y(s, \mu)) \mid 0 \leqq s \leqq 1\}, \quad 0 \leqq \mu \leqq 1$$

とパラメータ表示すると，$\Gamma(\mu)$ 上の線積分は

$$\int_{\Gamma(\mu)} (u\,dx + v\,dy) = \int_0^1 \left\{ u(X,Y)\frac{\partial X}{\partial s} + v(X,Y)\frac{\partial Y}{\partial s} \right\} ds \quad (3.5)$$

と表わされる．上式を μ で微分し，部分積分を用いると次式を得る．

$$\frac{d}{d\mu} \int_{\Gamma(\mu)} (u\,dx + v\,dy) = \int_0^1 \left(\frac{\partial v}{\partial x} - \frac{\partial u}{\partial y} \right) \left(\frac{\partial X}{\partial \mu}\frac{\partial Y}{\partial s} - \frac{\partial X}{\partial s}\frac{\partial Y}{\partial \mu} \right) ds$$

しかるに，(3.3′)の仮定から $\partial v/\partial x = \partial u/\partial y$ が成り立つので 右辺 $= 0$ となり，結局(3.5)の線積分が μ の値によらないことがわかる．ここで $\mu = 0, 1$ を代入すると所期の結論が得られる． ∎

注意3.3　領域 D 上のベクトル場 $\boldsymbol{v}(x)$ が(3.3)を満足すれば，命題3.1 より，D の各点の単連結な近傍——例えばその点を中心とする球状近傍——の上で $\boldsymbol{v}(x)$ のポテンシャルが構成できる．しかしながら，D 自身が単連結でない場合は，こうして得られた局所的なポテンシャルを次々と'貼り合わせ'て定義域を広げていっても，得られる関数は必ずしも D 上で1価にならない(例3.5参照)．すなわちポテンシャルは必ずしも D 全体の上で大域的に構成できない．

注意3.4　$\boldsymbol{v}(x)$ を3次元ベクトル場とすると，その**回転** $\mathrm{rot}\,\boldsymbol{v}$（$\mathrm{curl}\,\boldsymbol{v}$ とも書く）は

$$\left(\frac{\partial v_3}{\partial x_2} - \frac{\partial v_2}{\partial x_3},\ \frac{\partial v_1}{\partial x_3} - \frac{\partial v_3}{\partial x_1},\ \frac{\partial v_2}{\partial x_1} - \frac{\partial v_1}{\partial x_2} \right)$$

という成分表示をもつベクトル場として定義される．これを用いると，条件(3.3) は $\mathrm{rot}\,\boldsymbol{v} = \boldsymbol{0}$ という形に表現できる．

例3.5　xy 平面から原点を除いた領域を D とし，D 上の二つのベクトル場

$$\text{(a)} \quad \left(\frac{x}{x^2+y^2}, \frac{y}{x^2+y^2} \right), \qquad \text{(b)} \quad \left(\frac{-y}{x^2+y^2}, \frac{x}{x^2+y^2} \right)$$

を考える．これらはいずれも条件(3.3′)を満足するから，少なくとも局所的にはポテンシャルが存在する．(i)のポテンシャルの具体形は

$$\log\sqrt{x^2+y^2} + C \qquad (C\text{ は任意定数}) \quad (3.6)$$

であり，これは D 全体で1価関数として大域的に定義されている(図3.3

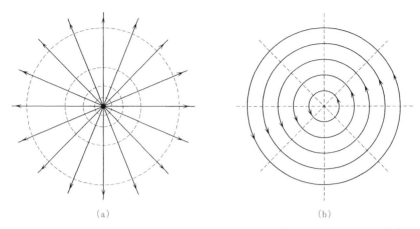

(a)　　　　　　　　　　　(b)

図 3.3　例 3.5 の二つのベクトル場の積分曲線(実線)とポテンシャルの等高線(破線). 一般に,ポテンシャルが存在するベクトル場においては,積分曲線とポテンシャルの等高線は,いたるところで直交する. なぜなら,積分曲線の各点での接ベクトルはその点におけるポテンシャルの勾配に平行であり,これは等高線と垂直な方向を向いているからである.

(a)). 一方(ii)のポテンシャルは

$$\arg(x+iy)+C \qquad (C \text{ は任意定数}) \tag{3.7}$$

という形になる. ここで $\arg(x+iy)$ は複素数 $x+iy$ の偏角を表わし,$x \neq 0$ のときは $\arctan(y/x)$ に π の整数倍の差を除いて一致する. この関数は D 上の 1 価関数にはならない. なぜなら,原点の周りを正の向きに 1 周して元の地点に戻ってくると値が 2π だけ増えるからである(図 3.3(b)). よって (ii)の場合はポテンシャルは大域的に構成できない. 　　　　□

問 1　次のベクトル場のスカラー・ポテンシャルを求めよ.

(1) $(x, -y)$ 　　(2) $(x^2-y^2, 2xy)$

(c)　コーシー―リーマンの方程式

複素変数 $z = x+iy$ の関数 $f(z)$ が正則であるための必要十分条件は,f を

$$f(x+iy) = u(x,y)+iv(x,y)$$

と実部と虚部に分解したとき，u, v がコーシー—リーマンの方程式

$$\begin{cases} \dfrac{\partial u}{\partial x} = \dfrac{\partial v}{\partial y} \\[2mm] \dfrac{\partial u}{\partial y} = -\dfrac{\partial v}{\partial x} \end{cases} \tag{3.8}$$

をみたすことである．(3.8)の第1式を x で微分し，第2式を y で微分して辺々相加えると次式を得る．

$$\frac{\partial^2 u}{\partial x^2} + \frac{\partial^2 u}{\partial y^2} = 0$$

よって u は調和関数である．同様に v も調和関数であることが示される．

　一般に調和関数 $u(x, y)$ が与えられたとき，(3.8)をみたす関数 $v(x, y)$ を u の**共役調和関数**と呼ぶ．u の共役調和関数とは，言いかえればベクトル場 $(-\partial u/\partial y, \partial u/\partial x)$ のポテンシャルにほかならない．u が調和であることから，このベクトル場は(3.3′)に相当する条件

$$\frac{\partial}{\partial y}\left(-\frac{\partial u}{\partial y}\right) = \frac{\partial}{\partial x}\left(\frac{\partial u}{\partial x}\right)$$

を満足する．よって命題3.1より，任意の調和関数に対して，その共役調和関数が少なくとも局所的には構成できることがわかる．

　例3.5に掲げた二つのポテンシャル(3.6)と(3.7)の場合，後者が前者の共役調和関数になっていることは定義から明らかである．両者の間には，

$$\log\sqrt{x^2+y^2} = \mathrm{Re}(\log(x+iy)), \quad \arg(x+iy) = \mathrm{Im}(\log(x+iy))$$

なる関係があることが容易に確かめられる．

　問2　次の調和関数の共役調和関数を求めよ．
　(1) x^2-y^2　　(2) $\dfrac{x}{x^2+(y+1)^2}$

（d）　流体の運動とラプラスの方程式

　流体の運動は速度場，すなわち速度の空間的分布を表わすベクトル場を用いて記述される．速度場が時間によらず一定であるような流体の運動を**定常**

流と呼び、そうでないものを**非定常流**と呼ぶ.

今, 定常または非定常の2次元流体の運動を考える. この流れの速度場を

$$\begin{pmatrix} u(x,y) \\ v(x,y) \end{pmatrix}$$

とおく. ただし非定常流の場合は, 上式は特定時刻における速度場を表わすものと解釈する. さて, この流れが**渦なし**であるとは,

$$\frac{\partial v}{\partial x} - \frac{\partial u}{\partial y} = 0$$

がいたるところで成り立つことをいう. このとき, 命題3.1より

$$\frac{\partial \Phi}{\partial x} = u, \quad \frac{\partial \Phi}{\partial y} = v \tag{3.9}$$

をみたす関数 $\Phi(x,y)$ が少なくとも局所的に構成できる. Φ をこの流れの**速度ポテンシャル**と呼ぶ.

次に, この流体が**非圧縮性流体**, すなわち圧力を加えても密度が変化しない流体であるとしよう. 大方の液体は, 多かれ少なかれこの性質をもつ. このとき次の式が成立する.

$$\frac{\partial u}{\partial x} + \frac{\partial v}{\partial y} = 0$$

上式の左辺は一般にベクトル場 (u,v) の**発散**と呼ばれるものであるが, その流体力学上の意味合いから, これを**わき出し**と呼ぶこともある. 上式と命題3.1より, ベクトル場 $(-v,u)$ のポテンシャル, すなわち

$$\frac{\partial \Psi}{\partial x} = -v, \quad \frac{\partial \Psi}{\partial y} = u \tag{3.10}$$

をみたす関数 $\Psi(x,y)$ が少なくとも局所的に構成できる. Ψ をこの流れの**流れ関数**と呼ぶ. 容易にわかるように, 流れ関数のおのおのの等高線は, この流れの流線に一致する. なぜならば, 流線の方向に沿った Ψ の方向微分 $(u\Psi_x + v\Psi_y)/\sqrt{u^2+v^2}$ は, (3.10)よりつねに 0 となるからである.

上に述べた事実を組み合わせると, 非圧縮性流体の渦なしの流れに対しては, 速度ポテンシャル Φ および流れ関数 Ψ の両方が構成できる. (3.9),(3.10)

よりコーシー–リーマンの方程式 $\partial\Phi/\partial x=\partial\Psi/\partial y,\ \partial\Phi/\partial y=-\partial\Psi/\partial x$ が成り立つので，流れ関数 Ψ は，速度ポテンシャル Φ の共役調和関数であることがわかる.

　次に3次元の流れを考えよう. この場合には流れ関数は一般に定義できないが，速度ポテンシャルについては2次元の場合と同様に扱える. $u(x,y,z)$ をこの流れの速度場とする. その回転 $\mathrm{rot}\,u$ を渦度と呼び，渦度が恒等的に $\mathbf{0}$ に等しい流れを渦なしの流れという. 注意3.4で述べたように，条件 $\mathrm{rot}\,u=\mathbf{0}$ は(3.3)と同値であるので，命題3.1より，渦なしの流れの場合 $\nabla\Phi=u$ をみたすスカラー値関数 $\Phi(x,y,z)$ が存在する. これを速度ポテンシャルと呼ぶ. 速度ポテンシャルにラプラシアンをほどこすと

$$\Delta\Phi=\nabla\cdot\nabla\Phi=\nabla\cdot u=\mathrm{div}\,u$$

となる. すなわち $\Delta\Phi$ はこの流れの'わき出し'を表わす. とくにこの渦なし流が非圧縮性流体の運動である場合は $\mathrm{div}\,u=0$ であるから，速度ポテンシャル Φ は調和関数になることがわかる.

　注意3.6　一般の3次元ベクトル場 $u(x,y,z)$ に対し，適当なスカラー値関数 $\varphi(x,y,z)$ とベクトル値関数(すなわちベクトル場) $A(x,y,z)$ を見つけて

$$u=\nabla\varphi+\mathrm{rot}\,A$$

が成り立つようにできることが知られている. これをヘルムホルツの定理という (演習問題3.3). φ をベクトル場 u のスカラー・ポテンシャル，A をベクトル・ポテンシャルという. 本節ではスカラー・ポテンシャルだけを取り上げたが，電磁気学などではベクトル・ポテンシャルも同様に重要になる.

（e）　重力ポテンシャルと静電ポテンシャル

　空間内に'力の場' $F(x,y,z)=(F_1(x,y,z),F_2(x,y,z),F_3(x,y,z))$ が与えられているとする. すなわち，ある特定の物体 A を点 (x,y,z) 上に置いたとき，$F(x,y,z)$ の力が作用するとする. むろん，これはベクトル場の一種である. このとき

$$-\nabla\varphi=F \tag{3.11}$$

をみたすスカラー値関数 $\varphi(x,y,z)$ がもし存在すれば，これを力の場 F のポ

テンシャルと呼ぶ. 慣例上(b)で与えたベクトル場のポテンシャルと符号が逆にはなっているが, 数学的見地からは, この符号の差異が本質的でないのは明らかである. 命題3.1と注意3.4より, $\boldsymbol{F}$ がポテンシャルを(少なくとも局所的に)もつための必要十分条件は $\mathrm{rot}\,\boldsymbol{F}=\boldsymbol{0}$ が成り立つことである. ここで定義したポテンシャルの物理的意味は次の命題が示している.

命題 3.7 $\boldsymbol{F}(x,y,z)$ を力の場とする.

（ i ） 物体 A を点 (x_0,y_0,z_0) から点 (x,y,z) まで力 $\boldsymbol{F}$ に抵抗しながら静かに移動するのに要する仕事量が途中の移動経路に依存しないための必要十分条件は, $\boldsymbol{F}$ にポテンシャルが存在することである.

（ ii ） φ を $\boldsymbol{F}$ のポテンシャルとすると, 上記の仕事量は $\varphi(x,y,z)-\varphi(x_0,y_0,z_0)$ で与えられる.

[証明] 点 (x_0,y_0,z_0) から点 (x,y,z) までの物体 A の移動経路を曲線 Γ で表わすと, 移動に要した仕事量は線積分

$$-\int_{\Gamma}(F_1\,dx+F_2\,dy+F_3\,dz)$$

で与えられる.

この線積分の値が経路 Γ のとり方によらないと仮定し, その値を $\tilde{\varphi}(x,y,z)$ とおくと, 命題3.1(ii)の証明の最後の部分と同様にして, $\nabla\tilde{\varphi}=-\boldsymbol{F}$ となることが容易に導かれる. よって $\tilde{\varphi}$ は $\boldsymbol{F}$ のポテンシャルである.

今度は逆に $\boldsymbol{F}$ がポテンシャルをもつと仮定し, それを φ とおく. 経路 Γ を $\{(X(s),Y(s),Z(s))\}_{0\leqq s\leqq 1}$ とパラメータ表示すると, 上記の線積分は次のように変形できる.

$$-\int_0^1\left\{F_1(X,Y,Z)\frac{dX}{ds}+F_2(X,Y,Z)\frac{dY}{ds}+F_3(X,Y,Z)\frac{dZ}{ds}\right\}ds$$

$$=\int_0^1\left\{\frac{\partial\varphi}{\partial x}(X,Y,Z)\frac{dX}{ds}+\frac{\partial\varphi}{\partial y}(X,Y,Z)\frac{dY}{ds}+\frac{\partial\varphi}{\partial z}(X,Y,Z)\frac{dZ}{ds}\right\}ds$$

$$=\int_0^1\frac{d}{ds}\varphi(X(s),Y(s),Z(s))ds=\varphi(x,y,z)-\varphi(x_0,y_0,z_0)$$

よって, この値は経路 Γ のとり方に依存しない. こうして(i)が証明された.

同時に，(ii)の結論も上の計算から従う．

空間 $\mathbb{R}^3$ の原点上に質量 m の質点が置かれているとする．この質点が，点 (x, y, z) 上の質量 1 の質点 A に及ぼす重力は，ニュートンの万有引力の法則によれば，以下で与えられる．

$$\frac{-K}{(x^2+y^2+z^2)^{3/2}}(x, y, z) \tag{3.12}$$

ここで $K = Gm$ で，G は重力定数である．(3.12)を力の場と考えると，

$$\frac{-K}{(x^2+y^2+z^2)^{1/2}} \tag{3.13}$$

がそのポテンシャルになることは直接計算でただちに確かめられる．ベクトル変数 $\boldsymbol{x} = (x, y, z)$ を用いると，(3.13)は

$$-\frac{K}{|\boldsymbol{x}|} \tag{3.13'}$$

と表わすこともできる．(3.13)をこの質点の**重力ポテンシャル**と呼ぶ．

上の重力ポテンシャルを $\varphi_0(\boldsymbol{x})$ $(=\varphi_0(x, y, z))$ とおくと，φ_0 はラプラスの方程式

$$\frac{\partial^2 \varphi_0}{\partial x^2} + \frac{\partial^2 \varphi_0}{\partial y^2} + \frac{\partial^2 \varphi_0}{\partial z^2} = 0$$

を原点を除いた領域でみたす．上式の左辺をそのまま計算してこれを確かめることもできるが，より簡単な計算法を§3.2(a)で与える．

さて質点の位置を原点から点 $\boldsymbol{a}$ に移すと，その重力ポテンシャルは

$$\varphi_0(\boldsymbol{x}-\boldsymbol{a}) = -\frac{K}{|\boldsymbol{x}-\boldsymbol{a}|}$$

となる．ここで，$\widetilde{\boldsymbol{x}} = \boldsymbol{x}-\boldsymbol{a}$ を新たな独立変数と考えると，$\partial^2/\partial\widetilde{x}^2 = \partial^2/\partial x^2$，$\partial^2/\partial\widetilde{y}^2 = \partial^2/\partial y^2$，$\partial^2/\partial\widetilde{z}^2 = \partial^2/\partial z^2$ であるから，$\varphi_0(\boldsymbol{x}-\boldsymbol{a})$ もラプラスの方程式

$$\left(\frac{\partial^2}{\partial x^2} + \frac{\partial^2}{\partial y^2} + \frac{\partial^2}{\partial z^2}\right)\varphi_0(\boldsymbol{x}-\boldsymbol{a}) = 0 \tag{3.14}$$

を点 $\boldsymbol{a}$ を除いた領域でみたすのは明らかである．

今度は単一の質点ではなく，広がりのある領域 D の上に質量が分布している場合を考えよう．D 上の点 $\boldsymbol{a}=(a_x,a_y,a_z)$ における密度を $\rho(\boldsymbol{a})=\rho(a_x,a_y,a_z)$ とおくと，物体全体の重力ポテンシャルは次式で与えられる．

$$\varphi(\boldsymbol{x})=\iiint_D\rho(\boldsymbol{a})\varphi_0(\boldsymbol{x}-\boldsymbol{a})da_xda_yda_z \qquad (3.15)$$

ここで φ_0 は(3.13)で $K=G$ とおいたもの，すなわち以下の関数を表わす．

$$\varphi_0(\boldsymbol{x})=-\frac{G}{|\boldsymbol{x}|}$$

(3.15)の両辺に $\Delta=\partial^2/\partial x^2+\partial^2/\partial y^2+\partial^2/\partial z^2$ をほどこすと，形式的計算により

$$\Delta\varphi(\boldsymbol{x})=\Delta\iiint_D\rho(\boldsymbol{a})\varphi_0(\boldsymbol{x}-\boldsymbol{a})da_xda_yda_z$$
$$=\iiint_D\rho(\boldsymbol{a})\Delta\varphi_0(\boldsymbol{x}-\boldsymbol{a})da_xda_yda_z$$

が得られる．これと(3.14)から，少なくとも領域 D の外で $\Delta\varphi=0$ が成り立つことがわかる．

注意3.8 ラプラス演算子は線形の微分演算子であるから，一般に $\Delta(\alpha u+\beta v)=\alpha\Delta u+\beta\Delta v$ (α,β は定数)が成り立つ．言いかえれば，和をとったり定数倍する操作と，Δ をほどこす操作の順序は入れ替え可能である．上記の $\Delta\varphi(\boldsymbol{x})$ の計算では，Δ のこの性質を利用して，D 上での $\boldsymbol{a}$ についての積分 —— これは一種の'和'と見なせる —— と Δ の順序を入れ替えた．しかしながら，有限和はともかくとして，積分のようないわば無限和の場合にもこのような順序交換が許されるかどうかについては，慎重な吟味が必要である．上記の計算を'形式的'と呼んだのはこの理由による．この形式的計算の正当性の吟味は，§3.4(c)で行なう．

さて今度は，時間的に一定の状態にある電場，すなわち**静電場**について考えてみよう．空間 $\mathbb{R}^3$ の原点上に電気量 q の点電荷 P が置かれているとする．今，点 $\boldsymbol{x}$ 上に電気量 1 の電荷を置くと，この電荷が先の電荷 P から受ける電気力は，クーロンの法則により(3.12)に等しい．ただし $K=-q$ である．この力の場を，P が引き起こす静電場という．この静電場のポテンシャルは(3.13)で与えられる．広がりをもつ領域 D 上に電荷が分布している場

合も，重力ポテンシャルとまったく同様に議論できて，電荷全体が引き起こす静電場のポテンシャルは(3.15)で与えられる．ただし $\rho(\boldsymbol{a})$ は点 $\boldsymbol{a}$ における電荷密度を表わし，

$$\varphi_0(\boldsymbol{x}) = \frac{1}{|\boldsymbol{x}|}$$

である．重力ポテンシャルと符号が逆になっているのは，正電荷どうしには斥力が働くことによる．一般に静電場のポテンシャルを**静電ポテンシャル**または**電位**という．重力ポテンシャルの場合と同様，静電ポテンシャルも，電荷の存在しない領域上でラプラスの方程式をみたす．

　上述のように静電場における電気力と重力は形式上多くの共通点をもつが，一方で，電気力には引力と斥力の両方が存在し，この点が重力とは大きく異なる．今，xyz 空間上の点 $(h,0,0)$ と点 $(-h,0,0)$ にそれぞれ電気量 $1/(2h)$，$-1/(2h)$ の点電荷が配置されているとする．これはモーメントが $2h \times 1/(2h) = 1$ の**双極子**を形成する．その電位は以下で与えられる．

$$\frac{1}{2h}\{\varphi_0(x-h,y,z) - \varphi_0(x+h,y,z)\}$$

ここで $h \to 0$ とすると，極限において得られる微小双極子の電位は，

$$-\frac{\partial \varphi_0}{\partial x}(x,y,z) = \frac{x}{(x^2+y^2+z^2)^{3/2}} \tag{3.16}$$

となることがわかる(図3.4)．これがやはり原点以外で調和関数になることは，$\Delta(-\partial_x\varphi_0) = -\partial_x\Delta\varphi_0 = -\partial_x 0 = 0$ からわかる．

　真空中の静電ポテンシャルの調和性は，マクスウェルの方程式から導くこともできる．実際，マクスウェルの方程式を真空中の静電場 $\boldsymbol{E}(\boldsymbol{x})$ に適用すると

$$\operatorname{div}\boldsymbol{E} = 4\pi\rho, \quad \operatorname{rot}\boldsymbol{E} = 0 \tag{3.17}$$

が得られる．ここで ρ は電荷密度を表わす．(3.17)の第2式より $\boldsymbol{E}(\boldsymbol{x})$ はポテンシャル $\varphi(\boldsymbol{x})$ をもつ．関係式 $\boldsymbol{E} = -\nabla\varphi$ を第1式に代入して

$$\Delta\varphi = \operatorname{div}(\nabla\varphi) = -\operatorname{div}\boldsymbol{E} = -4\pi\rho \tag{3.18}$$

が導かれる．とくに電荷の存在しない領域では $\Delta\varphi = 0$ が成り立つことがわ

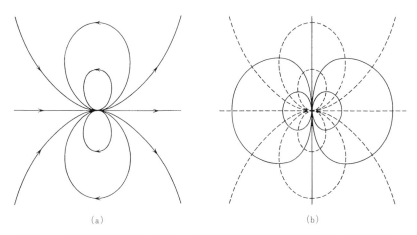

(a)　　　　　　　　　　　　　　(b)

図3.4　(a) 電気双極子のまわりの電気力線, (b) 等電位面の切り口(実線部).
電気力線(静電場の積分曲線)と等電位面(静電ポテンシャルの等高面)は各点
で直交する(図3.3 参照).

かる. なお, 式(3.18)を(3.15)から直接導くことも可能である. これについ
ては§3.4 で述べる(定理3.34).

§3.2　極座標による表現

ラプラス演算子が極座標や球座標でどのように表示されるかを知っておく
と便利である. これは, 円形や球形をした物体や領域が自然界に数多く存在
するという事情にもよるが, §3.3(e)で述べるようにラプラス演算子は完全
な等方性を有しており, 極座標表示を用いることで, この等方性を計算の中
に生かすことができるのもいまひとつの利点である.

(a)　ラプラス演算子の極座標表示

まず, 2 次元の場合から始める. xy 平面上の**極座標**は,

$$x = r\cos\theta, \quad y = r\sin\theta \tag{3.19}$$

をみたす $r \geqq 0$, $\theta \in \mathbb{R}$ の対 (r, θ) で与えられる. ただし θ の値を $\mathrm{mod}\,2\pi$ で
考える場合が多い. 簡単な計算からわかるように, 次の関係式が成り立つ.

$$D_x = \cos\theta\, D_r - \frac{1}{r}\sin\theta\, D_\theta, \quad D_y = \sin\theta\, D_r + \frac{1}{r}\cos\theta\, D_\theta$$

ここで $D_x, D_y, \cdots$ は微分演算子 $\partial/\partial x, \partial/\partial y, \cdots$ を表わす.

$$D_x^2 = (\cos\theta\, D_r)^2 - \cos\theta\, D_r \frac{1}{r}\sin\theta\, D_\theta$$

$$- \frac{1}{r}\sin\theta\, D_\theta \cos\theta\, D_r + \frac{1}{r^2}(\sin\theta\, D_\theta)^2$$

であるが, $D_r \dfrac{1}{r} = \dfrac{1}{r}D_r - \dfrac{1}{r^2}$, $D_\theta \cos\theta = \cos\theta D_\theta - \sin\theta$ などに注意すると

$$D_x^2 = \cos^2\theta\, D_r^2 - \frac{1}{r}\sin 2\theta\, D_r D_\theta + \frac{1}{r^2}\sin^2\theta\, D_\theta^2 + \frac{1}{r}\sin^2\theta\, D_r + \frac{1}{r^2}\sin 2\theta\, D_\theta$$

が得られる. 同様の計算により

$$D_x^2 + D_y^2 = D_r^2 + \frac{1}{r}D_r + \frac{1}{r^2}D_\theta^2$$

が導かれる. これを書き替えれば, ラプラス演算子の極座標表示

$$\Delta u = \frac{\partial^2 u}{\partial r^2} + \frac{1}{r}\frac{\partial u}{\partial r} + \frac{1}{r^2}\frac{\partial^2 u}{\partial \theta^2} \tag{3.20}$$

が得られる.

次に3次元の**極座標**あるいは**球座標**と呼ばれるものを考える. これは

$$x = r\sin\theta\cos\varphi, \quad y = r\sin\theta\sin\varphi, \quad z = r\cos\theta \tag{3.21}$$

をみたす $r \geqq 0,\ 0 \leqq \theta \leqq \pi,\ \varphi \in \mathbb{R}$ の組 (r, θ, φ) で与えられる(図3.5). ただし φ の値は $\mathrm{mod}\, 2\pi$ で考えるのが通例である. 2次元でやったのと同様に, まず関係式

$$\begin{cases} D_x = \sin\theta\cos\varphi\, D_r + \dfrac{1}{r}\cos\theta\cos\varphi\, D_\theta - \dfrac{1}{r}\dfrac{\sin\varphi}{\sin\theta}D_\varphi \\[2mm] D_y = \sin\theta\sin\varphi\, D_r + \dfrac{1}{r}\cos\theta\sin\varphi\, D_\theta + \dfrac{1}{r}\dfrac{\cos\varphi}{\sin\theta}D_\varphi \\[2mm] D_z = \cos\theta\, D_r - \dfrac{1}{r}\sin\theta\, D_\theta \end{cases} \tag{3.22}$$

を導き, それを用いて $D_x^2 + D_y^2 + D_z^2$ を直接計算することは可能だが, この方

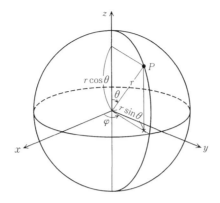

図 3.5 直交座標での点 $P(x, y, z)$ は，極座標では原点からの距離 r，z 軸からの傾き θ，および P と z 軸で決まる半平面が x 軸となす角度 φ で表わされる.

法だと 2 階微分の計算がきわめて煩雑になる. そこで，以下では部分積分を利用したより簡単な計算法を紹介しよう.

今，C^2 級関数 $u(x, y, z)$ を固定し，有界な台をもつ —— すなわち，ある有界な範囲の外で 0 となる —— 関数 $\psi(x, y, z)$ を勝手に選ぶ. すると部分積分により（あるいはグリーンの定理 (3.51b) により）

$$\iiint \psi \Delta u \, dx dy dz = - \iiint \left(\frac{\partial \psi}{\partial x} \frac{\partial u}{\partial x} + \frac{\partial \psi}{\partial y} \frac{\partial u}{\partial y} + \frac{\partial \psi}{\partial z} \frac{\partial u}{\partial z} \right) dx dy dz$$

$$(3.23)$$

が導かれる. 右辺の被積分関数は $\nabla \psi \cdot \nabla u$ と書ける. ここで

$$dx dy dz = r^2 \sin \theta \, dr d\theta d\varphi \qquad (3.24)$$

$$\nabla \psi \cdot \nabla u = \frac{\partial \psi}{\partial r} \frac{\partial u}{\partial r} + \frac{1}{r^2} \frac{\partial \psi}{\partial \theta} \frac{\partial u}{\partial \theta} + \frac{1}{r^2 \sin^2 \theta} \frac{\partial \psi}{\partial \varphi} \frac{\partial u}{\partial \varphi} \qquad (3.25)$$

なることが確かめられる（注意 3.9 参照）.

注意 3.9 (3.24), (3.25) は座標変換のヤコビ行列式と関係式 (3.22) とを用いた計算によって得られる. しかしその図形的意味を理解しておくことも有用であろう（図 3.6）.

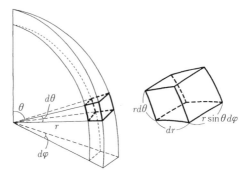

図 **3.6** (r, θ, φ) と $(r+dr, \theta+d\theta, \varphi+d\varphi)$ に
よって切りとられた微小立方体の三辺の大き
さは図のようになり、その体積から(3.24)が
得られる.

よって(3.23)の右辺は

$$-\iiint r^2 \sin\theta \left(\frac{\partial\psi}{\partial r}\frac{\partial u}{\partial r} + \frac{1}{r^2}\frac{\partial\psi}{\partial\theta}\frac{\partial u}{\partial\theta} + \frac{1}{r^2\sin^2\theta}\frac{\partial\psi}{\partial\varphi}\frac{\partial u}{\partial\varphi} \right) dr\,d\theta\,d\varphi$$

に等しい. これに部分積分をほどこし、積分変数を x, y, z に戻すと上式は

$$\iiint \frac{\psi}{r^2\sin\theta}\left\{ \frac{\partial}{\partial r}\left(r^2\sin\theta\frac{\partial u}{\partial r} \right) + \frac{\partial}{\partial\theta}\left(\sin\theta\frac{\partial u}{\partial\theta} \right) + \frac{1}{\sin\theta}\frac{\partial^2 u}{\partial\varphi^2} \right\}dx\,dy\,dz$$

と変形される. この式と(3.23)の左辺を見比べ、ψ の任意性を考慮すれば

$$\Delta u = \frac{1}{r^2\sin\theta}\left\{ \frac{\partial}{\partial r}\left(r^2\sin\theta\frac{\partial u}{\partial r} \right) + \frac{\partial}{\partial\theta}\left(\sin\theta\frac{\partial u}{\partial\theta} \right) + \frac{1}{\sin\theta}\frac{\partial^2 u}{\partial\varphi^2} \right\}$$

が成り立つことがわかる. これを整理して次の公式を得る.

$$\Delta u = \frac{\partial^2 u}{\partial r^2} + \frac{2}{r}\frac{\partial u}{\partial r} + \frac{1}{r^2}\left\{ \frac{1}{\sin\theta}\frac{\partial}{\partial\theta}\left(\sin\theta\frac{\partial u}{\partial\theta} \right) + \frac{1}{\sin^2\theta}\frac{\partial^2 u}{\partial\varphi^2} \right\}$$

$$(3.26)$$

一般に、$\mathbb{R}^n$ の原点以外の点 x は、正の実数 r と $(n-1)$ 次元単位球面 S 上
の点 σ を用いて $x = r\sigma$ という形に一意的に表わされる. したがって、$\mathbb{R}^n$ 上
の関数 $u(x) = u(r\sigma)$ を $r > 0$ と $\sigma \in S$ の関数とみなすことができる. このと
き n 次元のラプラシアンは、原点 $r = 0$ を除き、以下の形に表示される.

$$\Delta u = \frac{\partial^2 u}{\partial r^2} + \frac{n-1}{r}\frac{\partial u}{\partial r} + \frac{1}{r^2}\Delta_S u \tag{3.27}$$

ここで Δ_S は $(n-1)$ 次元球面上の関数に働く微分演算子で，球面上の**ラプラス–ベルトラミ作用素**（Laplace-Beltrami operator）と呼ばれる（付録 C 参照）．とくに 2 次元，3 次元の場合には，$(3.20),(3.26)$ から Δ_S は

$$n = 2: \quad \Delta_S u = \frac{\partial^2 u}{\partial \theta^2} \tag{3.28}$$

$$n = 3: \quad \Delta_S u = \frac{1}{\sin\theta}\frac{\partial}{\partial\theta}\left(\sin\theta\frac{\partial u}{\partial\theta}\right) + \frac{1}{\sin^2\theta}\frac{\partial^2 u}{\partial\varphi^2} \tag{3.29}$$

と与えられる．

　　注意3.10　2 次元極座標(3.19)と違い，3 次元極座標(3.21)は強い異方性ならびに特異性をもつ座標系である．実際，半直線 $\theta=0$（北極方向に対応）と $\theta=\pi$（南極方向に対応）の上で φ の座標目盛が縮退している．Δ や Δ_S が本来は'等方的な'微分演算子である（§3.2(e)参照）にもかかわらず，(3.26)や(3.29)の右辺の係数が $\theta=0,\pi$ において特異性をもつのは，座標系自身の異方性・特異性に起因している．

　　公式(3.27)において，とくに $u(x)$ が $r\,(=|x|)$ のみに依存する場合，すなわち 1 変数関数 $h(r)$ を用いて $u(x)=h(|x|)$ と書ける場合は，$\Delta_S u=0$ ゆえ，

$$\Delta u = \frac{\partial^2 u}{\partial r^2} + \frac{n-1}{r}\frac{\partial u}{\partial r} = h''(r) + \frac{n-1}{r}h'(r) \tag{3.30}$$

が成り立つ．ここで，もし $\Delta u=0$ であれば

$$h'' + \frac{n-1}{r}h' = \frac{1}{r^{n-1}}(r^{n-1}h')' = 0$$

となるから，r のみに依存する調和関数は下記のもので尽くされることがわかる．

$$u = \begin{cases} C_1\log r + C_2 & (n=2 \text{ のとき}) \\ \dfrac{C_1}{r^{n-2}} + C_2 & (n\neq 2 \text{ のとき}) \end{cases} \tag{3.31}$$

ここで C_1, C_2 は任意定数である.

例えば単一質点の重力ポテンシャルや点電荷の静電ポテンシャル(3.13)が調和であることは,(3.31)からもただちに従う.

(b) 球面調和関数

独立変数 $x = (x_1, \cdots, x_n)$ の k 次同次多項式 $P(x_1, \cdots, x_n)$ は,$x = r\sigma$ ($r > 0$, σ は単位球面の点)と表わすと

$$P(x) = P(r\sigma) = r^k P(\sigma)$$

をみたす.ここで $P(\sigma)$ は $n-1$ 次元単位球面上で定義された関数である.k 次同次多項式 $P(x)$ が調和関数であるとき,これを k 次の**体球調和関数**(solid harmonic function)と呼び,また,そのとき $P(\sigma)$ を k 次の**球面調和関数**((surface) spherical harmonic function)という.上式に公式(3.27)を適用すると

$$\Delta P(x) = r^{k-2}\{\Delta_S P(\sigma) + k(n+k-2)P(\sigma)\}$$

が得られる.よって k 次の球面調和関数 $P(\sigma)$ は

$$\Delta_S P(\sigma) + k(n+k-2)P(\sigma) = 0 \tag{3.32}$$

をみたす.(3.32)は,$P(\sigma)$ が固有値 $-k(n+k-2)$ に属する球面上のラプラス–ベルトラミ作用素 Δ_S の固有関数であることを意味している.実は,Δ_S の固有値と固有関数はすべて上の形で求まる.

以下,$n = 3$ とする.球座標を用いると,(3.29)より,k 次球面調和関数は

$$\frac{1}{\sin\theta}\frac{\partial}{\partial\theta}\left(\sin\theta\frac{\partial P}{\partial\theta}\right) + \frac{1}{\sin^2\theta}\frac{\partial^2 P}{\partial\varphi^2} + k(k+1)P = 0 \tag{3.32'}$$

の解になる.今,$z = \cos\theta$ なる変換を行ない,(3.32')の解で変数分離形で表わされるものを求めると,適当な非負整数 m と定数 α を用いて

$$P = w(z)\sin(m\varphi - \alpha)$$

と書けることがわかる.ここで $w(z)$ は以下の常微分方程式の解である.

$$(1-z^2)\frac{d^2 w}{dz^2} - 2z\frac{dw}{dz} + \left\{k(k+1) - \frac{m^2}{1-z^2}\right\}w = 0 \tag{3.33}$$

これを**ルジャンドルの同伴(随伴)微分方程式**と呼ぶ.

例 3.11 $P_1(x, y, z) = z$, $P_2(x, y, z) = 2xy$, $Q_2(x, y, z) = 2z^2 - (x^2 + y^2)$ は,
それぞれ1次,2次,2次の体球調和関数である. 式(3.21)を代入して $r = 1$
とおくことにより,これらに対応する球面調和関数がただちに求まる. いず
れも変数分離形になり,P_1 の場合は $m = 0$, $w = z$, P_2 の場合は $m = 2$, $w = 1 - z^2$, P_3 の場合は $m = 0$, $w = 3z^2 - 1$ となる(図3.7). □

$n = 2$ の場合は状況はずっと単純である. x, y の k 次同次多項式で調和な
ものは,以下のもの,およびそれらの1次結合に限られる.

$$\mathrm{Re}(x + iy)^k = r^k \cos k\theta, \quad \mathrm{Im}(x + iy)^k = r^k \sin k\theta \qquad (3.34)$$

したがって,k 次の'球面調和関数'に相当するものは,今の場合 $\cos k\theta$ と
$\sin k\theta$ の1次結合で表わされ,その全体は2次元の線形空間をなす. これ以
外に'球面調和関数'(に相当するもの)が存在しないことは,(3.32)が今の場
合

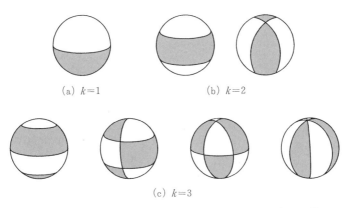

(a) $k = 1$ (b) $k = 2$

(c) $k = 3$

図 3.7 球面調和関数の正負の値の分布(影をつけた部分が負の
領域)

$$\frac{d^2 P}{d\theta^2} + k^2 P = 0$$

という単位円周上の常微分方程式に帰着することからも明らかである.

これに対し,$n = 3$ の場合は,k 次の球面調和関数の全体が $2k + 1$ 次元の

線形空間になることが知られている．例えば $k=2$ の場合，固有空間の次元は 5 に等しく，これは図3.7の(b)に見られるような，異種の対称性を有する球面調和関数によって生成される．

問3　$n=3$ のとき，2次の体球調和関数で互いに1次独立なもの五つを例示せよ．

§3.3　調和関数の性質

（a）劣調和関数と優調和関数

$\mathbb{R}^n$ 内の領域 Ω 上で定義された C^2 級関数 $u(x)$ が Ω 上いたるところで $\Delta u \geqq 0$ をみたすとき，これを**劣調和**(subharmonic)関数という．Ω 上いたるところで $\Delta u \leqq 0$ をみたす場合は，**優調和**(superharmonic)関数という．

劣調和かつ優調和であることと，調和であることが同値であることはいうまでもない．劣調和性や優調和性の概念は，C^2 級でない関数にも拡張できる．これについては本節(c)で詳しく述べる．

1次元($n=1$)の場合は，凸関数と劣調和関数の概念は一致する．なぜなら，いずれの性質も $d^2u/dx^2 \geqq 0$ という微分不等式で特徴づけられるからである（『微分と積分1』系2.68参照）．これに対し，$n \geqq 2$ の場合は，凸関数は必ず劣調和関数になるが，逆は必ずしも成り立たない．例えば $u(x,y)=xy$ は調和関数ゆえ劣調和であるが，そのグラフの形状は凸にはならない（図3.8）．

問4　$\mathbb{R}^n$ 上の関数 $u(x)$ が**凸**(convex)であるとは，任意の2点 $x,y \in \mathbb{R}^n$ と実数 $0 \leqq \lambda \leqq 1$ に対して以下が成り立つことをいう．
$$u(\lambda x + (1-\lambda)y) \leqq \lambda u(x) + (1-\lambda)u(y)$$
（1）$n=1$ のとき，C^2 級の関数 $u(x)$ が凸であることと，$d^2u/dx^2 \geqq 0$ とが同値であることを示せ．
（2）一般の n に対し，C^2 級の関数 $u(x)$ が凸であれば劣調和であることを示せ．

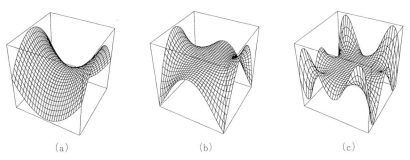

図 3.8 調和関数のグラフの例. (a) $u(x,y)=x^2-y^2$, (b) $u(x,y)=x^4-6x^2y^2+y^4$, (c) $u(x,y)=x^6-15x^4y^2+15x^2y^4-y^6$.

（ヒント.(1)の結果を用いよ.）

（b） 最大値原理

1 次元の区間 $[a,b]$ 上で定義された 1 次関数 $\alpha x+\beta$ は，その最大値ならびに最小値を区間の端点で達成する. また，この区間の上で定義された任意の凸関数は，やはりその最大値をその端点において達成する. この事実を多変数関数に一般化したのが，調和関数や劣調和関数に対する最大値原理である.

定理 3.12（最大値原理） Ω を $\mathbb{R}^n$ 内の有界な領域とし，$u(x)$ は $\overline{\Omega}\,(=\Omega\cup\partial\Omega)$ 上で連続な関数で，Ω 内で劣調和であるとする. このとき

$$\max_{x\in\overline{\Omega}} u(x) = \max_{x\in\partial\Omega} u(x) \tag{3.35}$$

が成立する. ここで $\partial\Omega$ は Ω の境界を表わす.

[証明] 定理 2.11 と同様である. 仮に

$$\max_{x\in\overline{\Omega}} u(x) > \max_{x\in\partial\Omega} u(x)$$

となったとして矛盾を導く. 各 $\varepsilon>0$ に対して $v_\varepsilon(x)=u(x)+\varepsilon|x|^2$ とおけば，定理 2.11 の証明と同じ議論により十分小さい $\varepsilon>0$ については $v_\varepsilon(x)$ が Ω 内の点で最大値をとる. それを $x_0\in\Omega$ としよう. このとき，ヘッセ行列 $\left(\dfrac{\partial^2 v_\varepsilon}{\partial x_i\partial x_j}(x_0)\right)_{i,j=1,\cdots,n}$ は半負定値であるから，そのトレースは非正となる（『微分と積分 2』§3.4）. すなわち

$$0 \geqq \sum_{j=1}^{n} \frac{\partial^2 v_\varepsilon}{\partial x_j^2}(x_0) = \Delta v_\varepsilon(x_0)$$

他方 $\Delta v_\varepsilon = \Delta u + 2n\varepsilon$ であるから，これは $\Delta u(x_0) \geqq 0$ と矛盾する. ▌

さて，$u(x)$ が優調和関数の場合は $-u(x)$ が劣調和となるので，上の定理を $-u$ に適用して

$$\min_{x \in \overline{\Omega}} u(x) = \min_{x \in \partial\Omega} u(x) \tag{3.36}$$

が成り立つことがわかる. これらより，次の系が得られる.

系 3.13　実数値関数 $u(x)$ は $\overline{\Omega}$ 上で連続で Ω 内で調和であるとする. このとき，(3.35)および(3.36)が成立する. □

系 3.14　$u(x)$ は $\overline{\Omega}$ 上で連続で Ω 内で調和であるとする. もし $u(x)$ の値が $\partial\Omega$ 上で一定であれば，$u(x)$ は $\overline{\Omega}$ 全体で定数になる.

[証明]　$\partial\Omega$ 上で $u(x) = a$ とすると，系 3.13 より

$$\max_{x \in \overline{\Omega}} u(x) = \min_{x \in \overline{\Omega}} u(x) = a$$

が成り立つ. すなわち $u(x) \equiv a$ となる. ▌

系 3.15（境界値問題の解の一意性）　$u(x), v(x)$ は，ともに $\overline{\Omega}$ 上で連続で Ω 内で調和な関数とする. もし $\partial\Omega$ 上で u と v の値が一致すれば，$\overline{\Omega}$ 上で $u \equiv v$ が成り立つ.

[証明]　$w = u - v$ とおくと w は調和関数で，$\partial\Omega$ 上で 0 になる. 系 3.14 を適用して $w \equiv 0$ を得る. ▌

以下の系も有用である.

系 3.16（比較定理）　$u(x), v(x)$ は，ともに $\overline{\Omega}$ 上で連続で，u は Ω 内で劣調和，v は Ω 内で優調和であるとする. もし $\partial\Omega$ 上で $u \leqq v$ が成り立てば，$\overline{\Omega}$ 上で $u \leqq v$ が成り立つ.

[証明]　$w = u - v$ とおくと w は劣調和関数で，$\partial\Omega$ 上で $w \leqq 0$ となる. 最大値原理より，$\overline{\Omega}$ 上で $w \leqq 0$ が成り立つ. ▌

例 3.17（中心部が中空の天体の重力場）　3次元の球殻領域 $a < |x| < b$ を

占める天体を考える. 密度は一様とする. この天体の重力ポテンシャルを $\varphi(x)$ とおく. また, 中空部の領域 $|x| < a$ を Ω とおく. 天体の球対称性から, $\varphi(x)$ は $r = |x|$ のみの関数になる. とくに球面 $|x| = a$ の上で一定の値をとる. 定理 3.12 の系 3.14 より, $\varphi(x)$ は領域 Ω の上で定数になる. 重力場は $-\nabla\varphi$ で与えられるから, 結局 Ω の内部では無重力状態になることがわかる.

□

　最大値原理は, ラプラス方程式のみならず, もっと一般の 2 階楕円型方程式(付録 A 参照)に拡張できる. ただし, 最大値原理はあくまで 2 階の偏微分方程式(楕円型および放物型)の特性であり, より高階の偏微分方程式に対しては一般に成立しない.

　定理 3.18(強最大値原理)　Ω を $\mathbb{R}^n$ 内の有界または非有界の領域とし, $u(x)$ は Ω 上で定義された劣調和関数とする. もし $u(x)$ が Ω の内点 x_0 で最大値 M を達成したとすると, Ω 上で $u \equiv M$ が成り立つ. 　　□

　注意 3.19　集合 A の'内点'とは, A に属し, かつ A の境界上にはない点をいう. 通常, 領域といえば境界は含めないので, Ω の点は, あえて断らなくともすべて内点である. 上では x_0 が内点である事実を強調するためにそう記した.

　通常の最大値原理(定理 3.12)は, 強最大値原理からただちに従う. 本書では詳細は割愛するが, 強最大値原理は驚くほど多方面に応用がある. 強最大値原理も一般の 2 階楕円型方程式に拡張できる. その証明は通常の最大値原理より複雑になるが, ラプラス方程式については次項(c)において球面平均の定理(定理 3.20)を用いた簡単な別証明を紹介する.

(c)　球面平均の定理

　n 次元領域 Ω 上の関数 $u(x)$ が与えられているとする. Ω 内の勝手な点 $\bar{x}$ に対し, $\bar{x}$ を中心とする半径 r の球面を $S_r(\bar{x}) = \{x \in \mathbb{R}^n \mid |x - \bar{x}| = r\}$ で表わし, その上での $u(x)$ の平均値を $M(\bar{x}, r)$ と書くことにする. すなわち

地底世界の重力場

　すさまじいエンジンのうなりとともに最新装置で地の底深くもぐること72時間，行きついたのは巨大なシダ類がはびこり恐竜たちが徘徊する原始の世界だった．地球の内部は本当はがらんどうであり，その中心にはもう一つの太陽が輝き，地殻の内側に地底世界が広がっている ….

　これはアメリカの作家 E.R. バロウズの小説『地底世界ペルシダ』の設定である．ハレー彗星の天文学者ハレーなどもこの地球空洞説を信じたということであるが，例 3.17 によれば地下の世界は無重力状態となってしまいそもそも話が成り立たない．

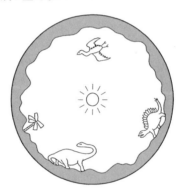

地球空洞説

　ニュートンの法則では，重力の大きさは質点からの距離 r の 2 乗に逆比例するのであるが，代わりにこれが $r^{-\alpha}$ に比例する宇宙を考えてみよう．すなわち，原点におかれた質点が作る重力ポテンシャルを $\phi_\alpha(\boldsymbol{x})$ として，

$$\nabla \phi_\alpha(\boldsymbol{x}) = \frac{\boldsymbol{x}}{|\boldsymbol{x}|^{\alpha+1}} \tag{1}$$

と仮定するのである．このとき一様な密度 $\rho > 0$ をもつ球殻 $a < |\boldsymbol{x}| < b$ の作る重力ポテンシャルは

$$\varphi_\alpha(\boldsymbol{x}) = \rho \int_{a < |\boldsymbol{y}| < b} \phi_\alpha(\boldsymbol{x} - \boldsymbol{y}) d\boldsymbol{y}$$

で与えられる．さて (1) を解くと，$r = |\boldsymbol{x}|$ として

$$\phi_\alpha = \frac{r^{\alpha-1}}{1-\alpha}, \qquad \Delta\phi_\alpha = (2-\alpha)r^{-\alpha-1}$$

が得られる. これから φ_α は $\alpha>2$, $\alpha=2$, $\alpha<2$ にしたがってそれぞれ優調和, 調和, 劣調和となることがわかる. 最大値原理を適用すれば φ_α は r の関数としてそれぞれ単調減少, 定数, 単調増大となるから, 重力場 $-\nabla\varphi_\alpha$ の向きは図に示したようになる. ペルシダの恐竜たちが足を地につけていられるのは $\alpha>2$ の宇宙における惑星に限るのである.

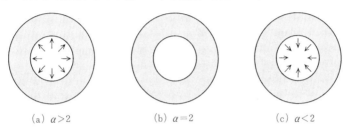

(a) $\alpha>2$ (b) $\alpha=2$ (c) $\alpha<2$

中空の天体の重力場. (a) $\alpha>2$ は遠心力, (c) $\alpha<2$ は求心力, (b) $\alpha=2$ の場合は無重力状態となる.

$$M(\overline{x},r) = \frac{\displaystyle\int_{S_r(\overline{x})} u(y)dS_y}{\displaystyle\int_{S_r(\overline{x})} dS_y} = \frac{\displaystyle\int_{S_1(0)} u(\overline{x}+r\sigma)d\sigma}{\displaystyle\int_{S_1(0)} d\sigma} \qquad (3.37)$$

と定める. ここで $\int \cdots dS_y$ は $S_r(\overline{x})$ 上の面積分, また $\int \cdots d\sigma$ は単位球面上の面積分を表わす. $n=2$ の場合は

$$M(\overline{x},r) = \frac{1}{2\pi}\int_0^{2\pi} u(\overline{x}+re^{i\theta})d\theta \qquad (3.37')$$

と変形できる. ここで $\mathbb{R}^2$ と複素平面を同一視した. また, 関数 u が連続であれば $M(\overline{x},r)\to u(\overline{x})$ が $r\to0$ のとき成り立つのも明らかである.

定理 3.20 $u(x)$ は Ω 上で劣調和な関数とする. このとき Ω 内の勝手な点 $\overline{x}$, および $\overline{B_R(\overline{x})}\subset\Omega$ をみたす任意の $R>0$ に対して次が成り立つ.

$$M(\overline{x},R) \geqq u(\overline{x}) \qquad (3.38)$$

ここで $B_R(\overline{x})$ は $\overline{x}$ を中心とする半径 R の球の内部を表わす(図3.9).

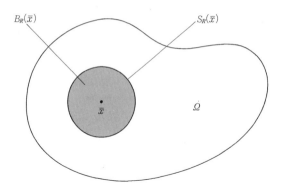

図 3.9 点 $\overline{x}$ と, それを中心とする球 $B_R(\overline{x})$.

[証明] $n=2$ の場合について示す. r, θ の関数 w を $w(r,\theta)=u(\overline{x}+re^{i\theta})$ によって定義する. (3.20)より

$$\Delta u = \frac{\partial^2 w}{\partial r^2} + \frac{1}{r}\frac{\partial w}{\partial r} + \frac{1}{r^2}\frac{\partial^2 w}{\partial \theta^2}$$

が成り立つ. これを $B_{r_1}(\overline{x})$ (ただし $0 < r_1 \leqq R$) 上で積分して

$$\begin{aligned}
\int_{B_{r_1}(\overline{x})} \Delta u(y)dy &= \int_0^{r_1}\int_0^{2\pi} r\left(\frac{\partial^2 w}{\partial r^2} + \frac{1}{r}\frac{\partial w}{\partial r} + \frac{1}{r^2}\frac{\partial^2 w}{\partial \theta^2}\right)drd\theta \\
&= \int_0^{r_1}\int_0^{2\pi}\left(r\frac{\partial^2 w}{\partial r^2} + \frac{\partial w}{\partial r}\right)drd\theta \\
&= \int_0^{r_1}\frac{d}{dr}\left(r\frac{d}{dr}\int_0^{2\pi} w\,d\theta\right)dr
\end{aligned}$$

を得る. 上式の右辺は $2\pi r\,\partial M/\partial r$ に $r=r_1$ を代入したものに等しい. 一方, 左辺は u の劣調和性から非負の値をとる. r_1 は $0 < r_1 \leqq R$ なる任意の数だから, 結局この区間上で $\partial M/\partial r \geqq 0$ が成り立つ. 定理の結論はこれから従う. ∎

定理 3.21 $u(x)$ は Ω 上で調和な関数とし, 点 $\overline{x}$ および $R > 0$ は定理 3.20 の通りとする. このとき次式が成立する.

$$M(\overline{x}, R) = u(\overline{x}) \tag{3.39}$$

[証明] $u(x)$ も $-u(x)$ も劣調和であるから, これらに定理 3.20 を適用す

れば(3.39)が成り立つ. ∎

上の二つの定理は, 劣調和関数および調和関数に対する**球面平均の定理**(または**平均値の定理**)と呼ばれる. $S_r(\overline{x})$ 上の平均を $B_r(\overline{x})$ 上の平均で置き換えても同じ結果が成り立つが, 球対称性をもたない図形, 例えば正方形や立方体の上での平均値を考えると, (3.38)や(3.39)は一般に成り立たない.

例 3.22(球対称な天体の重力場) 完全な球対称性をもつ天体がつくる重力場は, 全質量が中心点に集中したと想定して計算される重力場と一致することが知られている. この事実はニュートンによって発見され, 天体どうしの万有引力による相互作用の計算を大幅に簡略化するのに役立った. つまり, 個々の天体が球状の剛体である限り, それらを質点とみなしても, 軌道の計算はまったく影響を受けないわけである. 積分法が十分発達していなかった当時, ニュートンは上の事実を導くのに大変な苦労をしたと伝えられている. ここでは, 定理 3.21 から上の事実が簡単に導かれることを示そう.

まず, 考えている天体は厚さが無視できる球面としてよい. なぜなら任意の球対称な天体は同心球面の族に分解されるからである. さて, 球面 $S_r(\overline{x})$ 上に一様な面密度 ρ で質量が分布しているとすると, その重力ポテンシャルは

$$\varphi(x) := \rho \int_{S_r(\overline{x})} \varphi_0(x-y) dS_y$$

で与えられる. ここで $\varphi_0(x) = -G/|x|$ である. 一方, 中心点 $\overline{x}$ に質量が集中している場合の重力ポテンシャルは次のようになる.

$$\overline{\varphi}(x) := \left(\rho \int_{S_r(\overline{x})} dS_y \right) \varphi_0(x-\overline{x})$$

点 x が球面 $S_r(\overline{x})$ の外側にあるとき $\varphi(x) = \overline{\varphi}(x)$ が成り立つことを示せばよい. 今, 点 x を球面 $S_r(\overline{x})$ の外側に固定し, $u(y) := \varphi_0(x-y)$ を y の関数と見なすと, これは点 x を除いた領域で調和である. この $u(y)$ に定理 3.21 を適用すれば, $\varphi(x) = \overline{\varphi}(x)$ がただちに得られる. ☐

球面平均の定理の別の応用として, 前に述べた強最大値原理を証明しよう.

[定理3.18の証明] 点 x_0 において u は最大値 M を達成したとする。x_1 を Ω 内の勝手な点とする。$u(x_1) = M$ を示せばよい。点 x_0 と x_1 を Ω 内の連続曲線 Γ で結ぶ。Γ を $\{X(s)\}_{0 \le s \le 1}$ とパラメータ表示しておく。ただし $X(0) = x_0$, $X(1) = x_1$ である。今，仮に $u(x_1) < M$ であったとして矛盾を導こう。

$$s^* = \inf\{0 \le s \le 1 \mid u(X(s)) < M\}, \quad x^* = X(s^*)$$

とおくと，x^* は Γ 上の点であり，容易にわかるように $u(x^*) = M$ が成り立つ。なぜなら，$u(x^*) < M$ であれば十分小さな $\varepsilon > 0$ に対して $u(X(s^*-\varepsilon)) < M$ が成り立つことになり，これは s^* の定義と矛盾するからである。さて，x^* を中心とする球 $B_R(x^*)$ で Ω に含まれるものを考えると，定理3.20より各球面 $S_r(x^*)$ $(0 < r < R)$ の上での u の平均値は $u(x^*) = M$ 以上であるから，球 $B_R(x^*)$ の上でも u の平均値は M 以上になる。一方，M は u の最大値だから $B_R(x^*)$ 上で $u \le M$ となるので，平均値が M 以上になるためには $B_R(x^*)$ 上いたるところで $u = M$ が成り立たねばならない。これより，十分小さいすべての $\varepsilon > 0$ に対して $u(X(s^*+\varepsilon)) = M$ となることがわかる。ところがこれは s^* の定義に矛盾する。背理法により，$u(x_1) = M$ が示された。∎

以下の命題は，ある意味で定理3.20の逆を与える。

命題3.23 領域 Ω 上で定義された C^2 級関数 $u(x)$ が次の性質をもつとする。

(*) Ω 内の各点 $\bar{x}$ に対し，$R > 0$ を十分小さく選べば，$0 < r < R$ の範囲で(3.38)が成り立つ。

このとき，Ω 上で $\Delta u \ge 0$ が成立する。

[証明] 背理法で示す。もし，ある点 $\bar{x}$ で $\Delta u(\bar{x}) < 0$ が成り立ったとすると，$R > 0$ を十分小さく選べば，球 $B_R(\bar{x})$ 上で $\Delta u < 0$ となる。定理3.20の証明と同じ計算を用いて，$\Delta u < 0$ から $\dfrac{\partial}{\partial r} M(\bar{x}, r) < 0$ $(0 < r < R)$ が導かれる。これより $M(\bar{x}, r) < u(\bar{x})$ $(0 < r < R)$ となるが，これは性質 (*) に反する。よって $\Delta u \ge 0$ が Ω 上いたるところで成り立つことが示された。∎

(d) 広義の劣調和関数

本節の冒頭では，劣調和関数を，$\Delta u \geqq 0$ をみたす C^2 級関数と定義した．定理 3.20 と命題 3.23 から，C^2 級の関数については，$\Delta u \geqq 0$ と性質 ($*$) は同値である．一方，性質 ($*$) は必ずしも微分可能でない関数に対しても意味をもつ．

例 3.24 1 次元の場合，性質($*$)は

$$\frac{u(x-r)+u(x+r)}{2} \geqq u(x) \qquad (x \in \mathbb{R},\ r > 0)$$

と書けるが，これは $u(x)$ が広義凸関数であることと同値である．例えば $u(x)=|x|$ が典型的な例である． □

例 3.25 次の関数は質点の重力ポテンシャルや点電荷の静電ポテンシャルとしてすでに現れた．

$$u(x)=\begin{cases} -\dfrac{1}{|x|} & (x \in \mathbb{R}^3,\ x \neq 0 \text{ のとき}) \\[2mm] -\infty & (x = 0 \text{ のとき}) \end{cases}$$

これまでは原点を定義域から除外していたが，$x=0$ で値を $-\infty$ と定めると性質($*$)はいたるところで成立する．実際 $\bar{x} \neq 0$ なら $u(x)$ は $|x-\bar{x}| < r\,(0 < r < |\bar{x}|)$ で調和だから($*$)が成り立ち，$\bar{x}=0$ なら $-\infty \leqq M(\bar{x},r)$ は自明に成り立つ． □

そこで性質($*$)をもとに，劣調和関数のクラスを微分可能でない関数にまで広げることにしよう．$u(x)$ を領域 Ω で定義され，有限または $-\infty$ の値をとる関数とする（$+\infty$ は許さない）．次の 2 条件が成り立つとき，$u(x)$ は Ω で**広義の劣調和関数**であるという．

（ⅰ） $u(x)$ は Ω の各点で上半連続

（ⅱ） Ω の各点で性質($*$)が成り立つ

ここで $u(x)$ が $x=x_0$ で上半連続とは，$u(x_0) < M$ ならば x_0 のある近傍で

$u(x) < M$ が成り立つことをいう（これは $\overline{\lim_{x \to x_0}} u(x) \leqq u(x_0)$ と同値である．『現代解析学への誘い』§3.1 参照）．とくに広義劣調和関数は各点の近傍で上に有界であり，球面平均値 $M(\overline{x}, r)$ は $-\infty$ も含めて確定した値になる．なお，平行して $-u(x)$ が広義劣調和であるとき，$u(x)$ は広義優調和である，と定める．例 3.24 の $u(x) = |x|$，例 3.25 の関数などは広義劣調和関数の最も典型的な例である．

定理 3.18 の証明をよく見ると，使われている性質は性質(∗)および上半連続性だけである．したがって強最大値原理は広義劣調和関数に対しても成立する．

連続関数 $u(x)$ が（広義に）劣調和かつ優調和であるということは，

(∗∗)　Ω 内の各点 $\overline{x}$ に対し，$R > 0$ を十分小さく選べば，$0 < r < R$ の範囲で(3.39)が成立する

ことを意味する．そこで (∗∗) を '広義の調和関数' の定義として採用すれば，一見，調和関数のクラスが広がるように思えるが，実はこうならない．なぜなら次の命題が成り立つからである．

命題 3.26　Ω 上の連続関数 $u(x)$ が性質 (∗∗) をもてば，$u(x)$ は C^∞ 級で，$\Delta u = 0$ をみたす．　　　　　　　　　　　　　　　　　□

定理 3.21 と上の命題から，以下の事実が従う．

系 3.27　任意の調和関数は無限回微分可能である．　　　　　　　　□

系 3.28　Ω 上の調和関数の列 $u_1(x), u_2(x), u_3(x), \cdots$ が関数 $u(x)$ に広義一様収束すれば，$u(x)$ も調和になる．　　　　　　　　　　　　□

[命題 3.26 の証明]　簡単のため，$\Omega = \mathbb{R}^n$ の場合を考える．また，性質 (∗∗) に現れる R の値が，$\overline{x}$ によらず一様にとれることも仮定しておく．（後述の命題 3.42 と最大値原理を用いると，こうした仮定をおかなくても簡単に証明できるが，詳細は省く．）$\mathbb{R}^n$ 上の C^∞ 級関数 $\varphi(x)$ で，台が球 $|x| \leqq R$ に含まれ，かつ $\int_{\mathbb{R}^n} \varphi(x) dx \neq 0$ となるものをひとつ固定する．さて，関数 $\tilde{u}(x)$ を以下のように定義する．

$$\tilde{u}(x) = \int_{\mathbb{R}^n} \varphi(x-y) u(y) dy \Big/ \int_{\mathbb{R}^n} \varphi(y) dy$$

この関数を x_j で偏微分すると次式が得られる.

$$\frac{\partial}{\partial x_j}\widetilde{u}(x) = \int_{\mathbb{R}^n}\left\{\frac{\partial}{\partial x_j}\varphi(x-y)\right\}u(y)dy \Big/ \int_{\mathbb{R}^n}\varphi(y)dy$$

右辺を導くのに微分演算 $\partial/\partial x_j$ と積分記号の順序を入れ替えたが,このような順序交換は無条件で許されるわけではない(注意3.8参照).ただし,φ が C^1 級でその台がコンパクトであればこのような式変形が許されることは容易に証明できる.同様にして,$\widetilde{u}$ の高階微分も,積分記号下での φ の微分に置き換わる.この事実と φ が C^∞ 級であることから,$\widetilde{u}$ も C^∞ 級になることがわかる.

さて,上の $\varphi(x)$ として,1変数関数 $h(r)$ によって $\varphi(x)=h(|x|)$ と表わせるものを選んでおこう.すると(3.39)より,

$$\int_{\mathbb{R}^n}\varphi(x-y)u(y)dy = \int_{\mathbb{R}^n}\varphi(y)u(x-y)dy = \omega_n\int_0^\infty r^{n-1}h(r)M(x,r)dr$$

$$= \omega_n u(x)\int_0^R r^{n-1}h(r)dr = u(x)\int_{\mathbb{R}^n}\varphi(y)dy$$

が成り立つ(ここで ω_n は n 次元単位球の表面積を表わす).これから $\widetilde{u}(x)=u(x)$ が従う.よって u は C^∞ 級である.あとは u と $-u$ に命題3.23を適用して $\Delta u=0$ が得られる. ∎

(e) 等角写像とケルヴィン変換

ラプラス演算子は,以下で述べるように,座標系の回転や平行移動を行なっても形が変わらない.この著しい特徴は,いわばラプラス演算子の'等方性'と'等質性'を表わすものである.ラプラス演算子のこの性質のおかげで,関数の調和性は座標系の回転や平行移動で保たれる.つまり,もとの座標系で調和な関数は,新しい座標系で表示してもやはり調和になる.

関数の調和性を保つ座標変換には,回転や平行移動の他に,超平面に関する折り返し(鏡像)や,一定比率の拡大・縮小(スカラー倍)がある.言いかえれば,$\mathbb{R}^n$ 上の相似変換はすべて関数の調和性を保つ.こうした座標変換は,適当な定数 $\lambda\neq0$,n 次直交行列 T,定数ベクトル c を用いて

$$\xi = \lambda T x + c \qquad (x\cdots\text{旧座標},\ \xi\cdots\text{新座標}) \qquad (3.40)$$

という関係式で書き表わされる．例えば $n=2$ で $c=0$ のときは(3.40)は

$$\begin{pmatrix} \xi_1 \\ \xi_2 \end{pmatrix} = \begin{pmatrix} a & -b \\ b & a \end{pmatrix} \begin{pmatrix} x_1 \\ x_2 \end{pmatrix}, \quad \begin{pmatrix} \xi_1 \\ \xi_2 \end{pmatrix} = \begin{pmatrix} a & b \\ b & -a \end{pmatrix} \begin{pmatrix} x_1 \\ x_2 \end{pmatrix}$$

のいずれかに帰する．前者は回転とスカラー倍 ($\lambda = \sqrt{a^2+b^2}$)，後者は回転・折り返し・スカラー倍の合成である．$n=3$ の場合の典型的な例としては

$$\begin{pmatrix} \xi_1 \\ \xi_2 \\ \xi_3 \end{pmatrix} = \begin{pmatrix} a & -b & 0 \\ b & a & 0 \\ 0 & 0 & \sqrt{a^2+b^2} \end{pmatrix} \begin{pmatrix} x_1 \\ x_2 \\ x_3 \end{pmatrix}$$

が考えられる．これは x_3 軸のまわりの回転とスカラー倍の合成である．

　関数の調和性を保つ座標変換には，(3.40)以外にどのようなものがあるかを考えよう．旧座標 x から新座標 ξ への変換を写像 F で表わすことにする．

$$\xi = F(x) = \begin{pmatrix} F_1(x_1,\cdots,x_n) \\ \cdots\cdots \\ F_n(x_1,\cdots,x_n) \end{pmatrix} \qquad (3.41)$$

今，関数 $u(x)$ が与えられたとし，これを新座標で表示したものを，便宜上文字を変えて $v(\xi)$ と表わそう．すると $u(x)=v(F(x))$ という関係式が成り立つ．この両辺に $\Delta = \partial^2/\partial x_1^2 + \cdots + \partial^2/\partial x_n^2$ をほどこすと，次式が得られる．

$$\Delta u = \sum_{j=1}^{n} \frac{\partial v}{\partial \xi_j} \Delta F_j + \sum_{j,k=1}^{n} \frac{\partial^2 v}{\partial \xi_j \partial \xi_k} \nabla F_j \cdot \nabla F_k$$

ここで，もし $F(x)$ が

$$\nabla F_j \cdot \nabla F_k = 0, \quad |\nabla F_j|^2 = |\nabla F_k|^2 \qquad (j \neq k) \qquad (3.42)$$

$$\Delta F_j = 0 \qquad (j = 1, 2, \cdots, n) \qquad (3.43)$$

をみたせば，Δ と $\widetilde{\Delta} = \partial^2/\partial \xi_1^2 + \cdots + \partial^2/\partial \xi_n^2$ の間に次の関係式が成り立つ．

$$\Delta u = \lambda(x)\widetilde{\Delta}v \qquad (\text{ただし } \lambda = |\nabla F_j|^2) \qquad (3.44)$$

上の計算から容易にわかるように，座標変換(3.41)が関数の調和性を保つための必要十分条件は，(3.42), (3.43)で与えられる．(3.42)は，F の微分行列

$$F'(x) = \begin{pmatrix} \partial F_1/\partial x_1 & \cdots & \partial F_1/\partial x_n \\ & \cdots\cdots\cdots & \\ \partial F_n/\partial x_1 & \cdots & \partial F_n/\partial x_n \end{pmatrix}$$

が各点 x において直交行列のスカラー倍で表わされることと同値である.

さて，$n=2$ の場合を考える．ある平面領域 D から平面領域 $\tilde{D}$ への 1 対 1 写像 F の微分行列が，適当な関数 α, β を用いて

$$\begin{pmatrix} \partial F_1/\partial x_1 & \partial F_1/\partial x_2 \\ \partial F_2/\partial x_1 & \partial F_2/\partial x_2 \end{pmatrix} = \begin{pmatrix} \alpha(x) & -\beta(x) \\ \beta(x) & \alpha(x) \end{pmatrix} \tag{3.45}$$

という形に書き表わされるとき，F を**等角写像**(conformal mapping)と呼ぶ.
(3.45)から(3.42)が従うのは明らかである．一方，(3.45)から F_1, F_2 に対するコーシー–リーマンの方程式が導かれるので，(3.43)も成立する．これにより，等角写像による平面領域上の座標変換は関数の調和性を保つことがわかる.

上で見たように，$n=2$ の場合は(3.42)から(3.43)が従うが，これは 2 次元の特殊事情である．$n \neq 2$ の場合は，(3.42)と(3.43)の両方を満足する写像 $F(x)$ は，x の 1 次式(アフィン写像)に限られる(演習問題 3.4 参照)．関数の調和性を保つ座標変換は，$n=2$ なら任意関数を含む自由度があるのに対して，$n \neq 2$ の場合は相似変換(3.40)のみであるという著しい違いがある.

次に，ケルヴィン変換と呼ばれる便利な変換について述べよう．実数 $R > 0$ をひとつ固定し，空間 $\mathbb{R}^n$ 内の $n-1$ 次元球面 $|x|=R$ を S で表わす．座標変換

$$x \mapsto x^* := \frac{R^2}{|x|^2} x \tag{3.46}$$

を(S に関する)**反転**と呼ぶ．容易にわかるように $(x^*)^* = x$ が成り立ち，また S 上では $x^* = x$ となる(図 3.10)．領域 D の各点を反転して得られる領域を，便宜上 D^* で表わすことにする．領域 D 上で定義された関数 $u(x)$ に対し，

$$v(\xi) = \left(\frac{R}{|\xi|} \right)^{n-2} u(\xi^*) \tag{3.47}$$

で定まる D^* 上の関数 v を u の**ケルヴィン**(Kelvin)**変換**と呼ぶ．公式(3.27)

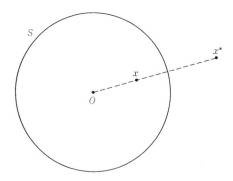

図 3.10 球面 S に関する反転. 点 x と点 x^* は原点を始点とする同一半直線上にあり, $|x| \times |x^*| = R^2$ が成り立つ. 便宜上, 原点 O は反転によって '無限遠点' ∞ に移り, また ∞ は O に移るものと解釈する.

で用いた座標系 (r, σ) $(\xi = r\sigma,\ r > 0,\ |\sigma| = 1)$ を用いると, 次のように表示することもできる.

$$v(r, \sigma) = \left(\frac{R}{r}\right)^{n-2} u\left(\frac{R^2}{r}, \sigma\right) \tag{3.47'}$$

公式 (3.27) から簡単にわかるように以下が成り立つ.

$$\widetilde{\Delta}v(\xi) = \left(\frac{R}{|\xi|}\right)^{n+2} \Delta u(x) \tag{3.48}$$

ここで $\xi = x^*$, $\Delta = \partial^2/\partial x_1^2 + \cdots + \partial^2/\partial x_n^2$, $\widetilde{\Delta} = \partial^2/\partial \xi_1^2 + \cdots + \partial^2/\partial \xi_n^2$ である. (3.48) から, 関数の調和性はケルヴィン変換で保たれることがわかる.

$n = 2$ のときは, ケルヴィン変換は座標変換 (3.46) に帰着する. しかし $n \neq 2$ のときは, ケルヴィン変換は単なる空間座標の変換では表わせない.

§3.4 ポアソンの方程式

未知関数 $u(x)$ に対する次の形の微分方程式をポアソン(Poisson)の方程式と呼ぶ.

$$\Delta u = f(x) \tag{3.49}$$

ここで $f(x)$ は何らかの既知関数である.例えば静電ポテンシャル $\varphi(x)$ は,電荷の存在する領域では次の方程式をみたす((3.18)参照).

$$\Delta\varphi = -4\pi\rho(x)$$

ここで $\rho(x)$ は電荷密度を表わす.一方,§3.1(d)で説明したように,渦なし流の速度ポテンシャル $\Phi(x)$ は,以下の方程式をみたす.

$$\Delta\Phi = \operatorname{div}\boldsymbol{u}$$

ここで $\operatorname{div}\boldsymbol{u}$ はこの流れのわき出しを表わす.これらはいずれもポアソンの方程式の例である.

(a) ラプラス演算子の基本解

第2章で扱った熱伝導方程式の場合と同様に,ポアソンの方程式においても基本解が重要な役割を演ずる.

今,$\mathbb{R}^n$ 上の関数 $E(x)$ を以下で定義する.

$$E(x) = \begin{cases} \dfrac{1}{2\pi}\log|x| & (n=2 \text{ のとき}) \\[2mm] \dfrac{-1}{(n-2)\omega_n}|x|^{2-n} & (n\neq 2 \text{ のとき}) \end{cases} \tag{3.50}$$

ここで ω_n は n 次元単位球の表面積を表わす($\omega_1=2,\ \omega_2=2\pi,\ \omega_3=4\pi$ 等々).とくに,$n=1$ のとき $E(x)=|x|/2$ であり,$n=3$ のときは

$$E(x) = -\frac{1}{4\pi}\frac{1}{|x|}$$

となる.便宜上,$n\geqq 2$ のときは $E(0)=-\infty$ と定めておく.

関数 $E(x)$ をラプラス演算子の**基本解**(fundamental solution)と呼ぶ.また,場合によっては x,y の関数 $E(x-y)$ を基本解と呼ぶこともある.(後述の注意3.31).基本解のもつ意味については本節(b),(c)で解説する.

(b) グリーンの定理

ポアソンの方程式を調べるのに重要な役割を演じる**グリーンの定理**を思い出しておこう(『現代解析学への誘い』第2章参照).Ω を $\mathbb{R}^n$ 内の領域とし,

$u(x), v(x)$ を $\overline{\Omega}$ 上で定義された C^2 級関数とすると,

$$\int_\Omega (u\Delta v - v\Delta u)dx = \int_{\partial\Omega}\Big(u\frac{\partial v}{\partial\nu} - v\frac{\partial u}{\partial\nu}\Big)dS_x \qquad (3.51\text{a})$$

が成り立つ. ここで右辺の積分は Ω の境界 $\partial\Omega$ の上の面積分を表わし, $\partial/\partial\nu$ は(超)曲面 $\partial\Omega$ における外向きの法線方向の微分を表わす. また, $u(x)$ が C^1 級で $v(x)$ が C^2 級であれば次の等式が成り立つ.

$$\int_\Omega (u\Delta v + \nabla u \cdot \nabla v)dx = \int_{\partial\Omega} u\frac{\partial v}{\partial\nu}dS_x \qquad (3.51\text{b})$$

(3.51a)や(3.51b)をグリーン(Green)の定理という.

　領域 Ω 内に点 x を固定し, Ω から半径 ε の閉球 $\overline{B_\varepsilon(x)}$ を取り除いた領域を Ω_ε とおく(図 3.11). E を(3.50)の関数とすると, (3.51a)より次式が成り立つ.

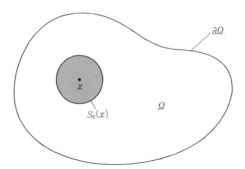

図 3.11　陰影部が球 $B_\varepsilon(x)$ を表わす.

$$\int_{\Omega_\varepsilon} \{u(y)\Delta_y E(x-y) - E(x-y)\Delta u(y)\}dy$$

$$= \int_{\partial\Omega_\varepsilon} \left\{u(y)\frac{\partial}{\partial\nu_y}E(x-y) - E(x-y)\frac{\partial}{\partial\nu}u(y)\right\}dS_y$$

さて(3.31)より Ω_ε 上で $\Delta_y E(x-y) = 0$ となるから, 左辺は $\varepsilon \to 0$ のとき

$$-\int_\Omega E(x-y)\Delta u(y)dy$$

に収束する. 次に, 右辺の積分領域 $\partial\Omega_\varepsilon$ は, $\partial\Omega$ と球面 $S_\varepsilon(x)$ に分けられる.

変数 y が $S_\varepsilon(x)$ 上を動くとき，$E(x-y)$ の値は一定で，その大きさは $1/\varepsilon^{n-2}$ のオーダー（$n=2$ のときは $-\log\varepsilon$ のオーダー）である．一方，$S_\varepsilon(x)$ の面積は ε^{n-1} のオーダーだから，$\partial u/\partial\nu$ の有界性を考え合わせて

$$\int_{S_\varepsilon(x)} E(x-y)\frac{\partial u}{\partial\nu}dS_y \to 0 \qquad (\varepsilon\to 0)$$

となることがわかる．また，$S_\varepsilon(x)$ 上では以下の値も一定である．

$$\frac{\partial}{\partial\nu_y}E(x-y) = -\frac{1}{\omega_n}\frac{1}{|x-y|^{n-1}} = -\frac{1}{\omega_n\varepsilon^{n-1}}$$

$S_\varepsilon(x)$ の面積はちょうど $\omega_n\varepsilon^{n-1}$ であるから，これと u の連続性より

$$\int_{S_\varepsilon(x)} u(y)\frac{\partial}{\partial\nu_y}E(x-y)dS_y \to -u(x) \qquad (\varepsilon\to 0)$$

が得られる．以上を合わせて次の公式が示された．

$$u(x) = \int_\Omega E(x-y)\Delta u(y)dy$$
$$+ \int_{\partial\Omega}\left\{u(y)\frac{\partial}{\partial\nu_y}E(x-y) - E(x-y)\frac{\partial}{\partial\nu}u(y)\right\}dS_y \quad (3.52\mathrm{a})$$

また，u が C^1 級の関数であれば，(3.51b)を用いて上と同様に議論すると，

$$u(x) = \int_\Omega \nabla_x E(x-y)\cdot\nabla u(y)dy + \int_{\partial\Omega} u(y)\frac{\partial}{\partial\nu_y}E(x-y)dS_y \quad (3.52\mathrm{b})$$

が得られる．ただし，ここで $\nabla_x E(x-y) = -\nabla_y E(x-y)$ なる事実を用いた．(3.52a)や(3.52b)もグリーンの定理と呼ばれることがある．

命題3.29 $\rho(x)$ を $\mathbb{R}^n$ 内にコンパクトな台をもつ C^2 級の関数とすると

$$\int_{\mathbb{R}^n} E(x-y)\Delta\rho(y)dy = \rho(x) \qquad (3.53\mathrm{a})$$

が成り立つ．また，$\rho(x)$ がコンパクトな台をもつ C^1 級の関数であれば

$$\int_{\mathbb{R}^n} \nabla_x E(x-y)\cdot\nabla\rho(y)dy = \rho(x) \qquad (3.53\mathrm{b})$$

が成り立つ． □

[証明] $R>0$ を十分大きくとり，$\rho(x)\equiv 0$ が球 $B_R(0)$ の外側で成立する

ようにする. $\Omega = B_R(0)$ とおき, (3.52)を $u = \rho$ に適用すると(3.53)を得る. ∎

注意3.30 超関数の言葉を用いれば, (3.53a)がコンパクトな台をもつ任意の C^∞ 級関数 ρ について成り立つことは, 等式

$$\Delta E(x) = \delta(x) \tag{3.54}$$

に他ならない(第5章例5.11 参照). ここに $\delta(x)$ はディラックの δ 関数である. したがってまた, 任意の $y \in \mathbb{R}^n$ に対して

$$\Delta E(x-y) = \delta(x-y) \tag{3.54'}$$

が成り立つ.

注意3.31 L を一般の微分演算子とする. $U(x,y)$ が L の**基本解**であるとは

$$L_x U(x,y) = \delta(x-y)$$

が成り立つことをいう. ここで L_x は, L を変数 x に関する微分演算子と見なしたものである. ただし, L がとくに定数係数の微分演算子である場合は,

$$LU(x) = \delta(x)$$

をみたす関数 $U(x)$ を L の基本解と呼ぶことが多い. $U(x)$ がこの意味での基本解であれば, $U(x-y)$ が前者の意味での基本解になるのは明らかである.

(c) 対数ポテンシャルとニュートン・ポテンシャル

$\mathbb{R}^2$ 上で定義された関数 $f(x)$ に対し, 積分

$$-\int_{\mathbb{R}^2} (\log|x-y|) f(y) dy \tag{3.55}$$

が定める x の関数を f の**対数ポテンシャル**という. また, $\mathbb{R}^3$ 上で定義された関数 $f(x)$ に対し, そのニュートン・ポテンシャルを以下で定める.

$$\int_{\mathbb{R}^3} \frac{f(y)}{|x-y|} dy \tag{3.56}$$

空間内に密度 $f(x)$ で分布する電荷の静電ポテンシャルが(3.56)に等しいことは, §3.1(e)で説明した. これがニュートン・ポテンシャルのひとつの物理的解釈を与える. $u(x)$ を $f(x)$ のニュートン・ポテンシャルとすると, (3.54')より

$$\Delta u(x) = \int_{\mathbb{R}^3} \Delta_x \left(\frac{1}{|x-y|} \right) f(y) dy = \int_{\mathbb{R}^3} \{-4\pi\delta(x-y)\} f(y) dy$$

$$= -4\pi f(x) \tag{3.57}$$

が成り立つ. この計算は形式的なものではあるが, マクスウェル方程式から導かれた等式(3.18)の直接的な検証になっている.

さて, (3.57)の計算を正当化しよう. ニュートン・ポテンシャルは, 定数倍の違いを除けば

$$u(x) := \int_{\mathbb{R}^n} E(x-y) f(y) dy \tag{3.58}$$

で $n=3$ とおいた場合にすぎないから, 最初から(3.58)を扱うことにする.

命題 3.32 $f(x)$ はコンパクトな台をもつ連続関数とし, その台を K とおく. このとき, (3.58)が定める関数 $u(x)$ は $\mathbb{R}^n \setminus K$ において調和である.

[証明の概略] x が K の外部を動く限り, (3.58)の実質上の積分領域 K の中に $E(x-y)$ の特異点は現れない. $E(x-y)$ は $x \in \mathbb{R}^n \setminus K$, $y \in K$ において x について C^∞ 級である. x を固定すると y の関数として

$$\frac{\partial E}{\partial x_j}(x-y) f(y)$$

は K 上有界である. よって§2.3の補題2.5により $u(x)$ は微分可能で

$$\frac{\partial u}{\partial x_j} = \int_K \frac{\partial E}{\partial x_j}(x-y) f(y) dy$$

が成り立つ. 同様の議論を繰り返せば, $u(x)$ は $\mathbb{R}^n \setminus K$ で C^∞ 級であり, 積分記号下で微分できることがわかる. よって

$$\Delta u(x) = \int_K \Delta_x E(x-y) f(y) dy = \int_K 0 \cdot f(y) dy = 0$$

が得られる. ∎

命題 3.33 命題3.32と同じ仮定の下で, $u(x)$ は $\mathbb{R}^n$ 全体で C^1 級であり,

$$\frac{\partial}{\partial x_j} u(x) = \int_{\mathbb{R}^n} \frac{\partial}{\partial x_j} E(x-y) f(y) dy$$

が任意の $x \in \mathbb{R}^n$ に対して成立する.

[証明の概略]　今度は(3.58)の右辺の積分領域に E の特異点が現れるので，計算を慎重に進める必要がある．まず，$\partial E(x)/\partial x_j = O(1/|x|^{n-1})$ ゆえ，

$$M = \int_B \left| \frac{\partial}{\partial x_j} E(x-y) \right| dy < \infty \qquad (3.59)$$

が任意の有界領域 B に対して成り立つことを注意する．簡単な計算により

$$\frac{u(x+te_j)-u(x)}{t} = \int_{\mathbb{R}^n} \frac{E(x+te_j-y)-E(x-y)}{t} f(y)dy$$

$$= \int_{\mathbb{R}^n} \int_0^1 \frac{\partial E}{\partial x_j}(x+tse_j-y)f(y)dsdy$$

$$= \int_0^1 \int_{\mathbb{R}^n} \frac{\partial E}{\partial x_j}(x-y)f(y+tse_j)dyds$$

$$= \int_{\mathbb{R}^n} \frac{\partial E}{\partial x_j}(x-y)\left\{ \int_0^1 f(y+tse_j)ds \right\} dy$$

と変形できる．ここで，e_j は x_j 軸の正方向の単位ベクトルを表わす．今，有界領域 B を，関数族 $\{f(y+tse_j)\}_{0 \le t,s \le 1}$ の台をすべて含むように十分大きく選んでおく．すると上式は

$$\int_B \frac{\partial E}{\partial x_j}(x-y)\left\{ \int_0^1 f(y+tse_j)ds \right\} dy$$

に等しい．ここで $f(y)$ は B 上一様連続だから

$$\omega(\delta) = \sup_{\substack{y,y' \in B \\ |y-y'| \le \delta}} |f(y)-f(y')|$$

とおくと $\lim_{\delta \searrow 0} \omega(\delta) = 0$ が成り立つ．したがって

$$\left| \int_0^1 f(y+tse_j)ds - f(y) \right| \le \omega(|t|)$$

であり，

$$\left| \int_B \frac{\partial E}{\partial x_j}(x-y)\left\{ \int_0^1 f(y+tse_j)ds \right\} dy - \int_B \frac{\partial E}{\partial x_j}(x-y)f(y)dy \right|$$

$$\le \int_B \left| \frac{\partial E}{\partial x_j}(x-y) \right| \omega(|t|)dy$$

$$\le M\omega(|t|) \to 0 \qquad (t \to 0)$$

が成り立つ. これより命題の結論が従う. ∎

定理 3.34 $f(x)$ は命題 3.32 と同じ仮定をみたし, さらに領域 Ω の上で C^1 級であるとする. このとき $u(x)$ は Ω 上で C^2 級で, そこで $\Delta u = f$ をみたす.

[証明] $\Omega = \mathbb{R}^n$ の場合だけを考える. $y \mapsto x - y$ なる変数変換を行なえば,

$$u(x) = \int_{\mathbb{R}^n} E(y) f(x-y) dy$$

と書けるので, 命題 3.32 の証明と同じ議論により

$$\frac{\partial u}{\partial x_j} = \int_{\mathbb{R}^n} E(y) \frac{\partial f}{\partial x_j}(x-y) dy = \int_{\mathbb{R}^n} E(y) f_j(x-y) dy$$

が示される. ここで $f_j(x)$ は偏導関数 $\partial f(x)/\partial x_j$ を表わす. 再び変数変換して

$$\frac{\partial u}{\partial x_j} = \int_{\mathbb{R}^n} E(x-y) f_j(y) dy$$

を得る. f_j は命題 3.33 の仮定をみたすから,

$$\frac{\partial^2 u}{\partial x_j^2} = \int_{\mathbb{R}^n} \frac{\partial}{\partial x_j} E(x-y) f_j(y) dy$$

となり, これを $j = 1, 2, \cdots, n$ について加えて

$$\Delta u = \int_{\mathbb{R}^n} \nabla_x E(x-y) \cdot \nabla f(y) dy$$

を得る. これと (3.53b) より $\Delta u = f$ が得られる. ∎

$f(x)$ が必ずしも通常の意味での関数でなくてもニュートン・ポテンシャルが定義できる場合がある. 例えば Ω を $\mathbb{R}^3$ 内の領域で S をその境界とする. S 上に面密度 $\eta(x)$ で分布する電荷がつくる静電場の電位(静電ポテンシャル)は,

$$\int_S \frac{\eta(y)}{|x-y|} dS_y \tag{3.60}$$

で与えられる. これは, 数学的には, 曲面 S の上に台をもつ「特異測度」のニュートン・ポテンシャルと見なすことができる. (曲面上の特異測度につ

いては第5章例5.10参照.) この場合も命題3.32の結論はそのまま成り立ち, 上の関数は Ω の内部で調和であることがわかる.

(3.60)を **1重層ポテンシャル**と呼ぶ. これに対し, S 上に電気双極子((3.16)参照)を, S の法線に平行に, かつモーメントの面密度が $\xi(x)$ になるように配置すると, これにより生じる静電場の電位は以下で与えられる.

$$-\int_S \xi(y)\frac{\partial}{\partial \nu_y}\left(\frac{1}{|x-y|}\right)dS_y \tag{3.61}$$

これを **2重層ポテンシャル**と呼ぶ. 公式(3.52a)を $\Delta u \equiv 0$ の場合に適用することにより, $\overline{\Omega}$ 上の任意の調和関数は1重層ポテンシャルと2重層ポテンシャルの和の形に表わされることがわかる.

> **問5** 原点を中心とする半径 R の球面に一様な面密度 η で分布する電荷の作る1重層ポテンシャルを $u(x,y,z)$ とする. $u(0,0,a)$ (ただし $a>0$)を計算せよ.

§3.5　境界値問題

微分方程式の解の中で, 与えられた境界条件をみたすものを求める問題を**境界値問題**と呼ぶことは第1章で述べた. 本節ではラプラスの方程式やポアソンの方程式に対する境界値問題について考察する.

(a)　ディリクレ問題とノイマン問題

Ω を $\mathbb{R}^n$ 内の有界領域とする. ラプラスの方程式に対する次の形の境界値問題

$$\begin{cases} \Delta u = 0, & x \in \Omega \\ u = \psi, & x \in \partial\Omega \end{cases} \tag{3.62}$$

を**ディリクレ問題**と呼び,

$$\begin{cases} \Delta u = 0, & x \in \Omega \\ \dfrac{\partial u}{\partial \nu} = \eta, & x \in \partial\Omega \end{cases} \tag{3.63}$$

をノイマン問題と呼ぶ. ここで $\psi(x), \eta(x)$ は $\partial\Omega$ 上で定義された既知関数である. ポアソンの方程式に対する同様の境界値問題も考えることができる.

$$\begin{cases} \Delta u = f, & x \in \Omega \\ u = \psi, & x \in \partial\Omega \end{cases} \tag{3.62$'$}$$

$$\begin{cases} \Delta u = f, & x \in \Omega \\ \dfrac{\partial u}{\partial \nu} = \eta, & x \in \partial\Omega \end{cases} \tag{3.63$'$}$$

これらの境界値問題の物理的意味を静電場を例に考えると, ディリクレ問題の場合は領域の表面(境界面)における電位分布の情報から内部の電位分布を割り出す問題に対応し, ノイマン問題の場合は領域の表面を貫く電気力線の密度に関する情報から内部の電位分布を割り出す問題に対応する. (3.62)や(3.62$'$)に現れる境界条件を**ディリクレ境界条件**または**第1種境界条件**と呼び, (3.63)や(3.63$'$)に現れるものを**ノイマン境界条件**または**第2種境界条件**という.

命題3.35(ディリクレ問題の解の一意性) $u(x)$ および $\tilde{u}(x)$ が $\overline{\Omega}$ 上で連続, かつ Ω で C^2 級の関数で, ともに(3.62$'$)をみたせば, $u \equiv \tilde{u}$ が成り立つ.

[証明] 系3.15 より明らかである. ∎

命題3.36(ノイマン問題の解の構造) Ω の境界は滑らかとする. $u(x)$ および $\tilde{u}(x)$ が $\overline{\Omega}$ 上で C^2 級の関数で, ともに(3.63$'$)をみたせば, 適当な定数 C が存在して, $\overline{\Omega}$ 上で $\tilde{u}(x) = u(x) + C$ が成り立つ.

[証明] $w = \tilde{u} - u$ とおくと, Ω 内で $\Delta w = 0$, $\partial\Omega$ 上で $\partial w/\partial \nu = 0$ が成り立つ. グリーンの定理(3.51b)を $u = w, v = w$ とおいたものに適用すると

$$\int_\Omega |\nabla w|^2 dx = 0$$

となり, これより $\nabla w \equiv 0$ となるので w は定数である. ∎

命題3.37 ノイマン問題(3.63′)に解が存在すれば，以下が成り立つ．

$$\int_{\Omega} f(x)dx = \int_{\partial\Omega} \eta(x)dS_x \tag{3.64}$$

[証明] グリーンの定理(3.51b)で，$u \equiv 1$ とおき，文字 v を u で置き換えれば上の等式が得られる． ∎

(3.64)は，(3.63′)が解をもつための必要条件を与える．Ω や f, η に対する適当な滑らかさの仮定の下に，(3.64)が(3.63′)の解の存在の十分条件でもあることが知られている．

注意3.38 後で述べるように，ディリクレ問題の解は，Ω, f, ψ に適当な滑らかさがあればつねに存在し，ノイマン問題の場合の(3.64)のような‘適合条件’は必要ない．解が任意のデータに対して存在するという事実と，命題3.35で述べた解の一意性は，実は表裏一体の性質であることが関数解析学の一般論からわかる．線形代数のアナロジーを用いてこれを説明しよう．A を $n \times n$ 行列，x を未知ベクトル，f を既知ベクトルとする．もし斉次方程式 $Ax = 0$ の解が 0 のみなら，A は正則行列，すなわち $|A| \neq 0$ が成り立つから，非斉次方程式

$$Ax = f$$

は，任意の $f \in \mathbb{R}^n$ に対して解をもつ．一方，$Ax = 0$ が 0 でない解をもてば，$|A| = 0$ ゆえ，A の値域は $\mathbb{R}^n$ 全体にならず，したがって特定の適合条件をみたす f (具体的には，${}^t Ay = 0$ をみたす任意の y と直交するような f)に対してしか解が存在しない．しかも，$Ax = 0$ の解空間の次元 m と A の値域の $\mathbb{R}^n$ における余次元 m' は一致する．この事実の無限次元への拡張がフレドホルムの択一定理(Fredholm alternative)と呼ばれるもので，上述のディリクレ問題やノイマン問題に限らず，数多くの境界値問題や積分方程式に応用がある．(巻末「現代数学への展望」に関連記事あり．)なお，ディリクレ問題の場合は $m(=m')=0$，ノイマン問題の場合は $m(=m')=1$ である．

問6 Ω を単位円とする．境界値 $\psi(\theta) = \cos 3\theta - \sin 2\theta$ に対する Ω 上のディリクレ問題3.62の解を求めよ．(ヒント．式(3.34)を用いよ．)

以下，ディリクレ問題について考える．u を(3.62′)の解とすると，f を $\mathbb{R}^n$ 全体に適当に拡張して

$$v(x) = \int_{\mathbb{R}^n} E(x-y)f(y)dy$$

とおき, $w = u - v$ とおけば, w は次の境界値問題の解となる.

$$\begin{cases} \Delta w = 0, & x \in \Omega \\ w = \psi - v, & x \in \partial\Omega \end{cases}$$

これを解けば u は $u = w + v$ の形で求まるので, 結局(3.62′)を解くためには(3.62)の形の問題が解ければよいことがわかる.

定理 3.39 (ディリクレ問題の解の存在) Ω の境界点はすべて '正則点' であるとする. このとき, $\partial\Omega$ 上で定義された任意の連続関数 $\psi(x)$ に対し, (3.62)は解をもつ. □

'正則点' の定義はここでは述べないが, 要は Ω の境界面が, その点の近傍内であまり '異常な' 形をしていないことを意味する. 境界面が滑らかであれば問題なくこの条件をみたすが, 単に区分的に滑らかであったり, 形状が凸である場合もすべて上の条件に適合する. 例えば任意の多面体領域はこのクラスに含まれる. これに対し, 球から1点 P を除いた領域の場合は, 点 P は正則点にならない. なぜなら解 u は外側の球面上での ψ の値だけで決定する(系 3.45)ので, P 上では自由な境界値を指定できないからである.

上記定理の証明は, 通常は**ペロン(Perron)の方法**と呼ばれる方法でなされる. これは劣調和関数の最大値原理に基づく比較的平易な方法であるが, その詳細は割愛する. なお, §1.2(e)で述べたように, ディリクレ積分

$$\int_{\Omega} |\nabla u|^2 dx$$

を $u|_{\partial\Omega} = \psi$ という条件下で最小にする関数は, (3.62)の解になる(**ディリクレ原理**). よって, この変分問題の解の存在を示せば(3.62)の解の存在が証明できることになる. これは19世紀半ばに考案された方法である. 当時のディリクレ原理の論法は厳密性を欠いていたが, 関数解析学が発達した今日では非常に強力な方法として完成されている(巻末「現代数学への展望」参照). なお, 最大値原理に基づくペロンの方法とディリクレ原理による方法

では，境界値 ψ に対する仮定や，解が属する関数空間の設定に若干の違いがあり，それぞれ長所・短所がある．

(b)　グリーン関数

Ω は $\mathbb{R}^n$ 内の有界領域であるとする．直積集合 $\overline{\Omega} \times \overline{\Omega}$ の上で定義された関数 $G(x,y)$ が以下の性質をもつとき，これを Δ の**グリーン関数**と呼ぶ．

（性質1）　$\Omega \times \overline{\Omega}$ で連続で，$\Delta_y h(x,y) = 0$ をみたす $\Omega \times \overline{\Omega}$ 上の連続関数 $h(x,y)$ が存在して

$$G(x,y) = E(x-y) + h(x,y)$$

と表わされる．ここで E は Δ の基本解である．

（性質2）　$G(x,y) = 0$ が任意の $x \in \Omega$, $y \in \partial\Omega$ に対して成り立つ．

上記の関数 $h(x,y)$ をグリーン関数 G の**補正関数**という．これは，$x \in \Omega$ をパラメータとする境界値問題

$$\begin{cases} \Delta_y h(x,y) = 0, & y \in \Omega \\ h(x,y) = -E(x-y), & y \in \partial\Omega \end{cases} \tag{3.65}$$

の解になっており，したがって一意的に定まる．ところで（性質1）から，$\Delta_y G(x,y) = \delta(x-y)$ が成り立つことがわかる．また，$\Delta_y h = 0$ と(3.51a)より

$$0 = \int_\Omega h(x,y)\Delta u(y)dy + \int_{\partial\Omega}\left\{ u(y)\frac{\partial}{\partial\nu_y}h(x,y) - h(x,y)\frac{\partial}{\partial\nu}u(y) \right\}dS_y$$

が成り立つので，これと(3.52a)を辺々相加えて（性質2）を用いると公式

$$u(x) = \int_\Omega G(x,y)\Delta u(y)dy + \int_{\partial\Omega} u(y)\frac{\partial}{\partial\nu_y}G(x,y)dS_y \tag{3.66}$$

を得る．これより以下の命題が導かれる．

命題3.40　$u(x)$ を境界値問題(3.62′)の解とすると

$$u(x) = \int_\Omega G(x,y)f(y)dy + \int_{\partial\Omega}\psi(y)\frac{\partial}{\partial\nu_y}G(x,y)dS_y \tag{3.67}$$

が成り立つ．ここで $G(x,y)$ は Δ のグリーン関数である．　　　　　□

また，以下の性質も重要である.

命題 3.41 $G(x,y)$ を Δ のグリーン関数とすると次が成り立つ.

（ⅰ） $G(x,y)<0 \quad (x,y\in\Omega)$

（ⅱ） $G(x,y)=G(y,x)$

（ⅲ） $\Delta_x G(x,y)=\delta(x-y), \quad G(x,y)=0 \quad (x\in\partial\Omega,\ y\in\Omega)$

[証明の概略] （ⅰ）y の関数として $E(x-y)$ は広義劣調和，$h(x,y)$ は調和であるから，$G(x,y)$ は y に関して広義劣調和な関数である. よって（性質2）の境界条件と強最大値原理（定理3.18）から $G(x,y)<0$ が成り立つ.

（ⅱ）形式的計算を示すにとどめる. x_0, y_0 を固定し，(3.66)に $u(y)=G(x_0,y)$，$x=y_0$ を代入すると，

$$G(x_0,y_0)=\int_\Omega G(y_0,y)\Delta_y G(x_0,y)dy=\int_\Omega G(y_0,y)\delta(x_0-y)dy=G(y_0,x_0)$$

を得る. x_0, y_0 は任意であるので，$G(x,y)\equiv G(y,x)$ が成り立つ.

（ⅲ）は（ⅱ）からただちに従う. ∎

（性質1），（性質2）の代わりに，上記命題の（ⅲ）の性質をグリーン関数の特徴づけに用いることも多い. いずれで定義しても，結果的には同じである.

――― **グリーン関数の物理的意味** ―――――――

　真空領域 Ω の周囲が完全導体 Γ で覆われているとする $(\Gamma=\partial\Omega)$. Ω 内の点 y に負の点電荷を配置すると，その影響で Γ 内を電荷が移動し，最終的に Γ 上の静電ポテンシャル（すなわち電位）が一定値になった段階で定常状態に落ち着く. （Γ は完全導体ゆえ，定常状態では Γ 上の電位は一定でなければならない.）この状態での点 x における静電ポテンシャルを $\varphi_y(x)$ とおくと，(3.18)式より

$$\begin{cases} \Delta\varphi_y(x)=4\pi\delta(x-y) & (x\in\Omega) \\ \varphi_y(x)=C\ (\text{定数}) & (x\in\Gamma) \end{cases}$$

が成り立つことがわかる. φ_y-C を改めて φ_y とおき直せば，第2式の右辺は 0 となる. よって，$\varphi_y(x)$ は定数倍の違いを除いてグリーン関数 $G(x,y)$

に一致することがわかる．これが，グリーン関数のひとつの物理的意味づけを与える．この解釈によれば，グリーン関数の分解式

$$G(x,y) = E(x-y) + h(x,y)$$

において，基本解 $E(x-y)$ が点電荷の引き起こす静電ポテンシャルに，補正関数 $h(x,y)$ が Γ 上の電荷分布の引き起こす静電ポテンシャルに対応することがわかる．

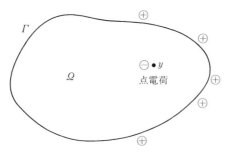

真空領域 Ω 内に負電荷を配置した状態．Γ 上の
電位を一定にするように Γ 上の電荷分布が定ま
る．

　グリーンは一般領域におけるグリーン関数の存在を証明できなかったが，上のような物理的意味づけにより，グリーン関数の存在は「物理的に明白である」と考えた．むろん，このような説明に多くの数学者たちが満足しなかったのはいうまでもない．しかしこのような物理的解釈が，解析学の手法の開発に重要なインスピレーションを与えたのもまた事実である．一般領域におけるグリーン関数の存在証明は厄介な問題で，それがきちんとできたのは，ずっと後のことである．

（c）　鏡像原理とポアソンの公式

　命題 3.40 より，ディリクレ問題 (3.62) や (3.62′) の解はグリーン関数を用いて表示できる．グリーン関数を構成するには，補正関数 h を求めればよい．Ω が球の場合は，ケルヴィン変換を用いて h の具体形が簡単に求まることを示そう．

$\Omega = \{x \in \mathbb{R}^n \mid |x| < R\}$（ただし $n \geqq 2$）とし，Ω の境界 $|x| = R$ を S とおく．今，点 y を Ω 内に固定し，基本解 $E(x-y)$ を x の関数と見なして球面 S に関するケルヴィン変換((3.47)参照)をほどこしたものを $-h(x,y)$ とおく．すなわち，

$$h(x,y) = -\left(\frac{R}{|x|}\right)^{n-2} E(x^* - y) \qquad (3.68)$$

と定義する．$|y| = R$ のとき

$$|x^* - y| = \frac{R}{|x|}|x - y| \qquad (3.69)$$

が成り立つことに注意すれば，この関数が(3.65)をみたすことは容易に確かめられる．したがって Ω におけるグリーン関数は以下で与えられる．

$$G(x,y) = E(x-y) - \left(\frac{R}{|x|}\right)^{n-2} E(x^* - y) \qquad (3.70)$$

球面 S の上での G の法線微分 $\partial G(x,y)/\partial \nu_y$ を $P(x,y)$ で表わし，その具体形を計算しよう．まず，$n \geqq 3$ のときは，

$$\frac{\partial}{\partial \nu_y}|x-y|^{2-n} = \sum_{j=1}^{n} \frac{y_j}{|y|}\frac{\partial}{\partial y_j}|x-y|^{2-n} = (2-n)\frac{\langle y, y-x \rangle}{|y||x-y|^n}$$

に注意する．ここで $\langle x, y \rangle = x_1 y_1 + \cdots + x_n y_n$ は内積である．さらに(3.69)などを用いて式変形すると

$$P(x,y) = \frac{1}{\omega_n R}\frac{R^2 - |x|^2}{|y-x|^n} \qquad (3.71)$$

が導かれる．さらに，上式が $n = 1, 2$ の場合にも成り立つことが容易に確かめられる．$P(x,y)$ をポアソン核と呼ぶ．命題 3.40 から，以下の公式が得られる．

命題 3.42 $u(x)$ を球 Ω におけるディリクレ問題(3.62)の解とすると

$$u(x) = \int_S P(x,y)\psi(y)dS_y \qquad (3.72)$$

が成り立つ． $\square$

とくに $n = 2$ の場合は，$x = re^{i\theta}$，$y = Re^{i\zeta}$ と複素数表示すると，(3.72)は

次のように書き直すことができる.

$$u(re^{i\theta}) = \frac{1}{2\pi} \int_0^{2\pi} \frac{(R^2 - r^2)\psi(Re^{i\zeta})}{R^2 + r^2 - 2Rr\cos(\theta - \zeta)} d\zeta \qquad (3.72')$$

(3.72)や(3.72′)を**ポアソンの公式**と呼ぶ. なお, 本書のようにグリーンの定理から(3.72)を導く場合は, ψ は滑らかであると仮定せねばならないが, 実は ψ が S 上の連続関数でさえあれば(3.72)が成り立つことを注意しておく.

> **問7** 単位円板の内部で調和で, 単位円上の境界値が1点を除いて0になるような関数で恒等的に0でないものの例をあげよ.

(d) 除去可能な特異点

関数 $u(x)$ が領域 Ω から点 x_0 を除いた部分で調和で, 点 x_0 において調和性が破れているとき, x_0 を調和関数 $u(x)$ の**特異点**と呼ぶ.

命題 3.43 関数 $u(x)$ は n 次元領域 Ω ($n \geqq 2$) から点 x_0 を除いた部分で定義され, そこで調和であるとする. また, $u(x)$ は x_0 の近くで有界, すなわち

$$\limsup_{x \to x_0} |u(x)| < \infty$$

が成り立つとする. このとき $u(x)$ は Ω 全体で調和な関数に拡張できる.

[証明] 必要なら座標軸をずらすことにより, x_0 は原点だとして差し支えない. $R > 0$ を十分小さく選び, 閉球 $|x| \leqq R$ が Ω に含まれるようにする. $u(x)$ は $0 < |x| \leqq R$ の範囲で調和である. さて, $v(x)$ を境界値問題

$$\begin{cases} \Delta v = 0 & (|x| < R) \\ v = u & (|x| = R) \end{cases}$$

の解とする. 命題の結論を導くには, $0 < |x| \leqq R$ の範囲で $u = v$ が成り立つことを示せばよい. $w = u - v$ とおくと, u, v の有界性から, 適当な定数 $M > 0$ が存在して

$$\begin{cases} \Delta w = 0, \quad |w| \leqq M \qquad (0 < |x| < R) \\ w = 0 \qquad (|x| = R) \end{cases}$$

が成り立つ. $0 < \varepsilon < R$ なる各 ε に対し, $\Phi_\varepsilon(x)$ を境界値問題

$$\begin{cases} \Delta \Phi = 0 \qquad (\varepsilon < |x| < R) \\ \Phi = 0 \quad (|x| = R), \quad \Phi = M \quad (|x| = \varepsilon) \end{cases}$$

の解とする. 比較定理(定理 3.12 の系 3.16)より, $-\Phi_\varepsilon(x) \leqq w(x) \leqq \Phi_\varepsilon(x)$ が $\varepsilon \leqq |x| \leqq R$ の範囲で成り立つ. しかるに, 簡単な計算から

$$\Phi_\varepsilon(x) = \begin{cases} M \dfrac{\log R - \log |x|}{\log R - \log \varepsilon} \qquad (n = 2 \text{ のとき}) \\ M \dfrac{R^{n-2} - |x|^{n-2}}{R^{n-2} - \varepsilon^{n-2}} \cdot \dfrac{\varepsilon^{n-2}}{|x|^{n-2}} \qquad (n \geqq 3 \text{ のとき}) \end{cases}$$

が得られるから, $\varepsilon \to 0$ のとき $\Phi_\varepsilon(x) \to 0$ となる. よって $w(x) = 0$ $(0 < |x| \leqq R)$ が成り立つことがわかる. ∎

上の命題に現れる点 x_0 は, 調和関数 $u(x)$ の見かけ上の特異点にしかすぎない. これを **除去可能な特異点** と呼ぶ. 命題 3.43 と同様な結果は, ポアソンの方程式 $\Delta u = f$ の解に対しても成り立つ. 証明はまったく同じ方法でできる.

注意 3.44 証明を詳しく読むとわかるが, 有界性より弱く
$$u(x) = o(|E(x - x_0)|) \qquad (x \to x_0)$$
を仮定しても命題 3.43 の結論が成り立つ.

なお, 次の系が命題 3.43 からただちに導かれる.

系 3.45 有界領域 Ω から有限個の点 $a_1, a_2, \cdots, a_m$ を除いた領域を Ω_0 とおく. 今, $\Omega_0 \cup \partial\Omega$ 上で定義された有界な関数 $u(x)$ が以下をみたすとする.

$$\begin{cases} \Delta u = 0 \qquad (x \in \Omega_0) \\ u = \psi \qquad (x \in \partial\Omega) \end{cases}$$

このとき，$u(x)$ はディリクレ問題(3.62)の解に一致する．したがって，とくに $u(a_1), u(a_2), \cdots, u(a_m)$ の値は境界値 ψ から一意的に定まる．　　　　□

例 3.46　n 次元領域 Ω の補集合 $\mathbb{R}^n \backslash \Omega$ が有界集合であるとき，Ω を**外部領域**と呼ぶ．外部領域上の境界値問題

$$\begin{cases} \Delta u = 0 & (x \in \Omega) \\ u = \psi & (x \in \partial\Omega) \end{cases} \qquad (3.73)$$

を**外部ディリクレ問題**と呼ぶ．$n = 2$ のとき，外部ディリクレ問題の解で有界なものはただひとつだけ存在する．この理由を考えよう．Ω の外部の点 x_0 と，x_0 を中心とする円 S をひとつ選んで固定し，S に関する反転を $x \mapsto x^*$ で表わす(§3.3(e)参照)．すると，関数 $u^*(x) := u(x^*)$ は次の境界値問題の解になる．

$$\begin{cases} \Delta u^* = 0 & (x \in \Omega^* \backslash \{x_0\}) \\ u^* = \psi^* & (x \in \partial\Omega^*) \end{cases}$$

ここで，$\psi^*(x) = \psi(x^*)$ であり，Ω^* は Ω の反転に点 x_0 を付加して得られる領域を表わす．x_0^* は無限遠点になるから，関数 $u^*(x)$ は点 x_0 においては定義されていない．しかし，u に対する仮定から，u^* は x_0 の近傍で有界である．よって命題 3.43 より，u^* は Ω^* 全体に調和関数として拡張できる．Ω^* は有界領域だから，u^* は境界値 ψ^* から一意に定まる(命題 3.35)．したがって，外部ディリクレ問題の有界な解は，境界値 ψ を与えればただひとつ定まる．

$n \geqq 3$ の場合は，ケルヴィン変換を用いて同様に議論すれば，(3.73)の解で

$$u(x) = O(|x|^{2-n}) \qquad (|x| \to \infty) \qquad (3.74)$$

をみたすものがただひとつ存在することがわかる．一般に外部ディリクレ問題の解とは，条件(3.74)をみたすものを指す．　　　　□

§3.6 固有値問題

§2.3(b)および§1.5(d)で述べたように，熱伝導方程式や波動方程式に関する初期境界値問題は，固有関数展開を用いて解くことができる．ただし，この方法を有効に用いるためには，まず固有値や固有関数に関する知識が必要となる．本節ではいくつかの領域の例について，ラプラシアンの固有値および固有関数の具体形を求めることを目指す．

まず，考える問題をきちんと定式化しておこう．Ω を $\mathbb{R}^n$ 内の有界領域とし，未知関数 $\varphi(x)$ に対する次の二つの境界値問題を考える．

$$\begin{cases} \Delta\varphi + \lambda\varphi = 0, & x \in \Omega \\ \varphi = 0, & x \in \partial\Omega \end{cases} \tag{3.75}$$

$$\begin{cases} \Delta\varphi + \lambda\varphi = 0, & x \in \Omega \\ \dfrac{\partial\varphi}{\partial\nu} = 0, & x \in \partial\Omega \end{cases} \tag{3.76}$$

ここで λ は定数である．ある λ に対して(3.75)が 0 でない解をもつとき，この λ をディリクレ境界条件下での $-\Delta$ の**固有値**(または'固有値問題(3.75)の固有値')と呼び，そのときの解 φ を λ に属する**固有関数**と呼ぶ．同様に(3.76)はノイマン境界条件下での固有値と固有関数を与える．

一般に，固有値や固有関数には複素数のものも許す．ところが今の場合は，方程式 $\Delta\varphi + \lambda\varphi = 0$ の両辺に φ の共役複素数 $\overline{\varphi}$ を乗じて Ω 上で積分すると

$$\int_\Omega \overline{\varphi}\Delta\varphi \, dx + \lambda \int_\Omega |\varphi|^2 dx = 0$$

となり，これにグリーンの定理(3.51b)を適用すると

$$\int_\Omega |\nabla\varphi|^2 dx = \lambda \int_\Omega |\varphi|^2 dx \tag{3.77}$$

が導かれる．よって $-\Delta$ の固有値はすべて非負の実数である．さらに，ディリクレ境界条件の場合は $\lambda = 0$ が固有値ではないことが命題 3.35 からわかる．一方，ノイマン境界条件の場合は，$\lambda = 0$ に属する固有関数が定数に限

ることが命題 3.36 からわかる. 固有値 λ が実数であるので, 固有関数の実部・虚部はともに同じ固有値 λ に属する固有関数となる. そこで以下では固有関数として実数値のものを考える.

固有値 λ をひとつ選んで固定すると, (3.75)や(3.76)の解 φ の全体の集合は線形空間になる. これは方程式および境界条件の線形性から明らかである. この線形空間を固有値 λ に属する**固有空間**と呼び, その次元を固有値 λ の**重複度**という.

命題 3.47（固有関数の直交性）　$\varphi(x), \widetilde{\varphi}(x)$ を, $-\Delta$ の相異なる固有値 $\lambda, \widetilde{\lambda}$ に属する固有関数とすると, 以下が成立する.

$$\int_\Omega \varphi(x)\widetilde{\varphi}(x)dx = 0 \tag{3.78}$$

[証明]　グリーンの定理により

$$\lambda \int_\Omega \varphi\widetilde{\varphi}dx = -\int_\Omega (\Delta\varphi)\widetilde{\varphi}dx = -\int_\Omega \varphi\Delta\widetilde{\varphi}dx = \widetilde{\lambda}\int_\Omega \varphi\widetilde{\varphi}dx$$

と変形できる. $\lambda \neq \widetilde{\lambda}$ であるから, (3.78)が成立せねばならない. ∎

$-\Delta$ の固有値を, その重複度に応じて重ねて数え, 大きさの順に並べたものを $\lambda_1 \leq \lambda_2 \leq \lambda_3 \leq \cdots$ とし, 各 λ_k に属する固有関数を $\varphi_1, \varphi_2, \varphi_3, \cdots$ とする. ただしここで, 同一の固有空間に属する φ_k どうしは互いに(3.78)の意味で直交するように, 各固有空間の基底をうまく選んでおく. 一方, 相異なる固有空間に属する φ_k どうしは, 命題 3.47 より, もともと(3.78)の意味で直交しているから, 結局以下が成立していることがわかる.

$$\int_\Omega \varphi_j(x)\varphi_k(x)dx = 0 \qquad (j \neq k) \tag{3.79a}$$

一般に, (3.79a)をみたす関数系 $\varphi_1, \varphi_2, \varphi_3, \cdots$ を**直交系**と呼ぶ. さらに各 φ_k が

$$\int_\Omega \{\varphi_k(x)\}^2 dx = 1 \qquad (k = 1, 2, 3, \cdots) \tag{3.79b}$$

をみたすように正規化されているとき, これを**正規直交系**と呼ぶ. 固有関数系を直交系や正規直交系になるようにあらかじめ選んでおくと, 固有関数展

開の係数の計算がきわめて簡単になる.

問 8 $\varphi(x), \widetilde{\varphi}(x)$ を, 固有値問題

$$
\begin{cases}
\dfrac{d^2\varphi}{dx^2} + \dfrac{d\varphi}{dx} + \lambda\varphi = 0 & (0 < x < 1) \\[2mm]
\varphi(0) = \varphi(1) = 0
\end{cases}
$$

の相異なる固有値 $\lambda, \widetilde{\lambda}$ に属する固有関数とする.「重み」e^x に関する直交関係

$$
\int_0^1 \varphi(x)\widetilde{\varphi}(x)e^x dx = 0
$$

を示せ.

(a) 矩形領域の場合

Ω が平面内の矩形領域 $\{(x,y) \in \mathbb{R}^2 \,|\, 0 < x < a,\, 0 < y < b\}$ であるとする. まず変数分離形に書ける解をすべて求めよう. $\varphi(x,y) = g(x)h(y)$ とおくと方程式は

$$
\frac{g''(x)}{g(x)} = -\frac{h''(y)}{h(y)} - \lambda
$$

と変形できる. 上式が Ω 上で成立するためには両辺が定数でなければならない. この定数を $-\mu$ とおく. 境界条件も考慮すると, 例えば(3.75)の場合は

$$
\begin{cases}
g''(x) + \mu g(x) = 0 & (0 < x < a) \\
g(0) = g(a) = 0
\end{cases}
$$

$$
\begin{cases}
h''(y) + (\lambda - \mu)h(y) = 0 & (0 < y < b) \\
h(0) = h(b) = 0
\end{cases}
$$

が成り立つ. これらが 0 でない解 g, h をもつためには, 適当な自然数 l, m を用いて $\mu = (l\pi/a)^2$, $\lambda - \mu = (m\pi/b)^2$ と表わされることが必要十分であり, このとき $g(x) = C_1 \sin\dfrac{l\pi}{a}x$, $h(y) = C_2 \sin\dfrac{m\pi}{b}y$ となる. よって

$$
\lambda = \left(\frac{l^2}{a^2} + \frac{m^2}{b^2}\right)\pi^2 \qquad (l, m = 1, 2, 3, \cdots) \tag{3.80}
$$

はいずれも(3.75)の固有値であり，それらに属する固有関数は

$$\varphi(x,y) = \sin\frac{l\pi}{a}x\sin\frac{m\pi}{b}y \qquad (3.81)$$

およびその定数倍で与えられる．

　(3.75)の固有値が(3.80)に掲げたもの以外に存在しないことは次のようにしてわかる．今，λ を(3.75)の勝手な固有値とし，φ を λ に属する固有関数とする．$\varphi(x,y)$ を，まず y を固定して x についてフーリエ正弦級数展開（§1.5(d)参照）し，次にこれを y についてフーリエ正弦級数展開すると

$$\varphi(x,y) = \sum_{l,m=1}^{\infty} c_{lm}\sin\frac{l\pi}{a}x\sin\frac{m\pi}{b}y$$

という級数展開が得られる．$\varphi \not\equiv 0$ ゆえ，係数 c_{lm} のうち少なくともひとつは 0 でない．そのような l, m をひとつ選び，方程式 $\Delta\varphi + \lambda\varphi = 0$ に $\sin\dfrac{l\pi}{a}x\sin\dfrac{m\pi}{b}y$ を乗じて Ω 上で積分すると，$\lambda = (l\pi/a)^2 + (m\pi/b)^2$ となることがわかる．

　ノイマン境界条件の場合も同じように議論できて，(3.76)の固有値は

$$\lambda = \left(\frac{l^2}{a^2} + \frac{m^2}{b^2}\right)\pi^2 \qquad (l, m = 0, 1, 2, \cdots) \qquad (3.82)$$

であり，それらに属する固有関数は

$$\varphi(x,y) = \cos\frac{l\pi}{a}x\cos\frac{m\pi}{b}y$$

およびその定数倍である．

　例3.48　一辺が 1 の正方形領域，すなわち $a = b = 1$ の場合，(3.75)の固有値を小さいものから順に並べると

$$\lambda = 2\pi^2, 5\pi^2, 8\pi^2, 10\pi^2, 13\pi^2, \cdots$$

であり，重複度はそれぞれ $1, 2, 1, 2, 2, \cdots$ となる．一方，(3.76)の固有値は

$$\lambda = 0, \pi^2, 2\pi^2, 4\pi^2, 5\pi^2, 8\pi^2, 9\pi^2, \cdots$$

であり，重複度はそれぞれ $1, 2, 1, 2, 2, 2, 1, 2, \cdots$ となる．ちなみに，$\lambda = 25\pi^2$ や $\lambda = 169\pi^2$ の重複度が 4 であることも容易に確かめられる．　　　　□

Ω が $\mathbb{R}^3$ 内の直方体 $\{(x, y, z) \mid 0 < x < a,\, 0 < y < b,\, 0 < z < c\}$ の場合は,
(3.75)や(3.76)の固有値が

$$\lambda = \left(\frac{l^2}{a^2} + \frac{m^2}{b^2} + \frac{n^2}{c^2} \right) \pi^2 \qquad (l, m, n \text{ は整数})$$

という形で与えられることも上と同様にしてわかる.

(b) 円板領域の場合

今度は Ω を平面内の円板領域 $\{(x, y) \in \mathbb{R}^2 \mid x^2 + y^2 < 1\}$ としよう. 紙数の
制約上, (3.75)だけを考える. 以下, 極座標を用いて $\varphi = \varphi(r, \theta)$ と表示して
おく. (3.75)を変数分離法で解くと, 何らかの変数 m に対して

$$\varphi(r, \theta) = w(r)(C_1 \cos m\theta + C_2 \sin m\theta) \tag{3.83}$$

と表わされることがわかる. ここで $w(r)$ は以下をみたす有界な関数である.

$$\begin{cases} w''(r) + \dfrac{1}{r} w'(r) + \left(\lambda - \dfrac{m^2}{r^2} \right) w(r) = 0 \qquad (0 < r < 1) \\ w(1) = 0 \end{cases} \tag{3.84}$$

さて, $W(r) = w(r/\sqrt{\lambda})$ とおくと, (3.84)は以下と同値になる.

$$\begin{cases} W''(r) + \dfrac{1}{r} W'(r) + \left(1 - \dfrac{m^2}{r^2} \right) W(r) = 0 \qquad (0 < r < \sqrt{\lambda}) \\ W(\sqrt{\lambda}) = 0 \end{cases} \tag{3.85}$$

m に適当な整数値を代入したとき(3.85)が 0 でない有界な解をもつような λ
が(3.75)の固有値となる. (3.85)の 1 行目の方程式を**ベッセル(Bessel)の微
分方程式**と呼び, その解を**ベッセル関数**と呼ぶ. (3.85)の解 $W(r)$ で, $r \to$
0 のとき有界となるものは, 定数倍を除いてただ一つ定まり, $W(r) = O(r^m)$
をみたすことが知られている. そのグラフの概形を図 3.12 に示した. $w(r)$
や $W(r)$ が $r \searrow 0$ のとき有界であるという仮定は, φ が原点で滑らかになる
ために必要な条件であり, さらにこれが十分条件でもあることは, 命題 3.43
を用いて証明できる(詳細は省く).

矩形領域の場合と同じく, 今の場合も(3.75)の固有値は上の方法で求めた

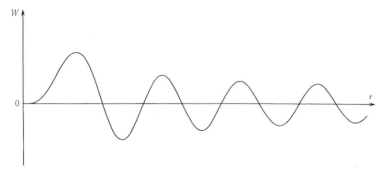

図 3.12 ベッセル関数のグラフ($m=3$ の場合). r が十分大きいところではベッセル関数は正弦関数に似たふるまいをすることが方程式の形からわかる. ただし W'/r の項が振動エネルギーを散逸させるため, 振幅は $r \to \infty$ のとき 0 に減衰する.

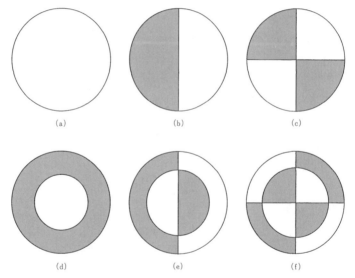

図 3.13 円板領域上の $-\Delta$ の固有関数の例. 陰影部は $\varphi < 0$ となる領域を表わす. (a), (d)は $m=0$, (b), (e)は $m=1$, (c), (f) は $m=2$.

もので尽くされる．対応する固有関数は，周囲が固定された円形の膜の固有
振動を記述するのに役立つ（§4.2(e)参照）．図3.13に固有関数の例をいくつ
か掲げた．

《まとめ》

3.1 ベクトル場が与えられると，そのスカラー・ポテンシャルやベクトル・
ポテンシャルを考えることができる．

3.2 重力場や静電場などのポテンシャルはラプラスの方程式（電荷のあるとき
は非斉次のポアソンの方程式）に従う．

3.3 ラプラシアンは回転不変性をもち，極座標となじみがよい．

3.4 調和関数の任意球面上の平均値は，その球の中心における値に一致する
（球面平均の定理）．逆にこの性質によって調和関数を完全に特徴づけることがで
きる．

3.5 定数でない劣調和関数は領域の境界でのみ最大値を達成する（強最大値原
理）．

3.6 Δ の基本解 $E(x)$（(3.50)式参照）は方程式 $\Delta E(x)=\delta(x)$ をみたす．基本
解を用いて，ポアソンの方程式の解の表示が得られる．

3.7 ディリクレ問題，ノイマン問題などの境界値問題の解は，グリーン関数
によって表示できる．

3.8 有界領域における $-\Delta$ の固有値は，可算無限個の非負実数からなる．矩
形領域や円形領域の場合に，固有値，固有関数の具体形を調べた．

─────── 演習問題 ───────

3.1 次のベクトル場のスカラー・ポテンシャルを求めよ．

（1）(yz, zx, xy)

（2）$((e^y+e^{-y})\cos x, (e^y-e^{-y})\sin x)$

3.2 xy 平面上の座標変換 $(x,y)\mapsto(x,-y)$ は，関数の調和性を保つ．このこ
とを利用して，上半平面 $y>0$ に対するグリーン関数を構成せよ．また，ポアソ

ン核に相当するものを求めよ. これを利用して, 半平面におけるディリクレ問題(3.62)の解で有界なものが次式で与えられることを示せ.

$$u(x,y) = \frac{y}{\pi} \int_{-\infty}^{\infty} \frac{\psi(\xi)d\xi}{(x-\xi)^2+y^2}$$

3.3 $v(x)$ を3次元領域上のベクトル場とし,

$$A(x) = -\int E(x-y)\,\mathrm{rot}\,v(y)dy$$

とおく. ここで $E(x-y)$ は Δ の基本解である. 以下を示せ.

(1) $\mathrm{div}\,A = 0$, $\Delta A = -\mathrm{rot}\,v$

(2) $\mathrm{rot}(v-\mathrm{rot}\,A) = 0$

　（ヒント. $\Delta B = \mathrm{grad}\,\mathrm{div}\,B - \mathrm{rot}\,\mathrm{rot}\,B$）

(3) 適当なスカラー関数 $\varphi(x)$ が存在して

$$v = \mathrm{grad}\,\varphi + \mathrm{rot}\,A$$

が成り立つ(ヘルムホルツの定理).

3.4 関数の調和性を保つ座標変換は, 2次元以外ではアフィン変換に限られることを次の順序で示せ.

(1) (3.42)の記号で $|\nabla F_k|^2 = \lambda$ とおくとき, $\Delta F_k = 0$ を用いて

$$n\frac{\partial \lambda}{\partial x_i} = 2\sum_{j,k=1}^{n} \frac{\partial}{\partial x_j}\left(\frac{\partial F_k}{\partial x_i}\frac{\partial F_k}{\partial x_j}\right)$$

$$n\Delta\lambda = 2\sum_{i,j,k=1}^{n}\left(\frac{\partial^2 F_k}{\partial x_i \partial x_j}\right)^2$$

を示せ.

(2)

$$\sum_{k=1}^{n}\frac{\partial F_k}{\partial x_i}\frac{\partial F_k}{\partial x_j} = \lambda\delta_{ij}$$

を示し, これを用いて

$$\frac{\partial \lambda}{\partial x_i} = \sum_{j,k=1}^{n}\frac{\partial}{\partial x_j}\left(\frac{\partial F_k}{\partial x_i}\frac{\partial F_k}{\partial x_j}\right)$$

を導け.

(3) (1),(2)より, $n \neq 2$ ならば $\lambda =$ 定数, $\partial^2 F_k/\partial x_i \partial x_j = 0$ を示せ.

3.5 領域 Ω 上のディリクレ境界条件下での $-\Delta$ の固有値を, 重複度に応じて重ねて数えたものを $\lambda_1 \leqq \lambda_2 \leqq \lambda_3 \leqq \cdots$ とする. このとき, 一般に

$$\lambda_k = O(k^{2/n}) \qquad (k \to \infty)$$

が成り立つことが知られている. Ω が一辺の長さ a の n 次元の立方体領域である場合に上の評価式を確かめよ. また, $k^{-2/n}\lambda_k$ が $k \to \infty$ のときどのような値に収束するかを考えよ.

3.6 ポアソンの公式(命題 3.42)を用いて, 系 3.27 および系 3.28 の別証明を与えよ.

3.7 平面上の外部問題
$$\Delta u = 0 \quad (|x| > 1), \qquad u(x) = x_1 \quad (|x| = 1)$$
を解け. ここで $x = (x_1, x_2)$ である.

3.8 Ω を $\mathbb{R}^n$ 内の有界領域とし, $0 < \lambda_1 \leqq \lambda_2 \leqq \lambda_3 \leqq \cdots$ を $-\Delta$ のディリクレ境界条件下での固有値とし, $\varphi_1(x), \varphi_2(x), \varphi_3(x), \cdots$ を対応する固有関数の列とする. ただし $\{\varphi_k(x)\}_{k=1}^{\infty}$ は正規直交系((3.79a), (3.79b)参照)をなすようにとっておく. このとき Δ のグリーン関数は以下で表わされることを形式的な議論によって示せ.

$$G(x, y) = -\sum_{k=1}^{\infty} \frac{1}{\lambda_k} \varphi_k(x)\varphi_k(y)$$

3.9 $\Omega, \lambda_k, \varphi_k(x)$ は前問同様とし, $a \geqq 0$ を定数とする. このとき境界値問題 $\Delta u - au = f \ (x \in \Omega), \ u = 0 \ (x \in \partial\Omega)$ の解は

$$u(x) = -\sum_{k=1}^{\infty} \frac{c_k}{\lambda_k + a} \varphi_k(x)$$

と固有関数展開されることを, 形式的に示せ. ただし c_k は f の固有関数展開 $f = \sum_k c_k\varphi_k$ の係数とする.

3.10 Ω を $\mathbb{R}^n$ 内の有界領域とし, $G(x, y)$ を Ω における Δ のグリーン関数とする. また, $U(x, y, t)$ をディリクレ境界条件下での熱伝導方程式 $\partial u/\partial t = \Delta u$ の基本解とする. このとき

$$G(x, y) = -\int_0^{\infty} U(x, y, t)dt \tag{3.86}$$

が成り立つことを次の 2 通りの方法で形式的に示せ.

(1) 右辺を $H(x, y)$ とおくとき
$$\Delta_x H(x, y) = \delta(x - y), \qquad H(x, y) = 0 \quad (x \in \partial\Omega, \ y \in \Omega)$$

(2) 公式(2.53)および問題 3.8 を用いて(3.86)を確かめよ.

3.11 Ω を $\mathbb{R}^n$ 内の有界領域とし, $u(x)$ を半線形方程式に対する境界値問題

$$\Delta u = g(u) \quad (x \in \Omega), \qquad u = 0 \quad (x \in \partial\Omega) \tag{3.87}$$

の解とする. ここで g は C^1 級の関数とする.

(1) $u(x)$ は次の積分方程式の解であることを示せ.

$$u(x) = \int_\Omega G(x,y)g(u(y))dy \tag{3.88}$$

(2) 逆に $\overline{\Omega}$ 上の連続関数 $u(x)$ が(3.88)をみたせば, u は Ω で C^2 級であり, 境界値問題(3.87) の解になっていることを示せ. (ヒント. 命題 3.33 を用いて, まず u が C^1 級になることを示せ.)

波と振動の方程式 4

　水の波や光の波，音の波や地震の波，雲の波に人の波，目には見えない電磁の波，…．私たちの身の周りには，実に多くの波があふれている．量子力学の立場では，万物が一種の波としてとらえられる．

　この章では，波のモデルの代表格である波動方程式をとりあげる．同じく時間変数を含む方程式であっても，波動方程式と熱伝導方程式とは際立って解のふるまいが異なっている．その点が本章でさまざまな角度から明らかにされる．なお，波動方程式では波は波長によらず一定の速度で進行するが，波長ごとに速度が異なる分散性の波についても触れる．

§4.1　波動方程式の初期値問題

　第1章で述べたように，未知関数 $u(x_1, x_2, \cdots, x_n, t)$ に対する次の形の偏微分方程式を(n 次元)**波動方程式**(wave equation)という．

$$\frac{1}{c^2}\frac{\partial^2 u}{\partial t^2} = \Delta u \qquad (4.1)$$

ここで $c>0$ は定数で，Δ はラプラス演算子 $\partial^2/\partial x_1^2 + \cdots + \partial^2/\partial x_n^2$ を表わす．(4.1)は，**ダランベールの演算子**(**ダランベルシアン**)と呼ばれる微分演算子

$$\Box = \Delta - \frac{1}{c^2}\frac{\partial^2}{\partial t^2} \qquad (4.2)$$

を用いて次のように書き表わすこともできる.

$$\Box u = 0 \qquad\qquad (4.1')$$

音波や真空中の電磁波は，波動方程式で記述される波の例である.

波動方程式に対する初期値問題は次の形に書かれる.

$$\frac{1}{c^2}\frac{\partial^2 u}{\partial t^2} = \Delta u \qquad (x \in \mathbb{R}^n,\ t \in \mathbb{R}) \qquad\qquad (4.3a)$$

$$u(x,0) = u_0(x), \quad \frac{\partial u}{\partial t}(x,0) = u_1(x) \qquad (x \in \mathbb{R}^n) \qquad (4.3b)$$

熱伝導方程式と異なり，波動方程式は時間変数 t について2階の方程式なので，初期値は u と $\partial u/\partial t$ の両方に対して与えなければならないことに注意しよう.

(a)　1次元波動方程式

初期値問題(4.3)は，空間次元が1のときは以下の形になる.

$$\frac{1}{c^2}\frac{\partial^2 u}{\partial t^2} = \frac{\partial^2 u}{\partial x^2} \qquad (x \in \mathbb{R},\ t \in \mathbb{R}) \qquad\qquad (4.4a)$$

$$u(x,0) = u_0(x), \quad \frac{\partial u}{\partial t}(x,0) = u_1(x) \qquad (x \in \mathbb{R}) \qquad (4.4b)$$

ここで初期値 $u_0(x), u_1(x)$ は $\mathbb{R}$ 上の関数である. §1.4(a)に述べたように，(4.4)の解は次の**ダランベールの公式**で与えられる.

$$u(x,t) = \frac{1}{2}\{u_0(x-ct) + u_0(x+ct)\} + \frac{1}{2c}\int_{x-ct}^{x+ct} u_1(y)dy \quad (4.5)$$

さて，$x \pm ct = a$（a は定数）の形の直線を，1次元波動方程式(4.4a)の**特性曲線**という（後述の注意4.8参照）. いま $P = (x_0, t_0)$ を xt 平面上の勝手な点とし，点 P を通る2本の特性曲線と x 軸との交点を Q, R とおく. (4.5)から明らかなように，点 P における u の値は，線分 QR 上での初期値 u_0, u_1 の値だけで決まる. 線分 QR に対応する $\mathbb{R}$ 上の区間 $[x_0 - ct_0,\ x_0 + ct_0]$ を，点 P における解 u の**依存領域**（domain of dependence）と呼ぶ（図4.1）. 後で述べるように，高次元波動方程式に対しても解の依存領域を考えることができ

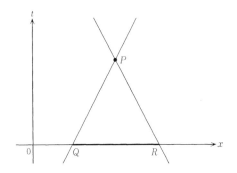

図 4.1　点 P における解の依存領域(線分 QR)

る(命題 4.5).

公式(4.5)から，以下の事実もわかる．図 4.3 のように，特性曲線を辺とする平行 4 辺形 $ABCD$ を xt 平面内に任意に描くと，

$$u(A) + u(C) = u(B) + u(D) \tag{4.6}$$

が成立する．逆に，(4.6)がつねに成立するような関数は，広義微分の意味で方程式(4.4a)をみたすことが証明できる(演習問題 5.3).

図 4.2 に，連続だが滑らかでない初期値や不連続な初期値から出発した解のふるまいを示した．この図からわかるように，初期値における特異点(角の部分や不連続点)は一定速度 c で左右に広がり，時間が経過しても消え去ることはない．この事実は，波動方程式が熱伝導方程式のような平滑化作用を持ち合わせていないことを示している．

問 1　ダランベールの公式を用いて(4.6)を示せ.

なお，ダランベールの公式から，1 次元の波動は x 軸の正と負の方向に一定速度 c で進行すると基本的には考えてよい．ただし次の例のように，特殊な初期値の場合には，伝播速度 c が表面上は見えないことがあるので注意を要する．

例 4.1　x 軸上を互いに逆方向に進む**進行波** $A \sin \omega(x - ct)$ と $B \sin \widetilde{\omega}(x +$

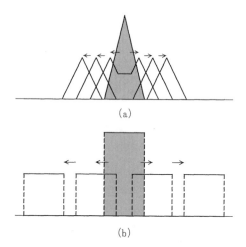

図 **4.2** 波動方程式の解. (a) 連続だが角の
ある場合, (b) 不連続な場合. いずれも陰影
部が初期値を表わす.

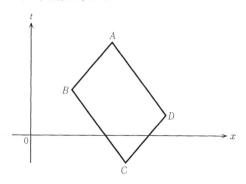

図 **4.3** 特性曲線を各辺にもつ平行 4 辺形

$ct)$ を合成すると, $A = B$, $\omega = \tilde{\omega}$ のときは

$$A \sin \omega(x - ct) + B \sin \tilde{\omega}(x + ct) = 2A \sin \omega x \cos \omega ct$$

という形になり, この関数は, おのおのの節が定点に静止したままでの振動
を表わす. このような運動を**定常波**と呼ぶ. $A \neq B$ あるいは $\omega \neq \tilde{\omega}$ のときは
どうなるかを各自考えてみよう. □

(b) 3次元波動方程式とホイヘンスの原理

未知関数 $u(x, y, z, t)$ に対する波動方程式の初期値問題は

$$\frac{1}{c^2} \frac{\partial^2 u}{\partial t^2} = \frac{\partial^2 u}{\partial x^2} + \frac{\partial^2 u}{\partial y^2} + \frac{\partial u^2}{\partial z^2} \tag{4.7a}$$

$$u(x, y, z, 0) = u_0(x, y, z), \quad \frac{\partial u}{\partial t}(x, y, z, 0) = u_1(x, y, z) \tag{4.7b}$$

という形に書かれる。以下、記号の簡略化のため、3次元の空間変数 (x, y, z) を $\boldsymbol{x}$ で表わすことにする。今、$\mathbb{R}^3$ 内の勝手な点 $\boldsymbol{x}_0 = (x_0, y_0, z_0)$ を固定し、

$$\tilde{u}(r, t) = \frac{1}{4\pi r^2} \int_{S_r(\boldsymbol{x}_0)} u(\boldsymbol{x}, t) dS_x \tag{4.8}$$

とおく。ここで $S_r(\boldsymbol{x}_0)$ は点 $\boldsymbol{x}_0$ を中心とする半径 r の球面であり、(4.8) の右辺の積分は球面 $S_r(\boldsymbol{x}_0)$ 上での面積分を意味する。すなわち、$\tilde{u}(r, t)$ は球面 $S_r(\boldsymbol{x}_0)$ 上での u の空間平均を表わす。公式(3.27)を用いた簡単な計算から

$$\frac{1}{c^2} \frac{\partial^2 \tilde{u}}{\partial t^2} = \frac{\partial^2 \tilde{u}}{\partial r^2} + \frac{2}{r} \frac{\partial \tilde{u}}{\partial r}$$

が導かれる。そこで $v(r, t) = r\tilde{u}(r, t)$ とおくと

$$\begin{cases} \dfrac{1}{c^2} \dfrac{\partial^2 v}{\partial t^2} = \dfrac{\partial^2 v}{\partial r^2} \\ v(r, 0) = r\tilde{u}_0(r), \quad \dfrac{\partial v}{\partial t}(r, 0) = r\tilde{u}_1(r) \end{cases} \tag{4.9}$$

が成り立つ。ただし $\tilde{u}_0(r), \tilde{u}_1(r)$ は(4.8)と同様に、それぞれ $u_0(\boldsymbol{x}), u_1(\boldsymbol{x})$ の $S_r(\boldsymbol{x}_0)$ 上での空間平均を表わす。これらは本来 $r > 0$ でのみ定義された関数であるが、いま

$$\tilde{u}(-r, t) = \tilde{u}(r, t), \quad \tilde{u}_i(-r) = \tilde{u}_i(r) \qquad (i = 0, 1) \tag{4.10}$$

として定義を $r < 0$ に拡張しておけば、(4.9)はすべての $(r, t) \in \mathbb{R}^2$ で成立することが確かめられる。したがってダランベールの公式により

$$v(r, t) = \frac{1}{2} \{ (r + ct)\tilde{u}_0(r + ct) + (r - ct)\tilde{u}_0(r - ct) \} + \frac{1}{2c} \int_{r-ct}^{r+ct} s\tilde{u}_1(s) ds$$

となる. 両辺を r で割って $r \to 0$ とすると, 左辺 $\to u(\boldsymbol{x}_0, t)$ であり, 一方 (4.10)に注意すると

$$\text{右辺} \to t\tilde{u}_1(ct) + \frac{\partial}{\partial t}\{t\tilde{u}_0(ct)\}$$

が導かれるので, 結局

$$u(\boldsymbol{x}_0, t) = \frac{1}{4\pi c^2}\left\{\int_{S_{ct}(\boldsymbol{x}_0)} \frac{u_1(\boldsymbol{x})}{t}\, dS_x + \frac{\partial}{\partial t}\int_{S_{ct}(\boldsymbol{x}_0)} \frac{u_0(\boldsymbol{x})}{t}\, dS_x\right\} \quad (4.11)$$

が成立する. これを**キルヒホフ(Kirchhoff)の公式**という.

公式(4.11)より, 点 $(\boldsymbol{x}_0, t)$ における u の値は, 球面 $S_{ct}(\boldsymbol{x}_0)$ 上での u_1, u_0, ∇u_0 の値だけから完全に定まる. とくに, この球面と初期値 u_1, u_0 の台が共通部分をもたなければ, $u(\boldsymbol{x}_0, t) = 0$ となることがわかる. したがって以下の命題が成り立つ.

命題 4.2 $u(\boldsymbol{x}, t)$ は初期値問題(4.7)の解で, その初期値はコンパクトな台をもつとする. この台を K で表わし,

$$K_t := \bigcup_{\boldsymbol{x} \in K} S_{ct}(\boldsymbol{x})$$

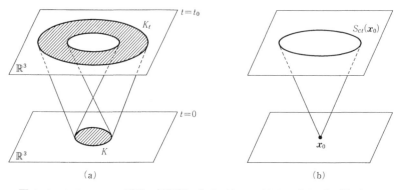

(a) (b)

図 4.4 ホイヘンスの原理. 初期値の台 K がコンパクトであれば, 解 $u(\boldsymbol{x}, t)$ の台は, 時間の経過とともに一定速度 c で外側に広がり, 中央部に $u = 0$ となる領域が出現して, これもまた一定速度 c で成長する. (b)は初期値が δ 関数の場合であり, このときは波動の全エネルギーが球面 $S_{ct}(\boldsymbol{x}_0)$ 上に局在する.

とおく（図4.4）．すると，$\boldsymbol{x} \notin K_t$ なら $u(\boldsymbol{x}, t) = 0$ が成立する．　　　　□

系4.3　u, K は命題4.2の通りとし，$\mathbb{R}^3$ 内に勝手に固定された点 $\overline{\boldsymbol{x}}$ から K の各点までの距離の最大値を M，最小値を m とおく．このとき，$0 \leqq t < m/c$ または $t > M/c$ なら $u(\boldsymbol{x}, t) = 0$ が成立する．　　　　□

命題4.2やその系を**ホイヘンス(Huygens)の原理**という．これは，まったく障害物のない3次元空間内で光や音を発したとき，定点での観測者にとっては，その光や音の効果が有限の時間内に完全に消滅することを物語っている．

（c）　2次元波動方程式

空間変数を x, y とおくと，初期値問題(4.3)は次の形に帰着する．

$$\frac{1}{c^2}\frac{\partial^2 u}{\partial t^2} = \frac{\partial^2 u}{\partial x^2} + \frac{\partial^2 u}{\partial y^2} \tag{4.12a}$$

$$u(x, y, 0) = u_0(x, y), \quad \frac{\partial u}{\partial t}(x, y, 0) = u_1(x, y) \tag{4.12b}$$

2次元の場合にはホイヘンスの原理が成り立たないことを以下示そう．独立変数 z を形式的に付け加えることにより，(4.12)の解は3次元波動方程式(4.7)の解と見なしてよい（$\partial u/\partial z \equiv 0$, $\partial u_0/\partial z \equiv 0$, $\partial u_1/\partial z \equiv 0$ とする）．よってキルヒホフの公式(4.11)が適用できる．ここで，u_0, u_1 が z に依存しない事実を用いて積分領域を円板 $D_{ct} = \{(x, y) \in \mathbb{R}^2 \mid (x - x_0)^2 + (y - y_0)^2 \leqq c^2 t^2\}$ の上の積分に直すことができる．球面上の面素 dS は図4.5より $dS = \dfrac{ct}{|z|}dxdy$ で与えられるので，(4.11)の右辺の積分は以下のように変形できる．

$$u(x_0, y_0, t) = \frac{1}{2\pi c}\left\{\int_{D_{ct}} \frac{u_1(x, y)dxdy}{\sqrt{c^2 t^2 - (x - x_0)^2 - (y - y_0)^2}}\right.$$
$$\left. + \frac{\partial}{\partial t}\int_{D_{ct}} \frac{u_0(x, y)dxdy}{\sqrt{c^2 t^2 - (x - x_0)^2 - (y - y_0)^2}}\right\} \tag{4.13}$$

これを**ポアソンの公式**という．したがって，2次元の場合は，$u(x_0, y_0, t)$ の値は円板 D_{ct} の境界だけでなく内部における初期値の値にも影響を受ける．

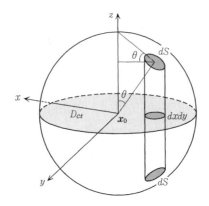

図 4.5 球面 $S_{ct}(\boldsymbol{x}_0)$ 上の面積分を円板 D_{ct} に射影する. 上半球(下半球)の面素 dS と xy 平面の面素 $dxdy$ との関係は $|\cos\theta|\cdot dS = dxdy\ (\cos\theta = z/ct)$ で与えられる.

このことから, 初期値の台がコンパクトであっても, 解 $u(x,y,t)$ の台には, 図 4.4(a)のような中空部は一般に生じない. ただし, 公式(4.13)から容易にわかるように, 台の中央付近における u の値は, $t\to\infty$ のとき少なくとも $1/t$ のオーダーで減衰する.

ホイヘンスの原理は, 一般に空間次元が奇数であれば成立し, 偶数であれば成立しないことが知られている. ただし, $n=1$ の場合は例外で, 初期値 u_0 が関わる部分についてはホイヘンスの原理が成立するが, u_1 が関わる部分については成立しないことが(4.5)からわかる.

  注意 4.4 1次元のダランベールの公式と違って, 2次元や3次元の解の表示式(4.13)や(4.11)には $u_0(\boldsymbol{x})$ の微分が現れる. 実際, 例えば(4.11)の右辺は

$$\frac{1}{4\pi c^2 t^2}\int_{S_{ct}(x_0)}\{tu_1(\boldsymbol{x})+u_0(\boldsymbol{x})+(\boldsymbol{x}-\boldsymbol{x}_0)\cdot\nabla u_0(\boldsymbol{x})\}dS_x \qquad (4.11')$$

と変形できる. このことに注意すると, 以下の事実がわかる.

$(n = 1 \text{ のとき})$　u_0 が C^2 級で u_1 が C^1 級 $\Longrightarrow u$ は C^2 級(すなわち古典解)

$(n \geqq 2 \text{ のとき})$　$\begin{cases} u_0 \text{ が } C^3 \text{ 級で } u_1 \text{ が } C^2 \text{ 級} \Longrightarrow u \text{ は } C^2 \text{ 級} \\ u_0, u_1 \text{ がともに } C^2 \text{ 級} \Longrightarrow u \text{ は } C^2 \text{ 級とは限らない} \end{cases}$

言いかえれば，波動方程式は熱方程式のような平滑化作用(§2.3(d)参照)を有しないばかりか，2次元以上の場合には，初期値がもつ滑らかさすら必ずしも保持できないのである．では，なぜこのようなことが $n \geqq 2$ の場合に起こるかというと，初期値の情報が各点から各方向に一定の速さで放射状に伝播する際，初期値の中で比較的滑らかさの悪い部分の情報が周囲から特定の点に集まる一種の'焦点効果'ともいうべき状況が，場所によっては生じ得るからである．

(d) 基 本 解

次の性質をもつ'関数' $W(x, t)$ を波動方程式(4.3)の**基本解**という．

$$\frac{1}{c^2}\frac{\partial^2 W}{\partial t^2} = \Delta W \qquad (x \in \mathbb{R}^n, \ t \in \mathbb{R}) \qquad (4.14\mathrm{a})$$

$$W(x, 0) = 0, \quad \frac{\partial W}{\partial t}(x, 0) = \delta(x) \qquad (x \in \mathbb{R}^n) \qquad (4.14\mathrm{b})$$

ここで $\delta(x)$ はディラックの δ 関数である．基本解が求まれば，(4.3)の解は

$$u(x, t) = \int_{\mathbb{R}^n} W(x - \xi, t)u_1(\xi)d\xi + \frac{\partial}{\partial t}\int_{\mathbb{R}^n} W(x - \xi, t)u_0(\xi)d\xi \quad (4.15)$$

で与えられる．実際，(4.15)が方程式(4.3a)をみたすことは，少なくとも形式的計算のレベルでは容易に確認でき，その方法も熱方程式の場合(§2.3(a)参照)とまったく同様である．また，初期条件(4.3b)がみたされることの確認も容易であるので省略する．(4.15)と公式(4.5), (4.13)を比較することにより，$n = 1, 2$ の場合の基本解が以下で与えられることがわかる．

・$n = 1 \Longrightarrow W(x, t) = \begin{cases} 1/2c & (|x| \leqq ct \text{ のとき}) \\ 0 & (\text{それ以外のとき}) \end{cases}$ $\qquad (4.16)$

$$
\cdot\, n = 2 \implies W(x,t) = \begin{cases} \dfrac{1}{2\pi c}\dfrac{1}{\sqrt{c^2t^2 - |x|^2}} & (|x| \leqq ct \text{ のとき}) \\ 0 & (\text{それ以外のとき}) \end{cases} \tag{4.17}
$$

問2 基本解(4.16)を用いて(4.15)がダランベールの公式(4.5)に一致することを確かめよ.

次に $n = 3$ の場合を考えよう. キルヒホフの公式(4.11)と(4.15)を比較すると, 基本解 $W(x,t)$ は任意の(連続)関数 $f(\xi)$ に対し

$$
\int_{\mathbb{R}^3} W(x-\xi,t)f(\xi)d\xi = \int_{|x-\xi|=ct} \frac{f(\xi)}{4\pi c^2 t} dS_\xi \tag{4.18}
$$

をみたすべきものである. 右辺の積分域は球面に限られているので

$$
W(x,t) = 0 \quad (|x| \neq ct \text{ のとき})
$$

$$
\int_{\mathbb{R}^3} W(x,t)dx = \int_{|x|=ct} \frac{dS_x}{4\pi c^2 t} = t
$$

となる. これから明らかに $W(x,t)$ は通常の意味の関数ではなく, 球面 $|x| = ct$ に「値」が集中した密度分布と考えられる. (4.18)の内容を, 「$W(x,t)$ は $|x| = ct$ に台をもち面密度 $1/4\pi c^2 t$ の特異測度である」と言い表わす. これは超関数の一種である(§5.4 参照).

熱伝導方程式の場合と違って, 波動方程式の基本解は時間が経過しても滑らかな関数にならないことに注意しよう. 次元によって基本解の形状は異なるが, いずれの場合も特異性は $n-1$ 次元球面 $|x| = ct$ の上にだけ現れている. このことは, 初期値における δ 関数の特異性が, ちょうど速度 c で周囲に伝播することを意味している.

(e) 平面波と球面波

以下しばらく3次元の波動方程式(4.7)について考える. 平面状の波面が一定方向に進行していく波を**平面波**と呼ぶ. 波の進行方向がちょうど x 軸の

向きに一致するように座標系を選んだ場合は，平面波は1変数関数 $h(r)$ を用いて $u(x,y,z,t)=h(x-ct)$ と表わされる．一般の場合は，波の進行方向の単位ベクトルを $\boldsymbol{\nu}$ とおくと，

$$u(\boldsymbol{x},t)=h(\boldsymbol{\nu}\cdot\boldsymbol{x}-ct) \qquad (4.19)$$

と表わされるのは容易にわかる．ここで $\boldsymbol{x}=(x,y,z)$ である．

　次に，波面が常に球対称である波を**球面波**と呼ぶ．この場合は2変数関数 $w(r,t)$ を用いて

$$u(\boldsymbol{x},t)=w(|\boldsymbol{x}|,t)$$

と書ける．これを(4.7)に代入し，公式(3.27)を適用すると，w は方程式

$$\frac{1}{c^2}\frac{\partial^2 w}{\partial t^2}=\frac{\partial^2 w}{\partial r^2}+\frac{2}{r}\frac{\partial w}{\partial r}$$

をみたすことがわかる．ここで $v=rw$ を新たな未知関数と考えると，上の方程式は1次元波動方程式

$$\frac{1}{c^2}\frac{\partial^2 v}{\partial t^2}=\frac{\partial^2 v}{\partial r^2}$$

に帰着する．よって $v(r,t)=h(r-ct)$ と表わされ，これより

$$u(\boldsymbol{x},t)=\frac{1}{r}h(r-ct) \qquad (\text{ただし } r=|\boldsymbol{x}|) \qquad (4.20)$$

を得る．ここで関数 h は任意でよい．ただしこれは波源から外に向かう外向波の場合であって，内向波の場合は $r-ct$ が $r+ct$ で置き換わる．

　この他，次の形に表示できる波も広義には**球面波**と呼ばれる．

$$u(\boldsymbol{x},t)=\varphi(\sigma)w(r,t)$$

ここで，(r,σ) は公式(3.27)で用いた座標である．上式を(4.7)に代入して公式(3.27)を適用すると

$$\frac{r^2}{w}\left(\frac{\partial^2 w}{\partial r^2}+\frac{2}{r}\frac{\partial w}{\partial r}-\frac{1}{c^2}\frac{\partial^2 w}{\partial t^2}\right)=\frac{-\Delta_S\varphi}{\varphi}$$

と変形できる．左辺は r,t のみに，右辺は σ のみに依存するので両者は定数でなければならない．この定数を λ とおくと以下が成り立つ．

$$\Delta\varphi+\lambda\varphi=0 \qquad (\sigma\in S) \qquad (4.21\mathrm{a})$$

$$\frac{1}{c^2}\frac{\partial^2 w}{\partial t^2} = \frac{\partial^2 w}{\partial r^2} + \frac{2}{r}\frac{\partial w}{\partial r} - \frac{\lambda}{r^2}w \tag{4.21b}$$

ここで S は単位球面を表わす．(4.21a) より，$\varphi(\sigma)$ は球面調和関数(§3.2(b)参照)である．その次数を k とおくと，$\lambda = k(k+1)$ となる．これを代入して(4.21b)を解くと以下が得られる(演習問題4.2)．

$$w(r,t) = r^k\left(\frac{1}{r}\frac{\partial}{\partial r}\right)^k\left[\frac{1}{r}h(r-ct)\right]$$

よって球面波(ただし外向波)は以下の形に書ける．

$$u(\boldsymbol{x},t) = P_k(\boldsymbol{x})\left(\frac{1}{r}\frac{\partial}{\partial r}\right)^k\left[\frac{1}{r}h(r-ct)\right] \tag{4.22}$$

ここで，$P_k(\boldsymbol{x}) = r^k\varphi(\sigma)$ は k 次の体球調和関数で，h は任意の滑らかな(C^{k+2}級の)関数である．

（f）　依存領域

これまでは波動方程式の解の具体形が直接計算できたので，解の存在や一意性を議論する必要性はなかったし，また，解の依存領域が何であるかも解の公式から一目瞭然であった．しかし，c が定数でない場合，すなわち非一様な媒質中での波の伝播を扱う際には，上のように便利な解の公式は一般に期待できない．そこで解の一意性の証明には，別の工夫が必要になる．以下ではエネルギーの概念を用いて，(4.3)の解の一意性の問題を改めて論じることにする．この方法は，c が定数でない場合にもそのまま拡張できる．

以下，再び n 次元変数 $(x_1, x_2, \cdots, x_n)$ を x で表わすことにする．xt 空間内に点 $P(x_0, t_0)\,(x_0 \in \mathbb{R}^n,\ t_0 \neq 0)$ を任意に選んで固定する．同様だから $t_0 > 0$ とする．さて，点 P を通る円錐面 $|x-x_0| = c(t_0-t)$ を考えよう．これを波動方程式の**特性錐**(characteristic cone)という．いま特性錐と超平面 $t=0$ で囲まれた閉領域を D とし，D の時刻 t における切断面を D_t とおく(図4.6)．すなわち

$$D = \{(x,t) \in \mathbb{R}^n \times \mathbb{R} \mid 0 \leq t \leq t_0,\ |x-x_0| \leq c(t_0-t)\}$$
$$D_t = \{x \in \mathbb{R}^n \mid |x-x_0| \leq c(t_0-t)\}$$

と定める. 今, D_t 上の**エネルギー**を以下で定義する.

$$E(t) = \frac{1}{2} \int_{D_t} \left\{ \frac{1}{c^2} \left(\frac{\partial u}{\partial t}(x,t) \right)^2 + |\nabla_x u(x,t)|^2 \right\} dx \qquad (4.23)$$

この両辺を t で微分してみよう.

$$\frac{d}{dt} E(t) = \int_{D_t} \left(\frac{1}{c^2} \frac{\partial u}{\partial t} \frac{\partial^2 u}{\partial t^2} + \nabla_x \frac{\partial u}{\partial t} \cdot \nabla_x u \right) dx$$
$$- \frac{c}{2} \int_{\partial D_t} \left\{ \frac{1}{c^2} \left(\frac{\partial u}{\partial t} \right)^2 + |\nabla_x u|^2 \right\} dS_x$$

右辺第1項の積分は, グリーンの定理(3.51b)により次のように変形できる.

$$\int_{D_t} \left(\frac{\partial u}{\partial t} \Delta u + \nabla_x \frac{\partial u}{\partial t} \cdot \nabla_x u \right) dx = \int_{\partial D_t} \frac{\partial u}{\partial t} \frac{\partial u}{\partial \nu} dS_x$$

ここで $\partial u/\partial \nu$ は n 次元領域 D_t の境界面 ∂D_t における外向き法線方向の微分を表わす. $|\partial u/\partial \nu| = |\boldsymbol{\nu} \cdot \nabla_x u| \leqq |\boldsymbol{\nu}||\nabla_x u| = |\nabla_x u|$ であるから,

$$上式の右辺 \leqq \int_{\partial D_t} \left| \frac{\partial u}{\partial t} \right| |\nabla_x u| dS_x$$

となり, これより以下が成立する.

$$\frac{d}{dt} E(t) \leqq -\frac{c}{2} \int_{\partial D_t} \left(\frac{1}{c} \left| \frac{\partial u}{\partial t} \right| - |\nabla_x u| \right)^2 dS_x \leqq 0 \qquad (4.24)$$

よって $E(t)$ は区間 $0 \leqq t \leqq t_0$ の上で単調非増大であり, また $E(t) \geqq 0$ も明らかである. したがって, もし $E(0) = 0$ であれば $E(t) = 0$ $(0 \leqq t \leqq t_0)$ となる. この場合, D 上で $\partial u/\partial t = |\nabla_x u| = 0$ が成り立つから, u は D 上で定数になることがわかる. 以上により, 次の命題が示された.

命題 4.5 $u(x,t)$ を初期値問題(4.3)の解とする. 領域 D_0 上で $u_0 = u_1 = 0$ が成り立てば, D 上いたるところで $u(x,t) = 0$ となる. □

系 4.6 $u(x,t), \tilde{u}(x,t)$ を, それぞれ初期値 u_0, u_1 および $\tilde{u}_0, \tilde{u}_1$ に対する(4.3)の解とする. もし D_0 上で $u_0(x) = \tilde{u}_0(x), u_1(x) = \tilde{u}_1(x)$ となるならば点 P で $u(x_0, t_0) = \tilde{u}(x_0, t_0)$ が成り立つ.

[証明] $w = u - \tilde{u}$ に命題4.5を適用すればよい. ∎

図4.6(a)に示した領域 D_0 を, 点 P における解 u の**依存領域**と呼ぶ. そ

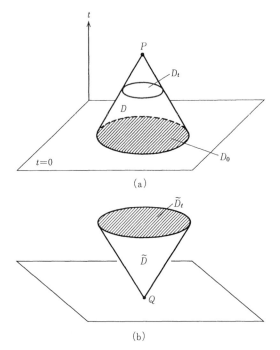

(a)

(b)

図 4.6 (a) P を通る特性曲線の全体がなす曲面族の内包は円錐面になる。D_0(斜線部)が点 P における解の依存領域。(b) 点 Q を通る未来方向の円錐 $\tilde{D}$。その時刻 t における切り口 $\tilde{D}_t$ が影響領域。

の意味は上述の系から明らかである。すなわち，$u(P)$ の値は，初期値の D_0 上での値だけから一意的に定まる。遠方における初期値の値が影響しないのは，初期値に関する情報がたかだか c の速さでしか伝わらないからである。見方を変えると，初期平面の 1 点 Q の微小近傍内で初期値 u_0, u_1 に変更を加えたとき，解 $u(x, t)$ の値は図 4.6(b) の円錐領域 $\tilde{D}$ にごく近い範囲でのみ影響を受ける。$\tilde{D}$ の切り口 $\tilde{D}_t$ を，点 Q が時刻 t で与える**影響領域**(domain of influence)という。

　上の議論は，変数係数の方程式

$$\frac{1}{c(x)^2}\frac{\partial^2 u}{\partial t^2} = \Delta u \qquad (4.25)$$

にもほとんどそのまま拡張できる. 例えば $n=1$ の場合を考えよう. 関数 $h_\pm(x)$ を $h'_\pm(x) = \mp\dfrac{1}{c(x)}$, $h_\pm(x_0) = t_0$ によって定める. このとき点 P を通る 2 本の曲線 $t=h_\pm(x)$ で囲まれる領域を D, その時刻 t での切り口を D_t とすれば, (4.23)を修正したエネルギー

$$E(t) = \frac{1}{2}\int_{D_t}\left(\frac{1}{c(x)^2}\left(\frac{\partial u}{\partial t}\right)^2 + |\nabla_x u|^2\right)dx \qquad (4.26)$$

の単調非増大性がまったく同様に導かれる(図 4.7).

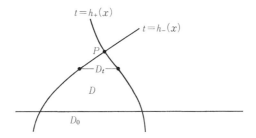

図 4.7 方程式(4.25)の依存領域 (D_0)

したがって命題 4.5 とその系がそのまま成り立つ. ここに依存領域 D_0 は D の x 軸による切り口である.

注意 4.7 点 P に対する依存領域は, 系 4.6 に示した性質をもつ $\mathbb{R}^n$ 内の領域のうち最小のものに一致する. これを依存領域の定義と考えてもよい.

注意 4.8 一般に, 微分演算子

$$Lu = \sum_{i,j=1}^{N}a_{ij}(x)\frac{\partial^2 u}{\partial x_i \partial x_j} + \sum_{i=1}^{N}b_i(x)\frac{\partial u}{\partial x_i} + c(x)u$$

に対して, $\mathbb{R}^N$ 内の滑らかな超曲面 $\varphi(x_1,\cdots,x_N)=0$ が L の**特性超曲面**であるとは, 各点で

$$\sum_{i,j=1}^{N}a_{ij}(x)\frac{\partial\varphi}{\partial x_i}\frac{\partial\varphi}{\partial x_j} = 0$$

が成り立つことをいう. ($N=2$ のときは特性曲線という.) 例えば(4.25)の場合

$(N=n+1)$, $t-h(x_1,\cdots,x_n)=0$ が特性超曲面とは

$$\frac{1}{c(x)^2} = \left(\frac{\partial h}{\partial x_1}\right)^2 + \cdots + \left(\frac{\partial h}{\partial x_n}\right)^2$$

が成り立つことである．上の図4.7の依存領域を定める2曲線は特性曲線に他ならない．とくに $c(x)=c$ が定数ならば，超平面 $t-t_0=\boldsymbol{a}\cdot(\boldsymbol{x}-\boldsymbol{x}_0)$（$\boldsymbol{a}$ は $|\boldsymbol{a}|=1/c$ をみたす定ベクトル）や特性錐 $\{(x,t)\in\mathbb{R}^{n+1}\,|\,|x-x_0|=c|t-t_0|\}$ は特性超曲面である．命題4.5の主張は，解に関する情報が伝播する速さが特性超曲面の傾きを超えないことを述べている．

（g）　非斉次方程式

次の形の方程式を考える．

$$\frac{1}{c^2}\frac{\partial^2 u}{\partial t^2} = \Delta u + f(x,t) \qquad (4.27)$$

ここで $f(x,t)$ は一種の外力を表わす項である．$u,\tilde{u}$ をともに(4.27)の解とすると，$w=\tilde{u}-u$ は斉次方程式(4.3a)をみたす．よって命題4.5の系は(4.27)に対してもそのまま成り立つ．これより初期値問題の解の一意性は保証される．

さて，(4.27)に初期条件(4.3b)を課した初期値問題を考える．とくに $u_0=u_1=0$ の場合は，ラグランジュの定数変化法の考え方((2.55)参照)を用いて

$$u(x,t) = \int_0^t \int_{\mathbb{R}^n} W(x-\xi,t-s)f(\xi,s)d\xi ds$$

という表示が得られる．この関数を $\overline{u}(x,t)$ とおくと，一般の解は

$$u(x,t) = \int_{\mathbb{R}^n} W(x-\xi,t)u_1(\xi)d\xi + \frac{\partial}{\partial t}\int_{\mathbb{R}^n} W(x-\xi,t)u_0(\xi)d\xi + \overline{u}(x,t)$$

$$(4.28)$$

と表わされる．

§4.2 境界のある領域上の波動方程式

（a） 境界条件

媒質が広がる空間領域を Ω とする．Ω が空間全体でなくその部分領域である場合，境界面の存在が波の運動に影響を及ぼす．どのような影響が生じるかは境界面の性質に依存し，この‘性質’は境界条件によって表現される．

とりあえず Ω は一般の n 次元領域とし，その境界 $\partial\Omega$ を S で表わそう．Ω の上で次の**初期境界値問題**（§1.4(c)参照）を考える．

$$\frac{1}{c^2}\frac{\partial^2 u}{\partial t^2} = \Delta u \qquad (x \in \Omega,\ -\infty < t < \infty) \qquad (4.29\mathrm{a})$$

$$u(x,0) = u_0(x), \quad \frac{\partial u}{\partial t}(x,0) = u_1(x) \qquad (x \in \Omega) \qquad (4.29\mathrm{b})$$

$$u(x,t) = 0 \qquad (x \in S,\ -\infty < t < \infty) \qquad (4.29\mathrm{c})$$

(4.29c)の形の境界条件は（斉次の）**ディリクレ境界条件**または**第1種境界条件**と呼ばれる．これに対し，次の形の境界条件

$$\frac{\partial u}{\partial \nu}(x,t) = 0 \qquad (x \in S,\ -\infty < t < \infty) \qquad (4.29\mathrm{c}')$$

は（斉次の）**ノイマン境界条件**または**第2種境界条件**と呼ばれる．ここで $\partial/\partial\nu$ は境界面 S 上での外向き法線方向の微分を表わす．

初期境界値問題(4.29)は，例えば何らかの壁面で囲まれた領域内での音波や電磁波のふるまいを記述する．また，$n=1$ や $n=2$ のときは，弦や膜の振動を記述する数理モデルにもなっている（§1.2(d)，§4.3(e)参照）．この場合 $u(x,t)$ は弦や膜の垂直変位を表わす．（水平方向の変位は無視できるものと仮定する．）ディリクレ境界条件は，弦や膜の縁が周囲に固定された状態——**固定端**——であることを表わし，ノイマン境界条件は，弦や膜の縁が張力に逆らわずに垂直方向に自由に上下できる状態——**自由端**——であることを表わす．

$\mathbb{R}^n\backslash\Omega$ が有界集合であるとき，Ω を**外部領域**という．これは，空間内に置

かれた障害物によって波のふるまいがどのような影響を受けるかを調べるときなどに用いられる。一般に，外部領域上で考えた偏微分方程式の境界値問題や初期境界値問題を，**外部問題**と総称する。

（b）　半無限区間上の波動方程式

　境界が波の運動に与える影響を調べるために，まず最も簡単な場合として半無限区間 $0 < x < \infty$ 上の波動方程式を考える。この場合(4.29)は

$$\frac{1}{c^2}\frac{\partial^2 u}{\partial t^2} = \frac{\partial^2 u}{\partial x^2} \qquad (0 < x < \infty,\ -\infty < t < \infty) \qquad (4.30\mathrm{a})$$

$$u(x,0) = u_0(x), \quad \frac{\partial u}{\partial t}(x,0) = u_1(x) \qquad (0 < x < \infty) \quad (4.30\mathrm{b})$$

$$u(0,t) = 0 \qquad (-\infty < t < \infty) \qquad\qquad (4.30\mathrm{c})$$

と書かれる。また，ノイマン境界条件の場合は(4.30c)は

$$\frac{\partial u}{\partial x}(0,t) = 0 \qquad (-\infty < t < \infty) \qquad\qquad (4.30\mathrm{c}')$$

で置き換えられる。

　第2章で扱った熱伝導方程式の場合と同様に，(4.30)の解も'折り返し法'によって容易に得られる。まず，初期値 $u_0(x), u_1(x)$ を $x \leqq 0$ の範囲では0の値をとるように $\mathbb{R}$ 全体に拡張したものを $\tilde{u}_0(x), \tilde{u}_1(x)$ と表わし，初期値問題

$$\begin{cases} \dfrac{1}{c^2}\dfrac{\partial^2 u}{\partial t^2} = \dfrac{\partial^2 u}{\partial x^2} & (-\infty < x < \infty,\ -\infty < t < \infty) \\[2mm] u(x,0) = \tilde{u}_0(x), \quad \dfrac{\partial u}{\partial t}(x,0) = \tilde{u}_1(x) & (-\infty < x < \infty) \end{cases} \qquad (4.31)$$

の解を $\tilde{u}(x,t)$ とおく。すると，初期境界値問題(4.30a), (4.30b), (4.30c)および(4.30a), (4.30b), (4.30c') の解は，それぞれ以下で与えられる。

$$u_D(x,t) = \tilde{u}(x,t) - \tilde{u}(-x,t) \qquad\qquad (4.32)$$

$$u_N(x,t) = \tilde{u}(x,t) + \tilde{u}(-x,t) \qquad\qquad (4.32')$$

実際, これらが方程式(4.30a)と初期条件(4.30b)をみたすのは明らかであり,

$$u_D(0,t) = \widetilde{u}(0,t) - \widetilde{u}(-0,t) = 0$$

$$\frac{\partial u_N}{\partial x}(0,t) = \frac{\partial \widetilde{u}}{\partial x}(0,t) - \frac{\partial \widetilde{u}}{\partial x}(-0,t) = 0$$

だから境界条件も満足される.

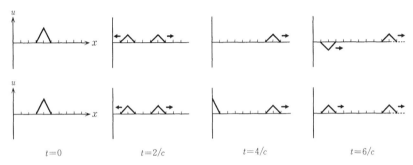

$t=0$ $t=2/c$ $t=4/c$ $t=6/c$

図 4.8　区間の端点での波の反射. 上段がディリクレ境界条件, 下段がノイマン境界条件の場合. ディリクレ境界条件の場合は, 波が反射する際に符号が逆転する. $t=3/c, 4/c, 5/c$ のときは, u_N は $x=0$ でノイマン境界条件をみたさないが, これは初期値における $\partial u/\partial x$ の不連続性が消えずに伝播して上記時刻に境界に達するためで, これらの時刻を除けば, 境界条件はつねにみたされる.

例 4.9　初期値が $u_0(x) = \max\{1-|x-4|, 0\}$, $u_1(x) = 0$ の場合, ダランベールの公式(4.5)より $\widetilde{u}$ は次の形に書ける.

$$\widetilde{u}(x,t) = \frac{1}{2}\max\Big\{1-|x-ct-4|, 0\Big\} + \frac{1}{2}\max\Big\{1-|x+ct-4|, 0\Big\}$$

よって $u_D(x,t)$ と $u_N(x,t)$ のふるまいは図4.8に示したようになる. 　　　□

(c) 基 本 解

§4.1 (d) で全空間 $\mathbb{R}^n$ 上の基本解を考えたが, 一般領域の上でも波動方程式の基本解を考えることができる. $\overline{\varOmega} \times \overline{\varOmega} \times \mathbb{R}$ 上で定義された '関数' $U(x,\xi,t)$

が初期境界値問題 (4.29) の**基本解**であるとは，以下がみたされることをいう．

$$\frac{1}{c^2}\frac{\partial U}{\partial t} = \Delta_x U \qquad (x \in \Omega,\ \xi \in \Omega,\ -\infty < t < \infty) \tag{4.33a}$$

$$U(x,\xi,0) = 0, \quad \frac{\partial U}{\partial t}(x,\xi,0) = \delta(x-\xi) \qquad (x \in \Omega,\ \xi \in \Omega) \tag{4.33b}$$

$$U(x,\xi,t) = 0 \qquad (x \in S,\ \xi \in \Omega,\ -\infty < t < \infty) \tag{4.33c}$$

ノイマン境界条件の場合は，(4.33c) が $\partial U/\partial \nu_x = 0$ で置き換えられる．

　上の基本解を用いると，(4.29) の解が

$$u(x,t) = \int_\Omega U(x,\xi,t)u_1(\xi)d\xi + \frac{\partial}{\partial t}\int_\Omega U(x,\xi,t)u_0(\xi)d\xi \tag{4.34}$$

と表示できることが，(4.15) と同じようにして確かめられる．また，非斉次方程式の解の表示式 (4.28) も今の場合にそのまま拡張される．

　基本解の具体形を求めるのは一般に容易ではない．しかし Ω が半空間の場合は，(b) で述べたのと同様の '折り返し法' によって基本解が簡単に求まる．今，$\Omega = \{(x_1,\cdots,x_n) \in \mathbb{R}^n \,|\, x_1 > 0\}$ とし，超平面 $x_1 = 0$ に関する x の鏡像を x^* とおく．すなわち

$$(x_1, x_2, \cdots, x_n)^* = (-x_1, x_2, \cdots, x_n)$$

とする．$W(x,t)$ を (4.14) で定まる $\mathbb{R}^n$ 上の基本解とすると，Ω 上の基本解は，ディリクレ境界条件とノイマン境界条件の場合にそれぞれ以下で与えられる．

$$U_D(x,\xi,t) = W(x-\xi,t) - W(x-\xi^*,t) \tag{4.35}$$

$$U_N(x,\xi,t) = W(x-\xi,t) + W(x-\xi^*,t) \tag{4.35'}$$

例 4.10　§4.1(d) で述べたように，$\mathbb{R}^3$ 上の基本解 $W(x,t)$ は球面 $|x| = ct$ 上に台をもつ特異測度である．したがって半空間 $\Omega = \{(x_1, x_2, x_3) \in \mathbb{R}^3 \,|\, x_1 > 0\}$ の上の基本解のふるまいは，図 4.9 で示したようになる．　　　　　　　□

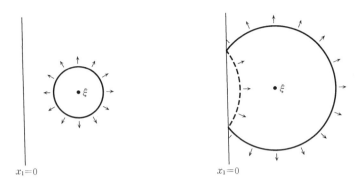

図 4.9 半空間上の 3 次元波動方程式の基本解のふるまい. 球面 $|x-\xi|=ct$ 上の特異測度が境界面 $x_1=0$ に到達すると反射されて戻ってくる(破線部分). ディリクレ境界条件の場合は反射された特異測度の符号は逆転する. ノイマン境界条件の場合は符号は変化しない.

(d) 依存領域と解のエネルギー

§4.1(f) で初期値問題の解の依存領域について述べたが, その概念は初期境界値問題の場合にもそのまま拡張される. D, D_t を §4.1(f) で定義した円錐領域とその断面とすると,

$$\widetilde{D} = \{(x,t) \in D \mid x \in \overline{\Omega}\}$$

$$\widetilde{D}_t = D_t \cap \overline{\Omega}$$

とおき(図4.10), $\widetilde{D}_t$ 上のエネルギーを

$$\widetilde{E}(t) = \frac{1}{2} \int_{\widetilde{D}_t} \left\{ \frac{1}{c^2} \left(\frac{\partial u}{\partial t}(x,t) \right)^2 + |\nabla_x u(x,t)|^2 \right\} dx$$

と定めれば, (4.24)と同様の計算により

$$\frac{d}{dt} \widetilde{E}(t) \leqq - \int_{\partial \widetilde{D}_t \setminus S} \left(\frac{1}{c} \left| \frac{\partial u}{\partial t} \right| - |\nabla_x u| \right)^2 dS_x \leqq 0$$

が得られる. 上式の積分で Ω の境界 S の部分が除外されているのは, この部分では $\partial \widetilde{D}_t$ が位置を変えないので

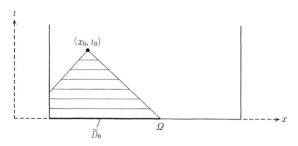

図 4.10 境界のある領域上での解の依存領域(太い線で示した部分)

$$\frac{d}{dt}\widetilde{E}(t) = \int_{\widetilde{D}_t}\left(\frac{1}{c^2}\frac{\partial u}{\partial t}\frac{\partial^2 u}{\partial t^2}+\nabla_x\frac{\partial u}{\partial t}\cdot\nabla_x u\right)dx$$

$$-\frac{c}{2}\int_{\partial\widetilde{D}_t\setminus S}\left\{\frac{1}{c^2}\left(\frac{\partial u}{\partial t}\right)^2+|\nabla_x u|^2\right\}dS_x$$

となること,および右辺第1項にグリーンの定理を適用して得られる境界積分の被積分関数 $\partial u/\partial t\cdot\partial u/\partial \nu$ が,境界条件(4.29c)や(4.29c′)のために S 上で0となるからである.以上より,命題4.5を拡張した以下の命題が得られる.

命題 4.11 $u(x,t)$ を初期境界値問題(4.29)の解とする.領域 $\widetilde{D}_0$ 上で $u_0 = u_1 = 0$ であれば,$\widetilde{D}$ 上いたるところで $u=0$ となる. □

$\widetilde{D}_0$ を,点 (x_0,t_0) における解の**依存領域**と呼ぶ.

次に,領域 Ω 全体での**エネルギー**を以下で定義しよう.

$$E_\Omega(t) = \frac{1}{2}\int_\Omega\left\{\frac{1}{c^2}\left(\frac{\partial u}{\partial t}\right)^2+|\nabla_x u|^2\right\}dx \qquad (4.36)$$

すると先程と同様の計算により,次式が成り立つことがわかる.

$$\frac{d}{dt}E_\Omega(t) = 0 \qquad (4.37)$$

よって $E_\Omega(t)$ の値は時間によらず一定である.これを**エネルギー保存則**という.(4.29)の解の一意性は,(4.37)からもただちに得られる.

注意 4.12 Ω が非有界の場合は,$E_\Omega(t)$ の値は必ずしも有限とは限らない.ま

た，特異性をもつ広義解を考える場合は，有界領域においてすら $E_\Omega(t) = \infty$ となることがあるので注意が必要である．$E_\Omega(t) < \infty$ をみたす解を**エネルギー・クラスの解**と呼ぶことがある．(4.37)を用いて証明される解の一意性は，あくまでもエネルギー・クラスの中での一意性にすぎない．

(e) 固有振動への分解

$x_1 x_2$ 平面上に単純閉曲線が与えられているとし，Γ で囲まれた $x_1 x_2$ 平面上の領域を Ω とおく(**単純閉曲線**とは，自己交叉しない閉曲線のことをいう)．周囲を曲線 Γ で固定された膜の振動の問題を考えよう．時刻 t，水平位置 $x = (x_1, x_2) \in \Omega$ における膜の垂直変位を $u(x, t)$ とすると，弦の振動の場合と同様，u は近似的に波動方程式

$$u_{tt} = c^2 \Delta u \qquad (x \in \Omega, \ t \in \mathbb{R}) \tag{4.38a}$$

をみたすことが知られている．これに以下の初期条件および境界条件が課せられる．

$$u(x, 0) = u_0(x), \ u_t(x, 0) = u_1(x) \quad (x \in \Omega) \tag{4.38b}$$

$$u(x, t) = 0 \qquad\qquad (x \in \Gamma, \ t \in \mathbb{R}) \tag{4.38c}$$

境界条件(4.38c)は，膜の周囲が曲線 Γ 上に固定されていることを表わす．すなわち，固定膜の振動の問題はディリクレ境界条件に対する初期境界値問題となる．

Ω が有界領域の場合は，初期境界値問題の解を固有関数展開で表わすことができる．方法は§2.3(b)で熱伝導方程式に対して述べたのと同じである．

簡単のため，ディリクレ境界条件の場合だけを考えよう．(ノイマン境界条件の場合も同様に扱える.)固有値問題

$$-\Delta \varphi = \lambda \varphi \qquad (x \in \Omega) \tag{4.39a}$$

$$\varphi = 0 \qquad (x \in \Gamma) \tag{4.39b}$$

の固有値を $0 < \lambda_1 < \lambda_2 \leqq \lambda_3 \leqq \cdots \to \infty$ とし，対応する固有関数を $\varphi_1, \varphi_2, \varphi_3, \cdots$ とおく．すると§2.3(b)および§1.5(d)と同様の議論により，(4.29)の解が

─── 太鼓の形が聞こえるか？ ───

　ドラムを叩いてみると，いくつかの異なった音が同時に出る．そしてそ
れぞれの音は一定の決まったピッチをもっている．これはどんな振動でも
固有振動の重ね合わせとして表わすことができるという事実の反映である．
どのような固有振動が実際に現れるかは，振動する物体（この場合はドラ
ムの皮）の大きさや形によって決まっている．

　では音の固有振動の組み合わせ（振動スペクトルという）だけを調べて，
音源の形についてどれだけの情報が得られるだろうか．すなわち，太鼓の
形が聞き分けられるか？　（Can one hear the shape of a drum?）これは
1966 年数学者マーク・カッツ（Mark Kac）によって取り上げられた有名な
問題である．

　一般に，外部からの入力に対して何らかの出力を返すブラックボックス
が与えられたとき，さまざまな入力値に対する出力値の観測データからこ
のブラックボックスの内部構造を決定する問題を，「逆問題」という．地震
が起こった時地球内部を伝わる音と岩石層による反響とから，地球の内部
構造について地震学者が多くの推測を得ているのはその一例である．CT
スキャナーなどの装置で人体内部を調べることも同じ範疇に属する．カッ
ツの問題は，このような測定がどこまでも正確にできるものとしたときに
物体が原理的に決定され得るかを問うものであり，数学的にはラプラシア
ンのスペクトル $0 < \lambda_1 \leqq \lambda_2 \leqq \lambda_3 \cdots$ から領域 Ω を求める問題として述べる
ことができる．

　すでに 1911 年ワイル（Weyl）は，スペクトルの分布から領域の面積が定
まることを証明した（演習問題 3.5 参照；ワイルの結果は一般の次元で成
り立つ）．その後，境界の長さや領域内の穴の数などの情報も決定できる
ことが示された．

　一方で，カッツの問題は一般の図形（多様体）に対しても定式化されたが，
同じスペクトルをもちながら多様体としては異なる例が次第に見いだされ
てきた．今日では，カッツの問に否定的な答を与えるごく簡単な平面領域
の例が知られている．

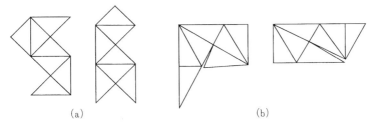

(a)

(b)

(a)に示した2つの領域は，異なる形であるがまったく「同じ音を出す」．
(b)に示した2領域についても同じことがいえる．

$$u(x,t) = \sum_{k=1}^{\infty} (\alpha_k \cos c\sqrt{\lambda_k}\,t + \beta_k \sin c\sqrt{\lambda_k}\,t)\varphi_k(x) \qquad (4.40)$$

と表示されることがわかる．ここで係数 α_k, β_k は初期値 u_0, u_1 によって定まる．係数を具体的に求めるには以下のようにする．まず，固有関数の列 $\{\varphi_k\}_{k=1}^{\infty}$ を正規直交系になるように選んでおく．すなわち

$$\int_{\Omega} \varphi_k(x)\varphi_l(x)dx = \begin{cases} 1 & (k = l\ \text{のとき}) \\ 0 & (k \neq l\ \text{のとき}) \end{cases}$$

が成り立つものとする（§3.6 参照）．(4.40)およびそれを t で微分したものの両辺に $\varphi_k(x)$ をかけて Ω 上で積分し，$t=0$ とおくと

$$\alpha_k = \int_{\Omega} u_0(x)\varphi_k(x)dx, \quad \beta_k = \frac{1}{c\sqrt{\lambda_k}}\int_{\Omega} u_1(x)\varphi_k(x)dx \qquad (4.41)$$

が得られる．公式(4.40), (4.41)は，§1.5(d)で述べた1次元の場合の一般化になっている．これは，Ω 内での一般の振動を**固有振動**の合成として表わすものである．各固有関数 φ_k の形状が，そのまま固有振動の様子を表わす（図3.13）．

さて，公式(4.40), (4.41)と(4.34)を比較することにより，基本解 $U(x,\xi,t)$ は次の形に展開されることがわかる．

$$U(x,\xi,t) = \sum_{k=1}^{\infty} \frac{1}{c\sqrt{\lambda_k}}\sin(c\sqrt{\lambda_k}\,t)\varphi_k(x)\varphi_k(\xi) \qquad (4.42)$$

　ところで第 k モードの固有振動は，(4.40)からわかるように $c\sqrt{\lambda_k}$ という振動数をもつ．k が大きくなるほどこの振動数は大きくなる．いわば，音のトーンは高くなる．$n=1$ の場合は $c\sqrt{\lambda_k}=ak$ である(a は区間 Ω の大きさに依存する定数)．これに対し，$n=2$ の場合は $c\sqrt{\lambda_k}=O(\sqrt{k})$ となる(演習問題 3.5)．よって，弦の音色は整数比をもつトーンの合成で表わされるのに対し，膜の音色の場合は，無理数比のトーンの合成になり，しかもわずかずつ異なるトーンが高音域で密集している．太鼓などの音が弦の音色よりも鈍く，ときには濁ったように聞こえるのは，このような事情によるのかも知れない．

§4.3　分散性の波と非分散性の波

　これまで得られた結果からわかるように，波動方程式で記述される波は，通常，一定の速さ c で進行する．この事実をもう一度復習するために，典型的な場合として次の形の正弦波を考えよう．

$$u(x,t) = \cos(kx - \omega t) \tag{4.43}$$

ここで k は**波数**，ω は**振動数**と呼ばれる定数で，$2\pi/k$ が波の空間方向の波長を，$2\pi/\omega$ が時間方向の周期を表わしている．また，ω/k は上の波の**位相速度**と呼ばれ，波が進行する速さを表わす．(4.43)が波動方程式(4.3a)の解であるための必要十分条件は，

$$\frac{\omega}{k} = (位相速度) = c \tag{4.44}$$

が成り立つことである．すなわち，位相速度は波数に依存しない．

　次に，量子力学における基礎方程式である**シュレディンガー方程式**

$$i\frac{\partial u}{\partial t} = -\frac{\partial^2 u}{\partial x^2} \tag{4.45}$$

について考えてみよう．この場合，u は複素数値の未知関数であるので，扱う正弦波も(4.43)の代わりに次の形のものを考える．

$$u(x,t) = \exp(i(kx - \omega t)) \tag{4.43'}$$

これが方程式(4.45)をみたすための必要十分条件は $\omega = k^2$ が成り立つことであり，これより位相速度は

$$\frac{\omega}{k} = k \tag{4.46}$$

に等しいことがわかる．よって，この場合は位相速度は波数に比例して増大する．このように，位相速度が波数に応じて異なる値をとるとき，この波（あるいは媒質）は**分散性**(dispersive)であるという．これに対し，波動方程式が記述する波のように，位相速度が波数によらず一定である場合は，この波（あるいは媒質）は**非分散性**(non-dispersive)であるという．

　電磁波や音の波は，波動方程式で記述されるから非分散性の波である．ただし，電磁波は本来マクスウェル方程式で記述されるものであり，これが波動方程式に帰着するのは，あくまで真空中で電荷がないという仮定下のことである．真空でない媒質中では電磁波も分散性を有し得る．例えば太陽光線をプリズムに通すと色収差が現れるが，これはガラスの屈折率が光（電磁波）の波長によってわずかに異なるからである．しかるに屈折率はガラスの中の光速と真空中（あるいは大気中）の光速の比で決まる．詳しくいうと，ガラスに射し込む光の入射角を θ_1，屈折角を θ_2 とおくと，よく知られているように

$$\frac{\sin\theta_2}{\sin\theta_1} = \frac{c_2}{c_1}$$

が成り立つ．ここで c_1, c_2 はそれぞれ真空中およびガラスの中の光速である．よって，波長によって屈折率が異なるということは，c_2 の値が波長に依存す

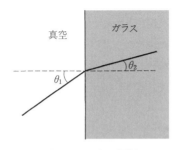

図4.11　光の屈折

ることを示しており(c_1 の値は波長に依存しない），光もガラスのような物体の中では分散性をもつことがわかる．

　分散性の波の他の例として以下のものを掲げておこう．

　例4.13（水の波）　ひとくちに '水の波' といっても，さざなみから津波まで，さまざまな種類のものがあり，その性質も大きく異なっている．例えば波長が水深 h に比べて極端に大きく，上下方向の加速度が重力加速度 g に比べて無視できるほど小さい，いわゆる '長い波' の場合は，そのふるまいは $c = \sqrt{gh}$ とおいた波動方程式で近似的に記述できることが知られている．これに対し，水深が波長と同程度か，それより深い場合は，波を生じる水の運動は主として水面の近くでのみ起こることが知られており，これを '表面波' と呼ぶ．表面波が分散性を有することを，振幅が '無限小' であるという設定のもとに示そう（図4.12）．

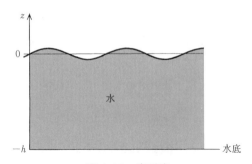

図4.12　表面波

　z 軸を鉛直上向きにとり，水が存在する領域を $-h < z < 0$ の範囲とする．$z = 0$ が水面を，$z = -h$ が水底を表わす．（水面では波が生じているが，その振幅が '無限小' であるため，水面の形状は通常のスケールで観察すると上のように平坦になる．）さて，簡単のため，y 軸方向の運動はないものとし，xz 平面上の帯状領域 $-h < z < 0$ における2次元流体の運動を以後考える．時刻 t におけるこの流れの速度ポテンシャル（§3.1(d)参照）を $\Phi(x, z, t)$ とすると，微小運動であるとの仮定のもとに，Φ は近似的に以下の方程式と境界条

件をみたすことが示される.

$$\begin{cases} \dfrac{\partial^2 \Phi}{\partial x^2} + \dfrac{\partial^2 \Phi}{\partial z^2} = 0 \quad (-h < z < 0, \ x \in \mathbb{R}, \ t \in \mathbb{R}) \\[3mm] \dfrac{\partial \Phi}{\partial z}(x, -h, t) = 0, \quad \dfrac{\partial^2 \Phi}{\partial t^2}(x, 0, t) + g\dfrac{\partial \Phi}{\partial z}(x, 0, t) = 0 \quad (x \in \mathbb{R}, \ t \in \mathbb{R}) \end{cases}$$

$$(4.47)$$

また,このとき水面での波の高さは $\dfrac{\partial \Phi}{\partial t}(x, 0, t)$ で与えられる.この Φ や $\dfrac{\partial \Phi}{\partial t}$ も '微小量' であるのはいうまでもない.今,

$$\Phi(x, z, t) = f(z)\cos(kx - \omega t)$$

の形の関数で(4.47)をみたすものを求めると,簡単な計算から

$$f(z) = A\cosh k(z + h) \quad (A \text{ は任意定数})$$

となること,および係数の間に $\tanh kh = \dfrac{\omega^2}{kg}$ という関係があることが示される.これより,位相速度は

$$c = \frac{\omega}{k} = \sqrt{\frac{g}{k}\tanh kh} = \sqrt{\frac{g(1 - e^{-2kh})}{k(1 + e^{-2kh})}} \qquad (4.48)$$

で与えられる.水面での波の高さは

$$A\omega \cosh kh \sin(kx - \omega t) \qquad (4.49)$$

となる.(4.48)と(4.49)から,この波が分散性であることがわかる. $\square$

例 4.14(KdV 方程式) 次の形の方程式は**コルテヴェーク–ド・フリース**(Korteweg-de Vries)**方程式**(**KdV 方程式**)と呼ばれ,そもそもある種の浅水波の挙動を記述するために考案されたものであるが,近年では場の量子論をはじめ,他の物理学,数学との関連で,その重要性が再認識されている.

$$\frac{\partial u}{\partial t} + u\frac{\partial u}{\partial x} = -\mu\frac{\partial^3 u}{\partial x^3} \qquad (x \in \mathbb{R}, \ t \in \mathbb{R}) \qquad (4.50)$$

この方程式は,形状が安定な孤立波(ソリトン)をもつことで知られている(演習問題 4.3 参照).ここでは,孤立波よりずっと小さな '無限小振幅' の波に分散性が認められることを示そう.

振幅が微小であるので,2 次の項は無視でき,(4.50)は線形方程式

$$\frac{\partial u}{\partial t} = -\mu \frac{\partial^3 u}{\partial x^3} \tag{4.51}$$

に帰着する．(4.51)の解で $\sin(kx-\omega t)$ の形のものを求めると，位相速度は

$$c = \frac{\omega}{k} = -\mu k^2 \tag{4.52}$$

で与えられることがわかる．よってこの波は分散性である．　　　　　□

KdV 方程式と可積分系

　KdV 方程式の非線形項 uu_x を無視したものは分散性の波を表わし，波は崩れていく傾向をもつ．逆に分散項 μu_{xxx} を無視するとバーガーズ方程式 $u+uu_x=0$ が得られるが，この方程式では一般に有限の時間内に波の「突っ立ち」が起こる(衝撃波解)．よく知られているように，KdV 方程式には非常に安定な孤立波が現れるが，これは分散項と非線形項のもつ相反する傾向がうまくバランスしているためと考えられる．

　1960 年代の半ば頃，コンピュータが実用になり始め，KdV 方程式を数値的に解く試みがなされた．これが契機になって，KdV 方程式には厳密解の無限系列があることが発見された．この解は，十分過去 $t \ll 0$ においていくつかの孤立波が重ね合わせられたような形をしている．時間が経つにつれて，これらの孤立波は互いに衝突や追突を起こし，いったんは形を崩すのだが，長い時間の経過後には何事もなかったように再び自己の独自性を回復していく．この安定性があたかも粒子のごとくであることから，孤立波はソリトンと名づけられた．N 個の孤立波を含む解を N ソリトン

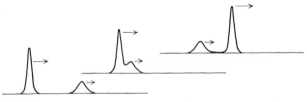

　2 ソリトン解．高さの高い波ほど速く進み，有限時刻で追突が起こるが，その後は再び孤立波の形が回復される．

解と呼ぶ. 通常非線形方程式に厳密解が見つかることは稀である. また非線形の場合には重ね合わせの原理は成り立たず, 1ソリトン解の単純和を作っても解にはならない. その意味でこれは大変意外な発見であった.

ソリトンの発見が動機となって, その後多くの厳密解をもつ方程式が続々と発見されるようになった. これらの方程式はある意味で完全に解ける方程式であることが明らかにされ,「可積分系」と呼ばれる. 可積分系の研究が数学の多くの話題と結びつき, 忘れられていた古典数学の再生を促した経緯については本シリーズ『現代数学の流れ1』所収「よみがえる19世紀数学」を参照していただきたい.

KdV方程式やその仲間の可積分な方程式の形を眺めていても, それだけではこれらのもつ特別な性質は見えてこない. しかしその背後には, 実は巨大な対称性が隠れているのである. 例えば球面の点は回転で互いに移り合い, どの点も平等である. ちょうどそのように, 可積分系の解全体はきわめて対称性の高い「図形」——しばしば無限次元の——を作っていることがその後の研究で明らかにされた. 今日では, この対称性が「可積分」性の源であると理解されている.

《まとめ》

4.1 波動方程式の初期値問題は, 解の表示が具体的に与えられる(ダランベール, ポアソン, キルヒホフの公式).

4.2 初期値の情報は有限の速さで空間内に伝播してゆく. ある時刻での解は, 初期時刻における有限の領域(依存領域)内での値から決定される.

4.3 初期値問題(ないし初期境界値問題)の解の一意性を論じるには, 解のエネルギーの概念が有効である.

4.4 分散性をもつ波について触れた.

──────── 演習問題 ────────

4.1 $u(x,t)$ を方程式 $u_{tt}+u_t=c^2u_{xx}$ $(x\in\mathbb{R},\ t\in\mathbb{R})$ の解で, 各時刻において x

軸上で有界な台をもつものとする. 以下を示せ.

(1)

$$E(t) = \int_{-\infty}^{\infty} \left(\frac{1}{2} u_t^2 + \frac{c^2}{2} u_x^2 \right) dx, \qquad a(t) = \frac{1}{2} \int_{-\infty}^{\infty} u^2 dx$$

とおくと,　$2E'(t) + a''(t) = -(2E(t) + a'(t))$　が成り立つ.　したがって適当な定数 A が存在して $2E(t) + a'(t) = Ae^{-t}$ となる.

(2) $t \to \infty$ のとき,　$a(t)$ の値は有界な範囲にとどまる.

(3) $E'(t) \leqq 0$ が成り立つ.　よって $E(t)$ は単調減少である.

(4) $t \to \infty$ のとき $E(t) \to 0$ が成り立つ.

4.2 　広義の球面波の一般形が(4.22)の形に書けることを示せ.　(ヒント. k に関する数学的帰納法を用いよ.)

4.3

(1) 関数 $u(x,t) = h(x - ct)$ が KdV 方程式 $u_t + uu_x = -\mu u_{xxx}$ の解であるためには, 関数 h はどのような常微分方程式をみたさねばならないか.　また, その常微分方程式の解で, $h(z) \to 0 \ (z \to \pm\infty)$ をみたすものが存在するかどうか考えよ.　(h がこの条件をみたすとき, 上の形の解は**孤立進行波**と呼ばれる.)

(2) $h(x - ct)$ が上の KdV 方程式の解であれば, $\alpha^2 h \big(\alpha(x - \alpha^2 ct) \big)$ もまた解であることを確かめよ.　このことから, '高さ' の高い(あるいは '幅' の狭い)孤立進行波ほど速く進むことを示せ.

4.4 　付録 A の(A.4)で扱った準線形の方程式

$$(c^2 - u^2)\varphi_{xx} - 2uv\varphi_{xy} + (c^2 - v^2)\varphi_{yy} = 0$$

(ただし $u = \varphi_x$, $v = \varphi_y$)を, ルジャンドル変換(演習問題 1.8)を用いて線形の方程式に書き替えよ.　(ヒント. $\psi = xu + yv - \varphi$ を新たな未知関数, u, v を新たな独立変数と見なし, 関係式

$$\begin{pmatrix} \psi_{uu} & \psi_{uv} \\ \psi_{uv} & \psi_{vv} \end{pmatrix} = \begin{pmatrix} \varphi_{xx} & \varphi_{xy} \\ \varphi_{xy} & \varphi_{yy} \end{pmatrix}^{-1}$$

を用いよ.　このように, 流体力学の方程式において速度成分を座標変数と見立てて解を表示する方法を**ホドグラフ法**と呼ぶ.)

4.5 　上で得られた方程式を, uv 平面上の極座標 (q, θ) を用いて表わせ.　また, これをさらに変形して次の形の方程式を導け: $\psi_{XX} - K(X)\psi_{\theta\theta} = 0$.

超関数と広義解

5

これまで見てきたように，微分方程式の研究においては基本解のように特異性をもった関数がしばしば重要な役割を果たす．これらは必ずしも微分可能ではなく，場合によっては通常の関数の枠すらはみだしていることもある．こうした対象に合理的な意味づけを与えるのが「超関数」の考え方である．超関数の導入によって微分の演算が自由に行なえるようになり，微分方程式の取り扱いは見通しのよいものになる．

§5.1 テスト関数と観測値

微分方程式においては必ずしも滑らかでない関数 $f(x)$ をしばしば考えに入れる必要が生じる．このような場合にもその導関数 $f'(x), f''(x), \cdots$ に何らかの意味を与えることができれば都合がよい．

実軸 $\mathbb{R}$ 上で定義された連続関数 $f(x) = \max\{x, 0\}$ を例にとって観察してみよう．$f(x)$ の導関数

$$H(x) = \begin{cases} 1 & x \geqq 0 \\ 0 & x < 0 \end{cases}$$

はヘヴィサイド（Heaviside）関数と呼ばれる（正確には $f'(0)$ は定義されていない）．この関数をさらに微分してみよう（図 5.1）．

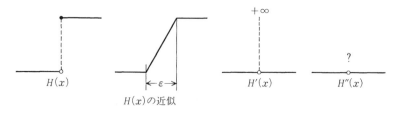

$H(x)$ の近似

図 5.1 ヘヴィサイド関数とその微分

$x \neq 0$ においては $H(x)$ は定数であるから $H'(x) = H''(x) = \cdots = 0$ となるが, 問題は $x = 0$ にある. 図 5.1 の点線のように少し修正した関数の極限が $H(x)$ であると見なせば, $H'(0) = \lim_{\varepsilon \searrow 0} 1/\varepsilon = \infty$ であると考えられないこともない. しかし $H''(0)$ となるともはやつかみどころがなくなる. そもそも $H'(x)$ と $H''(x)$ とは $x = 0$ を除いて一致しており, これらが異なる関数なのかどうかもはっきりしない.

各点各点で値が確定するものが関数であるという素朴な見方では, このように導関数を考えようとすると困難が伴う. しかし以下に述べるような発想の転換によって, $H'(x)$ と $H''(x)$ は明確に識別することができるのである.

いま $\mathbb{R}$ 上定義された関数 $\varphi(x)$ であって,

（ i ）　何回でも微分可能

（ ii ）　ある有限区間 $[a, b]$ の外では $\varphi(x) \equiv 0$

の 2 条件をみたすもの全体を考え, これを記号 $\mathcal{D}(\mathbb{R})$ で表わそう. (§2.2 の注意 2.3 を用いると性質(ii)は $\mathrm{supp}\,\varphi \subset [a, b]$ と表わせる. 区間 $[a, b]$ は $\varphi(x)$ ごとに異なってよい.) (i), (ii)をみたす関数を**テスト関数**(test function)と呼ぶ. 関数 $f(x)$ に対して, テスト関数との積の積分を

$$\langle f, \varphi \rangle = \int_{-\infty}^{\infty} f(x)\varphi(x)dx$$

と書き, ここだけの用語であるが, これを($f(x)$ の $\varphi(x)$ による)観測値ということにしよう.

さて, ヘヴィサイド関数の微分が何らかの意味で定義されたものとして, その観測値を考えてみよう. $\varphi(x)$ をテスト関数として, 形式的に部分積分を

用いると

$$\langle H', \varphi \rangle = \int_{-\infty}^{\infty} H'(x)\varphi(x)dx$$

$$= [H(x)\varphi(x)]_{-\infty}^{\infty} - \int_{-\infty}^{\infty} H(x)\varphi'(x)dx$$

$$= -\int_{0}^{\infty} \varphi'(x)dx$$

$$= \varphi(0) \tag{5.1}$$

を得る. ここでテスト関数の性質(ii)により境界の項 $[\cdots]_{-\infty}^{\infty}$ は 0 になること を用いた. 同様に形式的な計算を進めると,

$$\langle H'', \varphi \rangle = \int_{-\infty}^{\infty} H''(x)\varphi(x)dx$$

$$= [H'(x)\varphi(x)]_{-\infty}^{\infty} - \int_{-\infty}^{\infty} H'(x)\varphi'(x)dx$$

$$= -[H(x)\varphi'(x)]_{-\infty}^{\infty} + \int_{-\infty}^{\infty} H(x)\varphi''(x)dx$$

$$= \int_{0}^{\infty} \varphi''(x)dx$$

$$= -\varphi'(0) \tag{5.2}$$

となる. テスト関数をいろいろ取り替えて考えれば観測値(5.1),(5.2)は明らかに一般に異なるから, $H'(x)$ と $H''(x)$ は異なる関数を表わしていると考えられる.

§5.2 連続関数の導関数

上の考察の要点は, 関数 $f(x)$ の個々の点における値を問題にする代わりに, 観測値の全体 $\{\langle f, \varphi \rangle\}_{\varphi \in \mathcal{D}(\mathbb{R})}$ に注目することにあった. 一般に部分積分を繰り返し行なえば, m 階導関数 $f^{(m)}(x)$ の観測値は

$$\int_{-\infty}^{\infty} f^{(m)}(x)\varphi(x)dx = [f^{(m-1)}(x)\varphi(x)]_{-\infty}^{\infty} - \int_{-\infty}^{\infty} f^{(m-1)}(x)\varphi'(x)dx$$

$$= \cdots\cdots$$

$$= (-1)^m \int_{-\infty}^{\infty} f(x)\varphi^{(m)}(x)dx$$

$$= (-1)^m \langle f, \varphi^{(m)} \rangle \tag{5.3}$$

で与えられる. 上の変形は $f(x)$ が C^m 級という前提の下に行なったもので
あるが, (5.3)の最後の2式に着目すると, これは $f(x)$ が滑らかでなくても
例えば連続でありさえすれば, 連続関数の(実質上有限区間における)積分と
して確定することに注意しよう.

いまテスト関数に観測値を対応させる写像を

$$T_f : \mathcal{D}(\mathbb{R}) \longrightarrow \mathbb{R}, \qquad \varphi \mapsto \langle f, \varphi \rangle$$

で表わそう. これは関数に実数値を対応させる, いわゆる汎関数である.「変
分法の基本補題」(『力学と微分方程式』定理5.13 および注意5.16)を言いか
えると, 次のことがわかる.

補題5.1 $\mathbb{R}$ 上の連続関数 $f(x), g(x)$ について $T_f = T_g$ が成り立つのは恒
等的に $f(x) = g(x)$ となる場合に限る. ☐

この事実から, 関数 $f(x)$ を与えることと汎関数 T_f を与えることは同等
であると考えることができる. そこで, 連続関数 $f(x)$ の導関数 $f^{(m)}(x)$ を,
(5.3)で定まる汎関数

$$T_f^{(m)} : \mathcal{D}(\mathbb{R}) \longrightarrow \mathbb{R}, \qquad \varphi \mapsto (-1)^m \langle f, \varphi^{(m)} \rangle \tag{5.4}$$

によって定義しようというのが超関数の考え方である. 詳しいことは改めて
次節で述べる. その準備として, ここでは汎関数(5.4)のもっている特徴を
調べておこう.

$T = T_f^{(m)}$ とおくと, これは明らかに線形な汎関数である.

$$T(\lambda\varphi + \mu\psi) = \lambda T(\varphi) + \mu T(\psi) \qquad (\lambda, \mu \in \mathbb{R}, \ \varphi, \psi \in \mathcal{D}(\mathbb{R}))$$

のみならず, 次の意味の連続性が成り立つ: もしテスト関数の列 $\{\varphi_n(x)\}_{n=1}^{\infty}$
が n に無関係な $[a, b]$ に対して $\operatorname{supp} \varphi_n \subset [a, b]$ をみたし, かつ $m = 0, 1, 2, \cdots$
について $\varphi_n^{(m)}(x) \to 0$ が $[a, b]$ 上で一様収束の意味で成り立つとすれば,
$T(\varphi_n) \to 0$ となる. 実際, 連続関数の一様収束列については積分と極限
の順序を交換できるので

$$\lim_{n\to\infty}\int_a^b f(x)\varphi_n^{(m)}(x)dx = \int_a^b f(x)\lim_{n\to\infty}\varphi_n^{(m)}(x)dx = 0$$

となる.

これらの性質を念頭において, 次節で超関数を導入する.

§5.3 ℝ上の超関数

まず用語を準備しておこう. テスト関数の列 $\{\varphi_n(x)\}_{n=1}^\infty$ が次の2条件を
みたすとき, $\mathcal{D}(\mathbb{R})$ の意味で $\varphi_n(x)\to 0$ が成り立つ, という.

（ⅰ） n に無関係な区間 $[a,b]$ があって $\operatorname{supp}\varphi_n\subset[a,b]$

（ⅱ） すべての $m=0,1,2,\cdots$ に対して $\varphi_n^{(m)}(x)$ は $[a,b]$ 上で 0 に一様収束
する

定義5.2 $\mathcal{D}(\mathbb{R})$ 上の汎関数 $T:\mathcal{D}(\mathbb{R})\longrightarrow\mathbb{R}$ が

線形性 $T(\lambda\varphi+\mu\psi)=\lambda T(\varphi)+\mu T(\psi)\ (\lambda,\mu\in\mathbb{R},\ \varphi,\psi\in\mathcal{D}(\mathbb{R}))$

連続性 $\mathcal{D}(\mathbb{R})$ の意味で $\varphi_n(x)\to 0$ ならば $T(\varphi_n)\to 0$

をみたすとき, T を**超関数**(distribution)と呼ぶ. □

すでに述べたように, 連続関数の観測値 $T_f(\varphi)=\langle f,\varphi\rangle$ は上の定義の意味
で超関数になる. 逆に T_f を与えれば連続関数 $f(x)$ が決定されるので, 今後
$f(x)$ と T_f は同一視する. この立場に立てば, $T_f(\varphi)$ と書く代わりに, 観測
値の記号を援用して $\langle T_f,\varphi\rangle$ と表わした方が感覚的にとらえやすいであろう.
一般の超関数 T に対しても, 今後は $T(\varphi)$ のことを $\langle T,\varphi\rangle$ という記号で表わ
すことにする. T が通常の関数であれば,

$$\langle T,\varphi\rangle = \int_{-\infty}^\infty T(x)\varphi(x)dx \tag{5.5}$$

となるわけだが, 一般の超関数の場合にも形式的に上のような表記法を用い
ると直観の助けになる. むろん(5.5)は文字通り積分を表わすわけではなく,
あくまで汎関数 T を表示したものにすぎない点に注意を払わねばならない.

例5.3（δ 関数） 公式

$$\langle T, \varphi \rangle = \varphi(0) \qquad (\varphi(x) \in \mathcal{D}(\mathbb{R}))$$

で定まる超関数 T をディラックの **δ 関数**という．この公式は(5.5)のように関数風に表示して

$$\int_{-\infty}^{\infty} \delta(x)\varphi(x)dx = \varphi(0)$$

と書かれる． 　　　　　　　　　　　　　　　　　　　　　　　　□

例 5.4　$f(x) = x^{-\alpha}\ (x > 0),\ = 0\ (x < 0)$（ただし $0 < \alpha < 1$）は $x = 0$ で連続ではないが，観測値

$$\mathcal{D}(\mathbb{R}) \ni \varphi \mapsto \int_{0}^{\infty} x^{-\alpha}\varphi(x)dx \tag{5.6}$$

が定義され，超関数を定める． 　　　　　　　　　　　　　　□

問 1　部分積分を用いて(5.6)が定義 5.2 の連続性をみたすことを確かめよ．

　超関数 T に対して，その**微分** T' を

$$\langle T', \varphi \rangle = -\langle T, \varphi' \rangle \qquad \left(\varphi'(x) = \frac{d\varphi}{dx}(x),\ \varphi(x) \in \mathcal{D}(\mathbb{R})\right) \tag{5.7}$$

によって定める．これは部分積分の公式(5.3)を抽象化したものである．T' が線形性および連続性をみたすことは容易にわかるので，任意の超関数に対しその微分は再び超関数を定める．したがって，超関数は何回でも微分可能である．高階の微分 $T^{(m)}$ は(5.7)を繰り返し用いて，次で与えられる．

$$\langle T^{(m)}, \varphi \rangle = (-1)^m \langle T, \varphi^{(m)} \rangle$$

　上で定義した超関数の微分の概念は，通常の関数の微分の概念の拡張になっていることが次の命題からわかる．

命題 5.5　$f(x)$ が C^r 級の関数であれば，その r 階までの超関数の意味での微分は通常の微分と一致する．

　[証明]　式(5.3)と補題 5.1 からただちに従う． 　　　　　　■

　例 5.6　$f(x) = \max\{x, 0\}$ の定める超関数 T_f について，

$$\langle T'_f, \varphi \rangle = -\langle T_f, \varphi' \rangle = -\int_0^\infty x\varphi(x)dx = \int_0^\infty \varphi(x)dx$$

$$\langle T''_f, \varphi \rangle = -\langle T'_f, \varphi' \rangle = -\int_0^\infty \varphi'(x)dx = \varphi(0)$$

普通これらは関数の記法で

$$f'(x) = H(x), \qquad f''(x) = H'(x) = \delta(x)$$

と表わされる. □

問2 $|x|/2$ が 1 次元のラプラシアン $\Delta = d^2/dx^2$ の基本解であること, すなわち, $\Delta(|x|/2) = \delta(x)$ を確かめよ.

── 関数概念の拡張 ──

通常の関数の概念でとらえきれない「関数」や, 微分可能でない関数の「導関数」は, 応用上の必要から, 物理学者や工学者によってすでに前世紀末から用いられていた. 電気工学におけるヘヴィサイドの演算子法や, 量子力学におけるディラックの δ 関数は, 数学的裏付けはできないものの「なぜかうまく行く」計算法であった. これとは別に, 解析学, ことに偏微分方程式論の進展に伴って, 数学者も何らかの意味で関数概念を拡張する必要に迫られるようになった. 波動方程式の基本解の研究においてアダマール(Hadamard)が導入した「発散積分の有限部分」の概念はその一例である. この他にも部分積分を通じて広義の微分を考えたソボレフ(Sobolev)の理論など多くの試みがある. この章で紹介した超関数(distribution, 原義は「分布」)の概念はシュワルツ(Schwartz)によって導入され, 先行する研究を統一的な形で一般化することに成功したものである.

佐藤幹夫の超関数(hyperfunction)の理論は, 以上とはまったく異なる見方に立つ. 佐藤の超関数は, 複素領域における正則関数の, 実軸での(理想的)境界値の和として定義される. これはシュワルツの超関数よりも真に広い概念であり, 関数概念の拡張のなかで「局所的」性質をもつものとしては究極的なものであると考えられる.

すでに述べたように，連続関数は何回でも超関数として微分することができる．逆に任意の超関数 T は，各有限区間の上では連続関数の有限階の微分として表わされることが知られている．詳しくいうと，勝手な有限区間 $[a,b]$ を決めたとき適当に連続関数 $f(x)$ と整数 $m \geqq 0$ をとれば

$$\langle T, \varphi \rangle = \langle T_f^{(m)}, \varphi \rangle = (-1)^m \int_a^b f(x) \frac{d^m \varphi}{dx^m} dx$$

が $\mathrm{supp}\,\varphi \subset [a,b]$ をみたすすべての $\varphi \in \mathcal{D}(\mathbb{R})$ に対して成り立つ．同様の事実は後述の多変数の超関数についても成立する．

1 次変換 $y = ax + b$ $(a \neq 0)$ によって超関数 $T(x)$（関数風に書いて）の変数変換を定めることができる．それには形式的な変形

$$\int_{-\infty}^{\infty} T(ax+b)\varphi(x)dx = \int_{-\infty}^{\infty} T(y)\varphi\Big(\frac{y-b}{a}\Big)\frac{dy}{|a|}$$

に注意して，$\varphi(x)$ にこの右辺を対応させる汎関数をもって $T(ax+b)$ の定義とすればよい．

例 5.7

$$\int_{-\infty}^{\infty} \delta(x-b)\varphi(x)dx = \int_{-\infty}^{\infty} \delta(y)\varphi(y+b)dy = \varphi(b)$$

また

$$\int_{-\infty}^{\infty} \delta(ax)\varphi(x)dx = \int_{-\infty}^{\infty} \delta(y)\varphi\Big(\frac{y}{a}\Big)\frac{dy}{|a|} = \frac{1}{|a|}\varphi(0) = \frac{1}{|a|}\int_{-\infty}^{\infty} \delta(x)\varphi(x)dx$$

したがって

$$\delta(ax) = \frac{1}{|a|}\delta(x)$$

これらは既出である．とくに δ 関数は「偶関数」である．　　　　　　□

問 3　関数 $f(x) = 1 - |x|$ $(|x| < 1)$, $f(x) = 0$ $(|x| \geqq 1)$ について $f'(x), f''(x)$ を計算せよ．

さて，いま連続関数の列 $\{f_n(x)\}_{n=1}^{\infty}$ が次の性質をもつものとしよう．

（ i ） $f_n(x) \geqq 0$

（ ii ） $\displaystyle\int_{-\infty}^{\infty} f_n(x)dx = 1$

（ iii ） 任意の $\varepsilon > 0$ に対して，$\displaystyle\lim_{n\to\infty}\int_{|x|\geqq\varepsilon} f_n(x)dx = 0.$

このとき勝手なテスト関数 $\varphi(x) \in \mathcal{D}(\mathbb{R})$ に対して

$$\lim_{n\to\infty}\langle f_n, \varphi\rangle = \varphi(0) = \int_{-\infty}^{\infty}\delta(x)\varphi(x)dx \tag{5.8}$$

が成り立つことが容易に確かめられる．一般に超関数の列 $\{T_n\}_{n=1}^{\infty}$ があって，$\displaystyle\lim_{n\to\infty}T_n(\varphi) = T(\varphi)$ がすべてのテスト関数 $\varphi(x)$ に対して成り立つとき，T_n は T に収束するという．上に述べたことは，超関数の意味で

$$\lim_{n\to\infty}f_n(x) = \delta(x)$$

が成立することを示している．§2.2 において述べた熱核 $K(x,t)$ の性質 $\displaystyle\lim_{t\searrow 0}K(x,t) = \delta(x)$ は，この特別な場合である．

§5.4 多変数の場合

これまで実軸 $\mathbb{R}$ 上の超関数を考えてきたが，この考え方は多次元の領域の場合にもただちに一般化することができる．これについて簡単に触れておこう．

$\mathbb{R}^n$ の領域 Ω に対して，Ω 上の無限回微分可能な関数であって Ω 内にコンパクトな台をもつものの全体を，記号 $\mathcal{D}(\Omega)$ で表わす．$\mathcal{D}(\Omega)$ の元をテスト関数という．$\mathbb{R}$ 上の場合にならって，テスト関数の列 $\{\varphi_j(x)\}_{j=1}^{\infty}$ が次の条件をみたすとき，$\mathcal{D}(\Omega)$ の意味で $\varphi_j(x) \to 0$ である，と定めよう．

（ i ） n に無関係な Ω 内の有界閉集合 K があって $\operatorname{supp}\varphi_j \subset K$

（ ii ） $\varphi_j(x)$ のすべての導関数 $\partial^{\alpha_1+\cdots+\alpha_n}\varphi_j/\partial x_1^{\alpha_1}\cdots\partial x_n^{\alpha_n}$ が K 上 0 に一様収束する

定義 5.8 $\mathcal{D}(\Omega)$ 上の汎関数 $T:\Omega\to\mathbb{R}$ が線形であって，連続性

$$\mathcal{D}(\Omega) \text{ の意味で } \varphi_j(x) \to 0 \text{ ならば } \langle T, \varphi_j\rangle \to 0$$

をみたすとき，T を Ω 上の**超関数**という． □

例 5.9　n 変数の δ 関数は

$$\langle T, \varphi \rangle = \varphi(0) \qquad (\varphi \in \mathcal{D}(\mathbb{R}^n))$$

によって定義される. □

例 5.10　Ω を $\mathbb{R}^3$ の滑らかな境界 S をもつ領域とし，$\rho(x)$ を S 上の連続関数とする. このとき面積分

$$\langle T, \varphi \rangle = \int_S \rho(x)\varphi(x)dS_x$$

で定義される汎関数 T は超関数になる. 関数風にいえば，この超関数 $T(x)$ は $x \notin S$ のとき $T(x) = 0$ をみたす. これは S 上に集中した面密度分布を表わす. 測度論の言葉では，上の超関数 T は曲面 S 上に台をもつ「特異測度」の一種である. □

　多変数の超関数の微分も，1 変数と同様に形式的な部分積分をよりどころとして定めることができる. すなわち

$$\left\langle \frac{\partial T}{\partial x_j}, \varphi \right\rangle = -\left\langle T, \frac{\partial \varphi}{\partial x_j} \right\rangle \qquad (\varphi(x) \in \mathcal{D}(\Omega),\ 1 \leqq j \leqq n)$$

とおくのである.

例 5.11　T を超関数とするとき

$$\langle \Delta T, \varphi \rangle = \sum_{j=1}^{n} \left\langle \frac{\partial^2 T}{\partial x_j^2}, \varphi \right\rangle = -\sum_{j=1}^{n} \left\langle \frac{\partial T}{\partial x_j}, \frac{\partial \varphi}{\partial x_j} \right\rangle = \langle T, \Delta \varphi \rangle.$$

したがって，関数 $E(x)$ で定まる超関数がラプラシアンの基本解，すなわち $\Delta E(x) = \delta(x)$ であるとは，任意のテスト関数 $\varphi(x) \in \mathcal{D}(\Omega)$ に対して

$$\int_\Omega E(x)\Delta\varphi(x)dx = \varphi(0)$$

が成り立つことを意味する. □

　問 4　xy 平面上で定義された関数 $g(x, y) = |x+y|$ を考える. Δg を計算せよ.

§5.5 微分方程式の広義解

微分方程式においては古典解でない解，すなわち広義解も重要な役割を演ずることはすでに述べてきた．解のクラスをどこまで広げるのが適当かは問題の性質に応じて異なるので一概にはいえない．以下では簡単な例について広義解の定義とその性質を述べる．

(a) ポアソンの方程式の広義解

$f(x)$ を与えられた既知関数とし，ポアソンの方程式

$$\Delta u = f \qquad (x \in \Omega) \tag{5.9}$$

を考える．ここで Ω は $\mathbb{R}^n$ 内の領域である．いまテスト関数 $\varphi(x) \in \mathcal{D}(\Omega)$ をこの両辺に乗じて Ω 上で積分し，グリーンの定理を用いると，u が古典解ならば

$$\int_\Omega u \Delta \varphi \, dx = \int_\Omega f\varphi \, dx \tag{5.10}$$

が成立する．必ずしも C^2 級とは限らない関数 $u(x)$ が任意のテスト関数 $\varphi(x)$ に対して(5.10)をみたすときこれを方程式(5.9)の**弱い解**あるいは**弱解**(weak solution)と呼ぶ．超関数の微分の定義から，これは $u(x)$ が超関数の意味で方程式(5.9)をみたすことにほかならない．

弱解は，種々の広義解の中でも最も広いクラスの解を構成する．$u(x)$ が弱解であってかつ C^2 級ならば，変分法の基本原理から(5.9)は各点で成立し，$u(x)$ は古典解になる．なお，(5.10)の代わりに

$$-\int_\Omega \nabla u \cdot \nabla \varphi \, dx = \int_\Omega f\varphi \, dx$$

を弱解の定義とする場合もあることを注意しておく．

さて，$f = 0$ のとき(5.9)はラプラスの方程式

$$\Delta u = 0 \qquad (x \in \Omega) \tag{5.11}$$

に帰着し，その弱解は

$$\int_\Omega u \Delta\varphi\,dx = 0 \qquad (\varphi(x) \in \mathcal{D}(\Omega)) \tag{5.12}$$

をみたす関数として特徴づけられる. ところが, ラプラスの方程式について
は弱解まで考えても実は解のクラスが広がらないことがいえる. (これは楕円
型方程式に特有の性質である.) すなわち次の事実が成り立つ.

命題 5.12　ラプラスの方程式(5.11)の任意の弱解は古典解になる.

[証明]　簡単のために $\Omega = \mathbb{R}^n$ で弱解 $u(x)$ が連続関数の場合について証明
の概略を紹介する. いま $\mathbb{R}^n$ で定義されたテスト関数 $\psi(x)$ で

$$\psi(x) \geqq 0 \quad (x \in \mathbb{R}^n), \qquad \int_{\mathbb{R}^n} \psi(x)dx = 1$$

をみたすものを選び, $\psi_\varepsilon(x) = \varepsilon^{-n}\psi(x/\varepsilon)$ とおく. すると

$$u_\varepsilon(x) = \int_{\mathbb{R}^n} u(y)\psi_\varepsilon(x-y)dy$$

で定義される関数は, 命題 3.26 の証明と同様にして何回でも微分可能であ
ることが示される. さらに $\varepsilon \to 0$ のとき, $u_\varepsilon(x)$ は $u(x)$ に広義一様収束する
ことも示される. $\varphi(x)$ を勝手なテスト関数とすると,

$$\begin{aligned}
\int u_\varepsilon(x)\Delta\varphi(x)dx &= \iint u(y)\psi_\varepsilon(x-y)\Delta\varphi(x)dydx \\
&= \int u(x)\Big(\int \psi_\varepsilon(y-x)\Delta\varphi(y)dy\Big)dx \\
&= \int u(x)\Big(\int \Delta_y\psi_\varepsilon(y-x)\varphi(y)dy\Big)dx \\
&= \int u(x)\Big(\int \Delta_x\psi_\varepsilon(y-x)\varphi(y)dy\Big)dx \\
&= \int u(x)\Delta\Big(\int \psi_\varepsilon(y-x)\varphi(y)dy\Big)dx.
\end{aligned}$$

(ここで第 3 番目の等式を導くのにグリーンの公式を用いた.) しかるに

$$\int_{\mathbb{R}^n} \psi_\varepsilon(y-x)\varphi(y)dy$$

は C^∞ 級の関数で, かつコンパクトな台をもつことは容易にわかるから, こ
れもテスト関数の一つである. よって(5.12)より上式は 0 となり, これか

ら $u_\varepsilon(x)$ は(5.11)の弱解になることがわかる. しかも $u_\varepsilon(x)$ は C^∞ 級だから, これは古典解, すなわち調和関数である. したがって, $u(x)$ は調和関数の族 $\{u_\varepsilon(x)\}_{\varepsilon>0}$ の広義一様収束極限として得られる. よって系 3.28 より, $u(x)$ 自身が調和関数, すなわち(5.11)の古典解になることがわかる. ∎

一般のポアソンの方程式に対しては, 次の命題が成り立つ.

命題 5.13 $f(x)$ は $\mathbb{R}^n$ 上で定義された連続関数で, コンパクトな台をもつとする. このとき(3.58)の関数 $u(x)$ は方程式(5.9)の弱解である. □

[証明] $\varphi(x)$ を勝手なテスト関数とすると,

$$\int u(x)\Delta\varphi(x)dx = \iint f(y)E(x-y)\Delta\varphi(x)dydx$$
$$= \int f(x)\Big(\int E(x-y)\Delta\varphi(y)dy\Big)dx$$

しかるに命題 3.29 より

$$\int E(y-x)\Delta\varphi(y)dy = \int E(x-y)\Delta\varphi(y)dy = \varphi(x)$$

ゆえ, これを右辺に代入すれば(5.10)が成り立つことがわかる. ∎

上で与えた弱解は, 命題 3.33 により C^1 級の関数ではあるが, $n\geqq2$ のときは必ずしも C^2 級にならないことが知られている. よって, ポアソンの方程式においては弱解が古典解になるとは限らない. ただし $f(x)$ が滑らかであれば, 弱解すなわち古典解となる(演習問題 5.2).

(b) 波動方程式の広義解

$u(x,t)$ を n 次元波動方程式

$$\frac{1}{c^2}\frac{\partial^2 u}{\partial t^2} = \Delta u \qquad (x\in\mathbb{R}^n,\ t\in\mathbb{R}) \tag{5.13}$$

の古典解とする. この方程式の両辺に $\mathbb{R}^{n+1}$ 上のテスト関数 $\varphi(x,t)$ を乗じて積分し, グリーンの定理および変数 t に対する部分積分を適用すると

$$\int_{-\infty}^\infty \int_{\mathbb{R}^n} u\Big(\Delta\varphi - \frac{1}{c^2}\frac{\partial^2\varphi}{\partial t^2}\Big)dxdt = 0 \tag{5.14}$$

が得られる. ポアソンの方程式の場合と同様に, 任意のテスト関数 $\varphi(x,t)$ に

対して(5.14)をみたす関数 $u(x,t)$ を，波動方程式(5.13)の弱解という．言いかえれば弱解とは超関数の微分の意味で(5.13)をみたす関数 u のことである．

次に初期条件

$$u(x,0) = u_0(x), \quad \frac{\partial u}{\partial t}(x,0) = u_1(x) \qquad (x \in \mathbb{R}^n) \qquad (5.15)$$

を課した初期値問題を考える．簡単のため $t \geqq 0$ の範囲の解だけを考えよう．上と同様に方程式の両辺にテスト関数 $\varphi(x,t)$ を掛け，領域 $x \in \mathbb{R}^n$, $t \geqq 0$ の上で積分して部分積分を実行すると次式が得られる．

$$\int_0^\infty \int_{\mathbb{R}^n} u \left(\Delta\varphi - \frac{1}{c^2} \frac{\partial^2 \varphi}{\partial t^2} \right) dt dx$$

$$= \frac{1}{c^2} \int_{\mathbb{R}^n} \left(u_0(x) \frac{\partial \varphi}{\partial t}(x,0) - u_1(x)\varphi(x,0) \right) dx \qquad (5.16)$$

必ずしも C^2 級でない関数 $u(x,t)$ が，任意のテスト関数 $\varphi(x,t)$ に対して(5.16)を満足するとき，これを初期値問題(5.13), (5.15)の弱解と呼ぶ．

問5 ダランベールの公式(4.5)で表示される関数は，u_0, u_1 が区分的に連続であれば波動方程式の弱解になることを示せ．（このことから§4.1 図 4.2 に示した解は弱解であることがわかる．）

(c) 衝撃波と広義解

前項目(b)で波動方程式の弱解を定式化し，$h(x-ct)$ という，必ずしも連続ですらない関数が，立派に弱解としての資格をもつことを証明した．同様の考え方で，ある種の非線形方程式に現れる衝撃波を弱解の枠組みの中できちんと扱うことができる．

§1.6 の例1.30で扱った非粘性バーガーズ方程式に対する初期値問題

$$\frac{\partial u}{\partial t} + u \frac{\partial u}{\partial x} = 0 \qquad (x \in \mathbb{R}, \ t > 0) \qquad (5.17\text{a})$$

$$u(x,0) = u_0(x) \qquad (x \in \mathbb{R}) \qquad (5.17\text{b})$$

を考えよう. まず, 波動方程式のときと同様に(5.17a)の両辺にテスト関数
$\varphi(x,t)$ を乗じて積分する.

$$\int_0^\infty \int_{-\infty}^\infty \Big(\frac{\partial u}{\partial t} + u\,\frac{\partial u}{\partial x}\Big)\varphi\,dtdx = 0$$

部分積分と(5.17b)より, 上式は次のように変形できる.

$$\int_0^\infty \int_{-\infty}^\infty \Big(u\,\frac{\partial\varphi}{\partial t} + \frac{1}{2}u^2\,\frac{\partial\varphi}{\partial x}\Big)dtdx = -\int_{-\infty}^\infty u_0(x)\varphi(x,0)dx \quad (5.18)$$

よって, u が初期値問題(5.17)の古典解であれば, 等式(5.18)は任意のテス
ト関数 φ に対して成立する. いま, 関数 u の微分可能性の要請をはずし,
等式(5.18)が任意のテスト関数 φ に対して成立するような区分的連続関数
$u(x,t)$ を初期値問題(5.17)の弱解と定義しよう. こうすることで古典解より
はるかに広い解の概念が得られる. はじめに弱解の基本的な性質を述べよう.

命題 5.14 (保存則) $u(x,t)$ は初期値問題(5.17)の弱解で, 初期値 $u_0(x)$
は有界な台をもつとする. このとき次が成り立つ.

$$\int_{-\infty}^\infty u(x,t)dx = 一定値 \qquad\qquad (5.19)$$

[証明の概略] 簡単のため, 時刻 $t>0$ においても関数 $x \mapsto u(x,t)$ の台が
有界であることを既知として議論をすすめる. 詳しくは, 任意の $T>0$ に対
し, 十分大きな数 $M_T>0$ をとれば

$$u(x,t) = 0 \qquad (|x| \geqq M_T,\ 0 \leqq t \leqq T)$$

が成り立つことを既知とする. さて, 任意に $T>0$ を固定し, $\mathbb{R}$ 上のテスト
関数 $\psi(x)$ で, 区間 $[-M_T, M_T]$ 上で $\psi(x)=1$ をみたすものを一つ選び,

$$\varphi(x,t) = \alpha(t)\psi(x)$$

とおく. ここで $\alpha(t)$ は $\alpha(t) \equiv 0\ (t \geqq T)$ をみたす勝手な滑らかな関数である.
これを(5.18)に代入すると

$$\int_0^\infty \Big(\alpha'(t)\int_{-\infty}^\infty u\,dx\Big)dt = -\alpha(0)\int_{-\infty}^\infty u_0(x)dx$$

が得られ, ここで $\rho(t) = \int_{-\infty}^\infty u(x,t)dx$ とおいて変形すると

$$\int_0^\infty \alpha'(t)(\rho(t) - \rho(0))dt = 0 \qquad (5.20)$$

を得る. T は勝手な正の数であったから, (5.20)は区間 $[0, \infty)$ 上に有界な台
をもつ任意の滑らかな関数 $\alpha(t)$ に対して成り立つことがわかる. 詳細は省く
が, この事実から

$$\rho(t) - \rho(0) \equiv 0$$

が従う. これが証明すべきことであった. ∎

いま, 初期値 $u_0(x)$ として次の関数を考えてみよう.

$$u_0(x) = \begin{cases} 1 - |x| & (-1 \leqq x \leqq 1) \\ 0 & (それ以外のとき) \end{cases}$$

この関数は区分的に C^1 級でしかないが, 例 1.30 で述べた解の構成法を
形式的に適用すると, $0 \leqq t < 1$ の範囲で関数 $x \mapsto u(x,t)$ のグラフが 3 点
$(-1,0), (t,1), (1,0)$ を結ぶ折れ線になることが推測できる.（これは, §1.6
の問 10 の関係式を用いてもただちに計算できる.）こうして得られた形式解
$u(x,t)$ が実際に(5.17)の弱解になっていることを確かめるのも難しくない.

さて, $t \nearrow 1$ とすると, 上記の解は関数

$$g(x) = \begin{cases} 0 & (x \leqq -1) \\ \dfrac{x+1}{2} & (-1 < x < 1) \\ 0 & (x \geqq 1) \end{cases}$$

に収束し, 不連続点が現れる. しかし演習問題 5.4 に示すように, $t = 1$ 以降
も弱解の範囲では解を延長することが可能で, 図 5.2 に示したような衝撃波
解が得られる.

ただ, ここでひとつ注意しておかねばならないことがある. 初期値を定め
ても, 弱解は必ずしも一意的とは限らないのである.

これはどういうことかというと, 衝撃波を解として扱う目的で解のクラス
を広げすぎたために, 初期値問題の解の一意性すら保証されないという厄介
な状況が生じているわけである. 解の一意性が保証されないのなら, 衝撃波

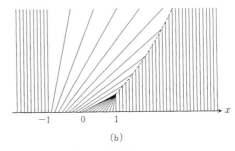

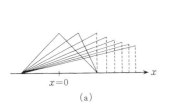

(a)　　　　　　　　　　　　　　　(b)

図 5.2　衝撃波解のふるまい.（a）はグラフの形状の時間的推移を表わし,（b）は xt 平面上に描いた特性基礎曲線の様子を表わす. 時刻 $t=1$ において不連続点が現れる（衝撃波）. 衝撃波の部分で相異なる特性基礎曲線どうしがぶつかることがわかる. 図の(b)では縦の横に対する比率を $1/2$ に縮小してある.

のふるまいを論じることが, あまり意味をなさなくなる.

　このジレンマは, 上の方程式の場合には, 弱解のクラスを**エントロピー条件**と呼ばれる条件をみたすものに制限することで解決されることが知られている. つまり, このクラスの中では初期値問題の解は一意的になる. エントロピー条件の内容については本書では立ち入らないが, 解の物理的意味合いを考えればごく自然な要請である. また, このクラスの弱解は, 通常のバーガーズ方程式

$$\frac{\partial u}{\partial t} = \nu \frac{\partial^2 u}{\partial x^2} + u \frac{\partial u}{\partial x} \qquad （\nu は粘性係数）$$

の解の, $\nu \to 0$ のときの極限として得られることも知られている. つまり, エントロピー条件をみたす弱解は, 粘性がきわめて小さい場合のバーガーズ方程式の解と似たふるまいをするわけである. なお, 通常のバーガーズ方程式は半線形の拡散方程式であるから, 平滑化作用（§2.3(d)参照）のために滑らかな関数になることを注意しておく.

《まとめ》

　5.1　超関数は関数概念の拡張である. 代表的な例として δ 関数や, 曲面上の特異測度があげられる.

5.2　超関数の微分も，通常の関数の微分の拡張概念として定義される．超関数は何回でも微分できる．

5.3　偏微分方程式の解の意味を広げて，広義解なるものを定義することができる．偏微分方程式論においては，広義解の概念も古典解に劣らず重要である．

——————— 演習問題 ———————

5.1　等式(5.8)が成り立つことを示せ．

5.2　$f(x)$ は $\mathbb{R}^n$ で定義されコンパクトな台をもつ C^1 級関数とする．このときポアソンの方程式

$$\Delta u = f$$

の弱解はすべて古典解であることを示せ．

5.3

(1) 連続関数 $u(x,t)$ が，波動方程式 $u_{tt} = c^2 u_{xx}$ の特性曲線を辺とする任意の平行4辺形 $ABCD$（図4.3）に対して $u(A)+u(C)=u(B)+u(D)$ をみたすとする．このとき u は上の波動方程式の弱解であることを示せ．（ヒント．$\xi = x-ct$，$\eta = x+ct$ と座標変換して考えよ．）

(2) $u(x,t)$ は上の性質をもち，しかも C^2 級であるとする．このとき u は上の波動方程式の古典解であることを示せ．

5.4　非粘性バーガーズ方程式 $u_t + uu_x = 0$ の衝撃波解の候補として以下の関数を考える．

$$u(x,t) = \begin{cases} a(t)(x+1) & (-1 \leqq x \leqq \xi(t)) \\ 0 & (x < -1 \text{ または } x > \xi(t) \text{ のとき}) \end{cases}$$

ここで $\xi(t)$ は時刻 t における衝撃波解の位置を表わす（図5.2参照）．

(1) $a' + a^2 = 0$ が成り立つことを示せ．

(2) $u(x,t)$ が保存則をみたすためには $a(t)\{\xi(t)+1\}^2$ が一定の値でなければならないことを示せ．これより xt 平面内における点 $(\xi(t),t)$ の軌跡は放物線になることを確かめよ．

(3) 上の条件をみたすように $a(t), \xi(t)$ を定めると，$u(x,t)$ が $u_t + uu_x = 0$ の弱解になっていることを示せ．

付録 A
2 階偏微分方程式の分類

　歴史的に見れば偏微分方程式論は，物理学，天文学，工学，あるいは幾何学等における実際的な問題と結びついて発展してきた．20 世紀に入って，偏微分方程式は放物型・楕円型・双曲型という基本的なカテゴリーに分類され，それまで個々の問題や方程式ごとに個別になされていた研究が，より統一的な見地から行なえる下地ができあがった．ここでは 2 階偏微分方程式に話を限って，これらの「型」につき概説する．

§A.1　2 階線形方程式の分類

　まず定数係数の場合から始めよう．2 階の線形微分演算子 L が

$$Lu = \sum_{i,j=1}^{N} a_{ij} \frac{\partial^2 u}{\partial x_i \partial x_j} + \sum_{i=1}^{N} b_i \frac{\partial u}{\partial x_i} + cu \qquad (\mathrm{A.1})$$

という形で与えられているとし，次の方程式を考える．

$$Lu = f(x_1, \cdots, x_N) \qquad (\mathrm{A.2})$$

ただし $a_{ij} = a_{ji}$ および b_i, c は定数である．最高階の係数を成分とする N 次行列 $A = (a_{ij})$ を考えると，これは対称行列だから適当な直交行列 T によって

$$
{}^t T A T = \begin{pmatrix} \mu_1 & & O \\ & \ddots & \\ O & & \mu_N \end{pmatrix}
$$

と対角化できる．ここで $\mu_1, \cdots, \mu_N$ は A の固有値である．今，座標変換 $x \mapsto$

$X = {}^t T x$ をほどこすと，L は次のように書き替えられる.

$$Lu = \mu_1 \frac{\partial^2 u}{\partial X_1^2} + \cdots + \mu_N \frac{\partial^2 u}{\partial X_N^2} + (低階の項) \qquad (\text{A.}1')$$

(一般に，m 階微分演算子の '低階の項' とは，未知関数 u のたかだか $m-1$ 階までの微分しか含まない項を指す.)(A.1′)において，$\mu_1, \mu_2, \cdots, \mu_N$ がすべて正またはすべて負のとき，微分演算子 L，あるいは方程式(A.2)は**楕円型**(elliptic)であるという.

　次に，$\mu_1, \cdots, \mu_N$ のうちのひとつだけが負で，他はすべて正であるとき，L および方程式(A.2)は**双曲型**(hyperbolic)であるという. また，$\mu_1, \cdots, \mu_N$ のうちのひとつだけが 0(例えば $\mu_k = 0$)で，他はすべて正であり，しかも低階の項における $\partial u / \partial X_k$ の係数が負であるとき，L および方程式(A.2)は**放物型**(parabolic)であるという. 双曲型および放物型の場合は，独立変数のうちのひとつを時間変数とみなし，他を空間変数とみなして区別しておくとわかりやすい. そこで，$N = n+1$ とし，独立変数を $\tilde{x} = (\tilde{x}_1, \cdots, \tilde{x}_n), t$ と書き改めておく. すると，L が双曲型あるいは放物型であるとは，適当な変数変換をほどこすと

$$L = L_0 - \frac{\partial^2}{\partial t^2} + (低階の項) \quad \cdots 双曲型$$

$$L = L_0 - \frac{\partial}{\partial t} + (低階の項) \quad \cdots 放物型$$

と表わされることと同値である. ここで L_0 は空間変数 $\tilde{x}$ に関する楕円型微分演算子であり，放物型の場合の低階の項は時間微分は含まないものとする.

　次に，変数係数の場合を考える. 微分演算子

$$Lu = \sum_{i,j=1}^{N} a_{ij}(x) \frac{\partial^2 u}{\partial x_i \partial x_j} + \sum_{i=1}^{N} b_i(x) \frac{\partial u}{\partial x_i} + c(x) u \qquad (\text{A.3})$$

ないし方程式(A.2)が点 $\bar{x}$ において**楕円型**，**双曲型**，あるいは**放物型**であるとは，x を $\bar{x}$ に固定したときの L の係数が，前に述べた意味でそれぞれの型の条件をみたすことをいう. L が，考えている領域上のすべての点において楕円型(あるいは双曲型，放物型)であるとき，微分演算子 L や方程式(A.2)

は楕円型(あるいは双曲型, 放物型)であるという.

例 A.1 2変数 x, y に関する微分演算子

$$Lu = a\frac{\partial^2 u}{\partial x^2} + 2b\frac{\partial^2 u}{\partial x \partial y} + c\frac{\partial^2 u}{\partial y^2} + d\frac{\partial u}{\partial x} + e\frac{\partial u}{\partial y}$$

を考える. L は $b^2 - ac < 0$ のとき楕円型, $b^2 - ac > 0$ のとき双曲型になる. また, $b^2 - ac = 0$ で, かつ d, e がしかるべき条件をみたせば放物型になる. □

§A.2 非線形偏微分方程式の型

非線形方程式の場合も, 線形方程式の場合と同様, 最高階の係数によって型の分類が行なわれる. 例えば半線形方程式

$$\Delta u = f(u, \nabla u)$$

$$\frac{\partial u}{\partial t} = \Delta u + f(u, \nabla u)$$

$$\frac{1}{c^2}\frac{\partial^2 u}{\partial t^2} = \Delta u + f\left(u, \nabla u, \frac{\partial u}{\partial t}\right)$$

などは, それぞれ楕円型, 放物型, 双曲型である. また, 極小曲面方程式

$$(1 + u_y^2)u_{xx} + (1 + u_x^2)u_{yy} - 2u_x u_y u_{xy} = 0$$

は楕円型である(§1.2(e)参照). より一般の非線形方程式の型の分類は, 方程式をいったん線形化してからなされる. 例えば

$$F(x, y, u, p, q, r, s, t) = 0$$

$$\left(p = \frac{\partial u}{\partial x}, \ q = \frac{\partial u}{\partial y}, \ r = \frac{\partial^2 u}{\partial x^2}, \ s = \frac{\partial^2 u}{\partial x \partial y}, \ t = \frac{\partial^2 u}{\partial y^2}\right)$$

などの場合は, F を r, s, t で微分し, そのときの微係数 $\partial F/\partial r$, $\partial F/\partial s$, $\partial F/\partial t$ を最高階の係数と見なして, 線形の場合と同じように議論すればよい.

§A. 3　複数の型が混在する方程式

粘性のない圧縮性流体の定常な 2 次元渦なし運動の方程式は

$$\left(1-\frac{u^2}{c^2}\right)\frac{\partial^2\varphi}{\partial x^2}-\frac{2uv}{c^2}\frac{\partial^2\varphi}{\partial x\partial y}+\left(1-\frac{v^2}{c^2}\right)\frac{\partial^2\varphi}{\partial y^2}=0 \qquad (\text{A.4})$$

で与えられる．ここで $\varphi(x,y)$ は速度ポテンシャル（§3.1(d)参照）を，(u,v) $:=(\partial\varphi/\partial x,\,\partial\varphi/\partial y)$ は速度場を表わし，c は局所音速であって，流速 $q:=(u^2+v^2)^{1/2}$ の関数である．上の方程式は，$q<c$, すなわち'亜音速'のとき楕円型に，$q>c$, すなわち'超音速'のとき双曲型になることが容易に確かめられる．このように，複数の型が混在する方程式を**混合型偏微分方程式**と呼ぶことがある．

　q と $\theta=\arctan(v/u)$ を新たな独立変数として，（A.4）をホドグラフ法（演習問題 4.5）によって書き直すと，簡単な場合に上の方程式は

$$\frac{\partial^2\psi}{\partial X^2}-X\frac{\partial^2\psi}{\partial \theta^2}=0 \qquad (\text{A.5})$$

という形に変形できる．（A.5）を**トリコミ（Tricomi）の方程式**と呼ぶ．これは $X<0$ のときは楕円型，$X>0$ のときは双曲型である．

　次に，**モンジュ–アンペール（Monge-Ampère）の方程式**と呼ばれる非線形方程式

$$\frac{\partial^2 u}{\partial x^2}\frac{\partial^2 u}{\partial y^2}-\left(\frac{\partial^2 u}{\partial x\partial y}\right)^2=a(x,y) \qquad (\text{A.6})$$

を考えよう．この方程式を最高階の項について線形化すると

$$A\frac{\partial^2\varphi}{\partial x^2}-2B\frac{\partial^2\varphi}{\partial x\partial y}+C\frac{\partial^2\varphi}{\partial y^2}=0$$

となる．ただし $A=\partial^2 u/\partial y^2$, $B=\partial^2 u/\partial x\partial y$, $C=\partial^2 u/\partial x^2$ である．$B^2-AC=-a$ であるから，例 A.1 の結果より，方程式（A.6）は $a>0$ なら楕円型，$a<0$ なら双曲型になることがわかる．

付録 B
フーリエ変換

有限区間上の'任意'関数を3角関数の和として表示するフーリエ級数の方法は、初期境界値問題等の解法に有力な手段を与える。無限区間の場合にも、級数を積分で置き換えることにより類似の議論が展開される。これをフーリエ変換と呼ぶ。ここでは形式的な計算を通じてその基本的な考え方を紹介する。

§B.1 無限区間への移行

実軸上の区間 $[-l, l]$ で定義された関数 $f(x)$ は

$$f(x) = \frac{a_0}{2} + \sum_{n=1}^{\infty} \left(a_n \cos\left(\frac{n\pi x}{l}\right) + b_n \sin\left(\frac{n\pi x}{l}\right) \right)$$

とフーリエ級数に展開される（§1.5 参照）。この式は、オイラーの公式 $\cos\theta = (e^{i\theta} + e^{-i\theta})/2$, $\sin\theta = (e^{i\theta} - e^{-i\theta})/2i$ を用いると、さらに見やすく次のように書くことができる。

$$f(x) = \sum_{n=-\infty}^{\infty} \widehat{f}_n e^{in\pi x/l} \tag{B.1}$$

ただし $\widehat{f}_{\pm n} = (a_n \mp ib_n)/2$, $\widehat{f}_0 = a_0/2$ とおいた。このとき展開係数 $\widehat{f}_n$ は

$$\widehat{f}_n = \frac{1}{2l} \int_{-l}^{l} f(x) e^{-in\pi x/l} dx \tag{B.2}$$

で与えられる。

さて、ここで $l \to \infty$ としたとき、これらの式がどのような形をとるかを考

えてみよう.和(B.1)の変数 n を $\xi = n/(2l)$ に取り替えると,l が非常に大きければ ξ は連続変数のごとくに見なせる.$\Delta\xi = 1/(2l)$,$\widehat{f}_n = \widehat{f}(\xi)\Delta\xi$ とおけば

$$f(x) = \sum_\xi \widehat{f}(\xi)e^{2\pi i\xi x}\Delta\xi$$

であるから,$l \to \infty$ の極限で形式的に和を積分で置き換えれば

$$f(x) = \int_{-\infty}^\infty \widehat{f}(\xi)e^{2\pi i\xi x}d\xi \tag{B.3}$$

が得られるであろう.また(B.2)は

$$\widehat{f}(\xi) = \int_{-\infty}^\infty f(x)e^{-2\pi i\xi x}dx \tag{B.4}$$

に移行することが期待される.

$\mathbb{R}$ 上の関数 $f(x)$ に対し,(B.4)で定まる $\widehat{f}(\xi)$ をその**フーリエ変換**と呼ぶ.公式(B.3)は逆に $f(x)$ が $\widehat{f}(\xi)$ から積分で得られることを主張しており,これを**フーリエの反転公式**と呼ぶ.有限区間の場合に比べて,$f(x)$ と $\widehat{f}(\xi)$ の関係がはるかに対称的であることに注意したい.

上に述べた推論はまったく形式的なものであって,実際にどのようなクラスの関数に対してフーリエ変換が意味をもつか,また反転公式が成り立つか等の問題は解析学の重要な主題の一つである.これについては,例えば $f(x)$ が 2 乗可積分ならば $\widehat{f}(\xi)$ が定義され,反転公式とパーセヴァルの等式

$$\int_{-\infty}^\infty |f(x)|^2dx = \int_{-\infty}^\infty |\widehat{f}(\xi)|^2d\xi$$

が成り立つことが知られている.詳しいことは,岩波講座『現代数学の基礎』「実関数と Fourier 解析 1, 2」あるいはフーリエ解析に関する他の教科書を参照されたい.

注意 区間 $[-l, l]$ 上の任意関数を 3 角級数で表示するためには,波数が $n\pi/l$ $(n = 0, \pm 1, \pm 2, \cdots)$ の 3 角関数の族を要した.ここで l を限りなく大きくしていくと,フーリエ級数展開に現れる波数の全体の集合 $\{n\pi/l \,|\, n = 0, \pm 1, \pm 2, \cdots\}$ は $\mathbb{R}$ 上に次第に稠密に分布するようになる.その極限として得られるフーリエ変換に連続な波数の分布が現れるのはこのためである.

§B.2 基本的な性質

以下 $f(x)$ のフーリエ変換(B.4)を $\widehat{f}(\xi) = \mathcal{F}[f](\xi)$, 逆変換(B.3)を $f(x) = \mathcal{F}^{-1}[\widehat{f}](x)$ と記す. このとき次の性質が導かれる.

$$(\text{i}) \qquad \mathcal{F}\left[\frac{d}{dx}f\right](\xi) = 2\pi i\xi\mathcal{F}[f](\xi) \tag{B.5}$$

$$(\text{ii}) \qquad \mathcal{F}[f*g](\xi) = \mathcal{F}[f](\xi)\cdot\mathcal{F}[g](\xi) \tag{B.6}$$

$$(\text{iii}) \qquad \mathcal{F}[\delta(x)](\xi) = 1 \tag{B.7}$$

$$\mathcal{F}[f](0) = \int_{-\infty}^{\infty} f(x)dx \tag{B.8}$$

ただし(ii)において $f*g$ は f と g とのたたみこみ(convolution)

$$(f*g)(x) = \int_{-\infty}^{\infty} f(x-y)g(y)dy$$

を表わし, また(iii)において $\delta(x)$ はディラックの δ 関数である.

性質(i)は部分積分を用いて形式的に

$$\int_{-\infty}^{\infty} \frac{df}{dx}(x)e^{-2\pi i\xi x}dx = -\int_{-\infty}^{\infty} f(x)\frac{d}{dx}e^{-2\pi i\xi x}dx$$

から得られる. この式はフーリエ変換によって微分演算が掛け算作用素に変換されることを意味し, 定数係数の微分方程式を扱う際に有力な道具になる(次節参照). 性質(ii)は次のようにして(形式的に)示される.

$$\int_{-\infty}^{\infty}\left(\int_{-\infty}^{\infty} f(x-y)g(y)dy\right)e^{-2\pi i\xi x}dx$$

$$= \int_{-\infty}^{\infty}\int_{-\infty}^{\infty} f(x-y)e^{-2\pi i\xi(x-y)}g(y)e^{-2\pi i\xi y}dxdy$$

$$= \int_{-\infty}^{\infty} f(x)e^{-2\pi i\xi x}dx \cdot \int_{-\infty}^{\infty} g(y)e^{-2\pi i\xi y}dy$$

性質(iii)の前半は以下のように示される.

$$\text{左辺} = \int_{-\infty}^{\infty} \delta(x)e^{-2\pi i\xi x}dx = 1$$

後半は明らかであろう.

フーリエ変換の最も重要な一例を計算しておこう.

　例題 B.1　$\sigma > 0$ に対して $f(x) = e^{-x^2/(2\sigma)}/\sqrt{2\pi\sigma}$ のフーリエ変換は

$$\widehat{f}(\xi) = e^{-2\pi^2\sigma\xi^2} \tag{B.9}$$

で与えられる.（定数因子を除いて，$\exp(2$ 次式$)$ のフーリエ変換は再び同じ形の関数になる.）

　［解］

$$\sqrt{2\pi\sigma}\,\widehat{f}(\xi) = \int_{-\infty}^{\infty} e^{-x^2/(2\sigma)-2\pi i\xi x}dx = e^{-2\pi^2\sigma\xi^2}\int_{-\infty}^{\infty} e^{-(x+2\pi i\sigma\xi)^2/(2\sigma)}dx$$

と変形する.　ここで $y = x + 2\pi i\sigma\xi$ とおくと，右辺は実軸に平行な積分路 $\mathrm{Im}\,y = 2\pi\sigma\xi$ に沿う複素積分になるが，コーシーの積分定理を用いると，この値は実軸 $\mathrm{Im}\,y = 0$ 上の積分に等しいことが示される.　$y = \sqrt{2\sigma}\,z$ と変換すれば

$$\int_{-\infty}^{\infty} e^{-y^2/(2\sigma)}dy = \int_{-\infty}^{\infty} e^{-z^2}\sqrt{2\sigma}\,dz = \sqrt{2\sigma}\,\sqrt{\pi}$$

より $(\mathrm{B.9})$ を得る.　　　　　　　　　　　　　　　　　　　　　　　　　▌

　問 1　$\mathcal{F}[\delta(x-a)](\xi) = e^{-2\pi i a\xi}$ であることを示せ. このことを用いて $\mathcal{F}[e^{2\pi i a x}](\xi) = \delta(\xi - a)$ を示せ. また，この式が何を意味するかについても考えよ.（ヒント. $\overline{\mathcal{F}^{-1}[g](\xi)} = \mathcal{F}[\bar{g}](\xi)$ を用いよ.）

§B.3　初期値問題への応用

$\mathbb{R}$ 上の熱伝導方程式の初期値問題

$$\begin{cases} \dfrac{\partial K}{\partial t} = \dfrac{\partial^2 K}{\partial x^2} & (x \in \mathbb{R},\ t > 0) \\[2mm] \lim_{t \searrow 0} K(x,t) = \delta(x) \end{cases}$$

を考えよう.　いま $K(x,t)$ の x に関するフーリエ変換を $\widehat{K}(\xi,t)$ とおけば $(\mathrm{B.5}),(\mathrm{B.7})$ によって

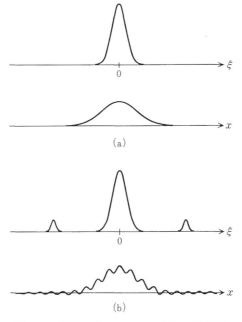

図 B.1 関数とそのフーリエ変換の例(下段
が与えられた関数, 上段がそのフーリエ変換.
(a)は低周波成分が中心である. (b)は低周波
成分の他に高周波領域にもピークをもつ.

$$\begin{cases} \dfrac{\partial \widehat{K}}{\partial t} = (2\pi i \xi)^2 \widehat{K} \quad (\xi \in \mathbb{R}, \ t > 0) \\[2mm] \widehat{K}(\xi, 0) = 1 \end{cases}$$

が得られる. この常微分方程式はただちに解けて, 解として $\widehat{K}(\xi, t) = e^{-4\pi^2 \xi^2 t}$
が得られる. このフーリエ逆変換は, 例題で $\sigma = 2t$ と選ぶことにより

$$K(x, t) = \mathcal{F}^{-1}[\widehat{K}] = \frac{1}{\sqrt{4\pi t}} e^{-x^2/(4t)}$$

こうして初期値問題の基本解の公式が得られた(公式(2.31)参照).

次に一般の初期値問題

$$
\begin{cases}
\dfrac{\partial u}{\partial t} = \dfrac{\partial^2 u}{\partial x^2} & (x \in \mathbb{R},\ t > 0) \\[2mm]
u(x,0) = u_0(x) & (x \in \mathbb{R})
\end{cases}
$$

を考える．上と同様にして x についてのフーリエ変換 $\widehat{u}(\xi,t)$ に対する常微分方程式を導くことにより

$$
\widehat{u}(\xi,t) = e^{-4\pi^2 \xi^2 t}\widehat{u}_0(\xi) = \widehat{K}(\xi,t)\widehat{u}_0(\xi)
$$

がわかる．ここで $\widehat{u}_0(\xi) = \mathcal{F}[u_0](\xi)$ である．性質 (B.6) を用いてフーリエ逆変換にうつれば

$$
u(x,t) = (K(\cdot,t) * u_0)(x) = \int_{-\infty}^{\infty} K(x-y,t)u_0(y)dy
$$

これは公式 (2.38) にほかならない．

付録 C
ラプラス–ベルトラミ
作用素

通常のラプラス作用素(演算子)$\Delta = \partial^2/\partial x_1^2 + \cdots + \partial^2/\partial x_n^2$ はユークリッド座標を用いて定義されるユークリッド空間上の微分作用素であるが,この概念の自然な拡張として,曲面や超曲面上のラプラス–ベルトラミ作用素なるものが定義できる.それに応じて,'曲面上のラプラスの方程式' や '曲面上の調和関数' なども考えることができる.また,ラプラス–ベルトラミ作用素の概念は,通常のラプラス作用素を球面座標を用いて表示する場合にも大変役立つ.

§C.1 曲面上の関数の勾配

ラプラス作用素は関数の勾配の概念と密接な関連がある.はじめに勾配の意味について復習し,ついでこの概念を曲面上の関数に対して拡張しよう.

$f(x) = f(x_1, x_2)$ を平面上で定義された C^1 級の実数値関数とする.点 a における f の**勾配**(gradient)は

$$\operatorname{grad} f(a) = \begin{pmatrix} \dfrac{\partial f}{\partial x_1}(a) \\[2mm] \dfrac{\partial f}{\partial x_2}(a) \end{pmatrix}$$

で定義される.図形的には,$\operatorname{grad} f(a)$ は点 a における f の方向微分(すなわち指定された方向の増大度)を最大にする方向を向いたベクトルであり,その大きさ $|\operatorname{grad} f(a)|$ は,この最大増大度に一致する.点 a を平面上で動かす

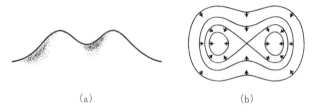

図 C. 1 (a) 関数 $f(x)$ のグラフ, (b) $f(x)$ の等高線と
勾配.

ことにより, $\mathrm{grad}\, f$ は平面上のベクトル場を形成する. このベクトル場は,
各点で $f(x)$ の等高線と直交する(図 C.1).

次に, S を空間 $\mathbb{R}^3$ 内の滑らかな曲面とし, $w(x)$ を S 上で定義された実
数値関数としよう. S の勝手な点 a に対し, a における S の接平面を T_a と
おく(図 C.2(a)). 曲面 S から平面 T_a への正射影 p は, 点 a の十分小さな
近傍内では 1 対 1 である. この正射影を用いて, 平面 T_a 上の関数 $\tilde{w}(y) =$
$w(p^{-1}(y))$ が局所的に構成できる. (ちなみに, 関数 w の等高線を平面 T_a の
上に正射影したものが, 関数 $\tilde{w}$ の等高線に一致するのは明らかである.) $\tilde{w}$
は平面領域上の関数だから通常の意味での勾配 $\mathrm{grad}\, \tilde{w}(a)$ が定まるが, これ
を曲面上の関数 w の点 a における**勾配**と呼び,

$$\mathrm{grad}_S\, w(a)$$

という記号で表わす. 作り方からわかるように, 点 a を始点としてベクトル
$\mathrm{grad}_S\, w(a)$ を描くと, これは接平面 T_a に含まれる. また, 点 a を S 上で動
かすことにより, $\mathrm{grad}_S\, w$ は曲面 S 上のベクトル場を形成する. 平面の場合
と同様に, このベクトル場は S の各点で $w(x)$ の等高線と直交する(図 C.2
(b)).

§C.2 ラプラス–ベルトラミ作用素

$f(x)$ を平面上で定義された C^2 級関数, $\psi(x)$ を有界な台をもつ C^1 級関数
とすると, グリーンの公式より以下が成り立つ.

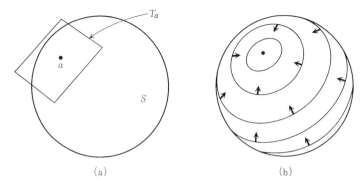

図 **C.2** （a）点 a における接平面 T_a，（b）関数 $w(x)$ の等高線と勾配.

$$\int_{\mathbb{R}^2} \operatorname{grad} \psi \cdot \operatorname{grad} f \, dx = -\int_{\mathbb{R}^2} \psi \Delta f \, dx$$

逆に，有界な台をもつ任意の C^1 級関数 $\psi(x)$ に対して

$$\int_{\mathbb{R}^2} \operatorname{grad} \psi \cdot \operatorname{grad} f \, dx = -\int_{\mathbb{R}^2} \psi g \, dx$$

が成り立つならば，$g = \Delta f$ でなければならないことも知られている. この考え方を利用してラプラス作用素の概念を曲面上の関数に対して拡張しよう.

さて，S を $\mathbb{R}^3$ 内の滑らかな閉曲面とし，$w(x) = w(x_1, x_2, x_3)$ を S およびその近傍上で定義された C^2 級関数とする. S 上の関数 $v(x)$ で，任意の C^1 級関数 $\psi(x)$ に対して等式

$$\int_S \operatorname{grad}_S \psi \cdot \operatorname{grad}_S w \, dS_x = -\int_S \psi v \, dS_x \qquad \text{(C.1)}$$

をみたすものが存在するとき，この関数 v を $\Delta_S w$ と書き表わすことにしよう.（w が C^2 級なら，このような関数 v が必ずただ一つ存在することが知られている.）こうして，関数 w に $\Delta_S w$ を対応させる作用素（すなわち演算子）Δ_S が定義される. これを曲面 S の上の**ラプラス–ベルトラミ作用素** （Laplace–Beltrami operator）と呼ぶ. これが通常の微分作用素と同じく，線形の作用素であることは，定義式（C.1）から容易に確かめられる.

同様の方法で，空間 $\mathbb{R}^n$ 内の超曲面上でのラプラス–ベルトラミ作用素が定

義される.

　注意　上のラプラス–ベルトラミ作用素の構成に用いた勾配 grad_S の定義は，直観的なわかりやすさを重視したために微分幾何学で通例用いられている定義と見かけ上は異なっているが，本質的には同等である.

§C.3　ラプラシアンの球座標表示

　空間 $\mathbb{R}^n$ の原点以外の点 x は，正の実数 r と $n-1$ 次元単位球面 $S = S^{n-1}$ 上の点 σ を用いて $x = r\sigma$ という形に一意的に書き表わされる. したがって，$\mathbb{R}^n$ 上の関数 $u(x)$ は，$x = r\sigma$ を代入することにより，$r > 0$ および $\sigma \in S$ の関数とみなせる. このとき，§3.2(a)で証明なしに述べたように，n 次元ラプラス演算子は

$$\Delta u = \frac{\partial^2 u}{\partial r^2} + \frac{n-1}{r}\frac{\partial u}{\partial r} + \frac{1}{r^2}\Delta_S u \tag{C.2}$$

と表示される. ここで，Δ_S は $n-1$ 次元単位球面上のラプラス–ベルトラミ作用素である. この公式の証明を与えよう.

　[公式(C.2)の証明]　$\mathbb{R}^n$ 上で定義された滑らかな関数 $\psi(x)$ で，十分大きな球の外側および原点の近傍上で 0 となるものを任意にとる. 部分積分により

$$\int_{\mathbb{R}^n} \psi \Delta u \, dx = -\int_{\mathbb{R}^n} \nabla\psi \cdot \nabla u \, dx = -\int_0^\infty r^{n-1}\Big(\int_S \nabla\psi \cdot \nabla u \, d\sigma\Big) dr$$

が成り立つ. ここで ∇u は通常の勾配 $\mathrm{grad}\, u$ を表わす. 容易にわかるように

$$\nabla\psi \cdot \nabla u = \frac{\partial\psi}{\partial r}\frac{\partial u}{\partial r} + \frac{1}{r^2}\mathrm{grad}_S\psi \cdot \mathrm{grad}_S u$$

となるので，上の式の右辺は次のように変形される.

$$-\int_S \Big(\int_0^\infty r^{n-1}\frac{\partial\psi}{\partial r}\frac{\partial u}{\partial r}\, dr\Big) d\sigma - \int_0^\infty r^{n-3}\Big(\int_S \mathrm{grad}_S\psi \cdot \mathrm{grad}_S u \, d\sigma\Big) dr$$

第1項，第2項の括弧内の積分に部分積分をほどこし，積分変数を x に戻すと

$$\int_{\mathbb{R}^n} \psi \Delta u \, dx = \int_{\mathbb{R}^n} \psi \left\{ \frac{1}{r^{n-1}} \frac{\partial}{\partial r} \left(r^{n-1} \frac{\partial u}{\partial r} \right) + \frac{1}{r^2} \Delta_S u \right\} dx$$

を得る. これと ψ の任意性から(C.2)が従う. ∎

$n = 2$ の場合, (r, σ) 座標とは通常の極座標にほかならない. よって, 公式(3.20)との比較により, 円周 S^1 上では

$$\Delta_S u = \frac{\partial^2 u}{\partial \theta^2}$$

となることがわかる. また, $n = 3$ とおいて公式(C.2)と公式(3.26)を比較することにより, 2次元球面 S^2 上のラプラス–ベルトラミ作用素が, 3次元極座標では以下のように表示されることがわかる.

$$\Delta_S u = \frac{1}{\sin \theta} \frac{\partial}{\partial \theta} \left(\sin \theta \frac{\partial u}{\partial \theta} \right) + \frac{1}{\sin^2 \theta} \frac{\partial^2 u}{\partial \varphi^2}$$

現代数学への展望

　18世紀半ばに産声をあげた偏微分方程式の理論は，19世紀に入って急速に発展し，フーリエの方法や，グリーン関数法などの高度な解法が登場するとともに，単なる解法の研究から脱して，方程式の解の一般的性質を研究することも盛んとなった．調和関数の最大値原理などはその好例である．しかしながら，偏微分方程式の理論がますます高度化する一方で，解析学全般に一段と高い厳密性が要求されるようになってきたため，19世紀末頃の研究には，煩雑な極限論法を用いた難解な技法が数多く見られるようになった．20世紀に入って登場した関数解析の手法は，それらの煩雑な論法を整理し，より簡明で普遍性の高い議論で置き換えた．これによって，従来よりはるかに広いクラスの方程式を系統的に扱う道が開かれた．

　本書で扱った内容は，主として19世紀末までに形成された偏微分方程式の古典理論である．これに，20世紀に登場した近代理論の視点を加味した（超関数，広義解，'型' の分類等）．近代的な偏微分方程式論の詳しい紹介は，本シリーズの続編である岩波講座『現代数学の基礎』の関係分冊に譲り（巻末の「参考書」参照），ここではいくつかの話題に絞って，近代理論の成立期の事情や，その後の発展について簡単に述べることにしよう．

近代理論の黎明期──関数解析的手法の成立

　関数解析学とは，関数が無数に集まって形作る集合を一種の空間と見なし（これを「関数空間」と呼ぶ），各種の関数空間の幾何学的構造を論じたり，関数空間上で定義された写像や方程式の性質を研究する学問である．通例，関数空間は無限次元のベクトル空間をなす．そして，その上で展開される関数解析学は，無限次元版の線形代数という一面を有している．

　関数解析学の端緒となったヒルベルト空間の理論は，ある種の積分方程式

から派生する無限連立 1 次方程式を解く研究から生まれた．積分方程式は偏微分方程式と関係が深く，さまざまな形の方程式が 19 世紀から盛んに研究されていた．スウェーデンの数学者フレドホルム（Fredholm）は，積分方程式

$$\varphi(s) - \lambda \int_0^1 K(s,t)\varphi(t)dt = f(s) \tag{1}$$

が任意の関数 $f(s)$ に対して解をもつことと，斉次の積分方程式

$$\varphi(s) - \lambda \int_0^1 K(s,t)\varphi(t)dt = 0$$

が 0 以外に解をもたないことが同値であることを証明した(1903)．今日「フレドホルムの択一定理」と呼ばれる重要な定理の原型である．この結果にヒルベルト（Hilbert）は大いに啓発され，一連の研究を開始した．この方程式は，ある種の固有関数展開を用いると，次のような（無限個の未知数に対する）連立 1 次方程式に帰着する．

$$x_i + \lambda \sum_{j=1}^{\infty} a_{ij}x_j = b_i \qquad (i = 1, 2, 3, \cdots) \tag{2}$$

類似の無限連立 1 次方程式は，19 世紀はじめのフーリエの熱伝導の研究にも登場する．フーリエは，彼の無限連立 1 次方程式の最初の N 個の式だけを取り出して残りを切り捨て，さらに未知数 $x_{N+1}, x_{N+2}, \cdots$ を含む項を切り捨てることで N 元連立 1 次方程式を導いた．その N 元連立 1 次方程式を解き，しかる後 $N \to \infty$ とすることにより，もとの無限連立 1 次方程式の解が得られると考えた．このようなフーリエの素朴な方法でも，たいていの場合は正しい結果が得られるが，つねにうまくいくとは限らない．例えば次の連立方程式を考えてみよう．

$$x_1 + x_2 + x_3 + x_4 + \cdots = 1$$
$$x_2 + x_3 + x_4 + \cdots = 1$$
$$x_3 + x_4 + \cdots = 1$$
$$\cdots\cdots\cdots$$

この方程式をフーリエ流の有限系近似の方法で解くと，解として $x_1 = x_2 = x_3 = \cdots = 0$ が得られる．しかし実際は，上の無限系は解をもたない．このよ

うに，無限個の未知数を含む連立方程式は，一筋縄では扱えない難しさをはらんでいる．

ヒルベルトは，連立 1 次方程式 (2) を，
$$x_1^2 + x_2^2 + x_3^2 + \cdots < \infty$$
をみたす数列 $(x_1, x_2, x_3, \cdots)$ 全体のなす空間上の方程式ととらえた．この空間は，今日「数列空間 l^2」と呼ばれる無限次元のベクトル空間である．（一時期，「ヒルベルト空間」という呼称は，この特定の空間に限定して用いられたこともあった．）ついで，彼は，この空間における「完全連続」な「双線形形式」の概念を確立し，係数 $\{a_{ij}\}$ の定める双線形形式 $\sum a_{ij} x_i x_j$ が完全連続であれば，無限連立 1 次方程式 (2) に対してフレドホルムの択一定理が成り立つことを証明した (1904, 1906)．ヒルベルトの仕事は，フレドホルムの結果をより高い見地から見直し，無限次元空間の関数解析に道を開くものであった．ただしヒルベルトの証明法自体は，まだ旧来の有限系近似の域を出ない煩雑な論法であったため，この点がシュミット (Schmidt) によって大幅に改良され (1905, 1907)，内積，空間の完備性，射影，直交基底による展開など，今日のヒルベルト空間論で用いられる諸概念が上述の数列空間に対して導入された．これによって，無限次元版の線形代数の視点が確立し，その後の関数解析学の研究の出発点となった．ヒルベルトは，この他，ポアンカレ (Poincaré) の着想を大きく発展させてスペクトル分解や連続スペクトルなどの重要な概念を数多く導入し，20 世紀の数学や物理学に大きな影響を与えた．ヒルベルト空間論は，その後リース (Riesz) やフォン・ノイマン (von Neumann) らの研究で大きく発展した．

関数解析学は，偏微分方程式や積分方程式論のさまざまな結果を，線形代数における既知の結果のアナロジーとしてとらえる視点を提供した．この視点により，これらの分野の研究の性格が，はるかに理解しやすいものとなった．

ディリクレ原理の復活
次に，19 世紀に大きな論議を呼び，一度は見捨てられながら 20 世紀に甦

った「ディリクレ原理」の歴史を振り返ってみよう. この原理は, ラプラス
の方程式に対する境界値問題(ディリクレ問題)を, 積分

$$E[u] = \int_\Omega |\nabla u|^2 dx$$

を最小化する問題に帰着して解く方法である. すなわち, 与えられた境界条
件の下で上記の積分の値を最小にする関数 $u(x)$ を見つければ, それがただち
にディリクレ問題の解になる, というわけである(本書§3.5(a)および§1.2
の例 1.8 参照). この方法は, 電磁気学に関するガウス(1839)やトンプソン
(1847)の研究ですでに用いられていたが, ディリクレの講義を聴いてこのア
イデアに啓発されたリーマンが, これを「ディリクレ原理」と名付けて複素
関数論の研究(1851, 1857)に活用したことで, その有効性が広く知れ渡るよ
うになった.

　では, 上記の積分を(与えられた境界条件の下で)最小にする関数は本当に
存在するのだろうか? もしその存在が保証されないのなら, ディリクレ原
理で解を見つける方法は根本から破綻してしまうから, これは重要なポイン
トである. しかしながら, ガウスやリーマンの議論においては, その点がま
ったく明確にされていなかった. 彼らは, 積分 $E[u]$ の値は下に有界だから,
$E[u]$ を最小にする関数が存在するのは当然と考えたのである. 当初, この
論法に不備を感じる者はほとんどいなかった. しかし, 下に有界な関数が必
ずしも最小値をもつとは限らないように(例えば関数 e^x を数直線 $-\infty < x <$
∞ の上で考えてみよ), 下に有界な積分が最小値を達成するとは一般に限ら
ない. そうした一部の批判が論理的には的を射ていることにリーマンは気づ
いていたが, 直観的にはディリクレ原理の正しさに自信をもっていた. しか
し 1870 年にワイエルシュトラスは, つねに正の値をとる積分でありながら,
その値を最小にする関数が存在しない例を構成して見せ(本シリーズ『現代
解析学への誘い』§3.6(c)参照), 当時の数学界に大きな衝撃を与えるととも
に, ディリクレ原理への批判を決定的なものとした. ワイエルシュトラスは
ディリクレ原理そのものを否定したわけではなく, あくまでその論法の不完
全さを指摘したにすぎなかったのだが, これ以後, ディリクレ原理は厳密性

を欠く論法との烙印を押され，数学の議論から遠ざけられた．（ちなみに，リーマンがディリクレ原理を用いて示した複素関数論の重要な結果は，他の人々によってディリクレ原理を用いない方法で再証明された．）

　こうして，いったんは風前の灯となったディリクレ原理を，厳密な方法として再生したのはヒルベルトの仕事である（1900，ただし出版は1905）．ヒルベルトの証明法は，今日の目で見ると泥臭い部分が多いが，彼の論文の最後で「広義解」の概念の重要性を（漠然とした言葉ながら）指摘している点は注目に値する．現代の偏微分方程式論では，広義解の果たす役割の重要性がはっきり認識されており，ヒルベルトの着眼点は，その意味で先駆的であった．なお，広義解の重要性は，ヒルベルトよりも早くポアンカレも指摘していたことを付け加えておく．

　その後ディリクレ原理の証明は，関数解析的視点の導入によって，ヒルベルトのものよりも大幅に簡略化され，リーマンがディリクレ原理の長所と考えた直観的なわかりやすさを取り戻した．ディリクレ原理の考え方は，その後一般化されて発展し，現代の偏微分方程式の研究において非常に重要な役割を演じている．

作用素の半群と発展方程式

　線形代数のアナロジーが成功した例は枚挙にいとまがないが，とくに重要なもののひとつとして，20世紀半ばに研究された「作用素の半群」の理論をあげることができる．この理論の目標は，端的に述べれば，熱伝導方程式 $\frac{\partial u}{\partial t} = \Delta u$ や波動方程式 $\frac{\partial^2 u}{\partial t^2} = \Delta u$ など種々の偏微分方程式の初期値問題や初期境界値問題を，関数空間上の微分方程式

$$\frac{du}{dt} = Au \quad (t > 0), \qquad u(0) = u_0$$

として定式化し，その解を

$$u(t) = e^{tA}u_0 \quad (t \geq 0)$$

という形に表示することである．これは，線形常微分方程式の初期値問題を行列の指数関数を用いて表示するやり方を，そのまま無限次元に拡張する

試みといえる．ただし作用素 A は，一般に有界な作用素とは限らないから，e^{tA} をベキ級数展開で定義するわけにはいかない．そこで，どのようなクラスの作用素に対して e^{tA}（これを作用素 A が生成する半群と呼ぶ）がきちんと定義できるかが問題となる．1948 年にヒレ(Hille)と吉田耕作はこの問題を独立に解決し（ヒレ–吉田の定理），非定常問題の研究に新しい時代を開いた．

1950 年代末から 60 年代はじめにかけては，「正則半群」と呼ばれる特別なクラスの半群が導入された．これは，平滑化作用をもつ熱伝導方程式 $\partial u/\partial t = \Delta u$ を一般化した概念であり，解の存在や一意性だけでなく，解の滑らかさなどの，より深い性質を半群論の中に取り込むことができるようになった．この理論は流体力学におけるナヴィエ–ストークス方程式の解析など多方面に応用され，著しい成果をあげた．その後半群の理論は，「発展方程式論」という名のもとに研究が続けられ，その成果の一部は，現代の非線形偏微分方程式論の研究にも役立てられている．

幾何学的構造と偏微分方程式

偏微分方程式は，また，幾何学的な構造の記述にも重要な役割を演じる．例えばアインシュタイン方程式と呼ばれる偏微分方程式は，重力による時空間の歪みを記述する方程式である．その解の性質を調べることにより，我々の宇宙における時間と空間と重力の複雑な絡まりの構造が解明できる．ブラックホールの存在も，この方程式の解析によって予言されたものである．

上の例では，方程式の解そのものが幾何学的実体を表わしたが，これとはまったく別の角度から，偏微分方程式と幾何学的構造とが密接に結びつくことがある．例えば，第 4 章の囲み記事「太鼓の形が聞こえるか？」で述べたように，平面領域 D 上のラプラシアンの固有値の分布の仕方を調べることで，D の形状についてのさまざまな情報──面積，境界の長さ，穴の数など──が得られる．同様の結果は，曲面に対しても成立する．S を滑らかな閉曲面，Δ_S を曲面 S 上のラプラス–ベルトラミ作用素(付録 C 参照)とし，S 上で固有値問題

$$\Delta_S \varphi + \lambda \varphi = 0$$

を考える.(例えば S が球面なら,この固有値問題の固有関数 φ は球面調和関数にほかならないことは第 3 章で述べた.)この固有値の全体を $0 < \lambda_1 < \lambda_2 \leqq \lambda_3 \leqq \cdots$ とすると,t が十分小さいとき

$$\sum_{k=1}^{\infty} \exp(-\lambda_k t) = \frac{|S|}{4\pi t} + \frac{\chi(S)}{6} + O(t)$$

が成り立つことが知られている.ここで $|S|$ は曲面 S の面積を,$\chi(S)$ は S のオイラー数を表わす.(「オイラー数」については本シリーズ『曲面の幾何』を参照されたい.これは曲面 S の位相的不変量,すなわち曲面を伸ばしたり縮めたり曲げたりしても変化しない量である.)この公式により,固有値分布の情報だけから曲面の面積やオイラー数が計算できることがわかる.なお,上の公式の左辺に現れる量は,S 上の熱伝導方程式

$$\frac{\partial u}{\partial t} = \Delta_S u$$

の基本解 $U(x, y, t)$ を,$x = y$ とおいて x について積分したものにほかならない(これを基本解のトレースとよぶ).この例に示したように,曲面や一般の多様体上で定義された偏微分方程式の解の性質にはしばしば,その曲面や多様体の大域的構造が反映される.それゆえ,幾何学(とりわけ微分幾何学)における重要な公式や命題が,偏微分方程式を用いて導かれる例は少なくない.なお,線形偏微分方程式と大域的構造との関係については,アティヤ(Atiyah)とシンガー(Singer)の指数定理(1963)が,それまでの成果を統合する最も一般的な結果になっている.

さらに,最近では偏微分方程式とトポロジー(位相幾何学)との新しい結びつきも生じている.物理学における場の理論から生まれたヤン-ミルズ方程式と呼ばれる偏微分方程式を用いて,4 次元多様体の分類に新しい道を拓いたドナルドソン(Donaldson)の研究(1983)は,その著しい例である.

拡散方程式と秩序形成

チューリング(Turing)は,コンピュータの理論的原型ともいえるチューリング機械の考案で知られるイギリスの数学者であるが,生物の形態形成のメ

カニズムの数学的研究でも先駆的な業績を残している．その研究においては，偏微分方程式が重要な役割を果たした．

「形態形成」とは，生物の発生の際に，卵細胞が細胞分裂を起こして複雑な構造が形作られる過程を指す．卵細胞は，最初は等方的で，どの部分が頭になるか足になるかは定まっていないが，かなり早い段階で等方性が破れ，頭の部分や足の部分に分化していくことが生物学者の研究でわかっていた．しかしながら，細胞内の等方性がなぜ破れて複雑な構造が生まれるのか，そのメカニズムは長らく大きな謎であった．チューリングは，このメカニズムが細胞内物質の「化学反応」と「拡散」の相乗効果で説明できると考え，その原始的モデルとして，次のような偏微分方程式を導いた．

$$\frac{\partial u}{\partial t} = d_1 \frac{\partial^2 u}{\partial x^2} + f(u, v)$$
$$\frac{\partial v}{\partial t} = d_2 \frac{\partial^2 v}{\partial x^2} + g(u, v)$$

これは，非線形の拡散方程式(第2章参照)であり，その物理的由来から「反応拡散方程式」と呼ばれることがある．チューリングは，上の方程式の解の性質を調べて，拡散係数 d_1, d_2 がともに0のときは空間的に一様な状態が安定であるが，$d_1, d_2 > 0$ のときには，空間的に一様な状態が不安定になるという状況を構成するのに成功した(1952)．これは，そもそも平均化の働きをする拡散現象が，まったく逆の効果をもたらす場合があることを示すものである．一見エントロピー増大の法則と矛盾する(ように見える)この働きは，「チューリング効果」あるいは「拡散不安定性」と呼ばれ，その後，形態形成の分野のみならず，自然界における秩序形成を拡散方程式を用いて研究する大きな流れを作った．また，こうした方向の研究が，非線形偏微分方程式の安定性理論や分岐理論など，今日ますます重要視されている定性的理論の発展に貢献している．

可積分系の理論

微分方程式の誕生以来19世紀までは，既知の関数を用いて微分方程式を

具体的に解こうとする研究も盛んに行なわれた．何らかの意味で一般解が具体的に計算可能な方程式を「可積分系」と呼ぶが，そのような方程式はきわめて限られており，簡単に解ける方程式は解き尽くされてしまった感があった．そのため20世紀前半には，この方向で新しい発展はもはや望み得ないものと思われていた．

ところが今世紀後半になって，KdV方程式のソリトン解の発見をきっかけに，新しい可積分系の例が続々と発見されるようになった(第4章の囲み記事「KdV方程式と可積分系」参照)．これらの中には物理学や工学で重要な方程式も多い．例えば先に触れたアインシュタイン方程式やヤン–ミルズ方程式も特殊な場合には可積分系になる．これらの方程式は，初等関数やテータ関数などを用いて表わされる具体的な解を豊富にもち，また無限個の保存量を備えているなどの多くの著しい性質を共有している．1960年代後半から1980年代へかけての研究によって，可積分系の背後に働いている代数的メカニズムが次第に明らかにされ，無限次元の対称性を鍵とする統一的な理解が得られるに至った．また，前世紀から今世紀初頭にかけて可積分系に関わる多くの結果が散発的に得られ，いったんは忘れ去られていたのであるが，可積分系の理論の進展によって，これらの埋もれていた研究に新しい光が当てられることにもなった．

可積分系は幾何学を始めとする数学や理論物理学，応用数理などの多くの分野と関係が深く，現在活発に研究が続けられている．

おわりに

この他ここでは紹介できなかったが，1960年代に登場した「代数解析」の理論は，偏微分方程式の解の構造を純代数的視点から研究する新しい流れを作った．また，非線形偏微分方程式を「無限次元力学系」の枠組みの中で論ずる新たな方向の研究も近年盛んになっており，流体の方程式や拡散方程式をはじめさまざまな方程式の解析に役立っている．

さて，本書では比較的解きやすい偏微分方程式を中心に解説してきた．これだけでも偏微分方程式の本質的に重要な事項はかなり紹介し得たと思うが，

もう少し複雑な方程式，例えば変数係数の方程式や込み入った形をした領域の上での方程式を扱おうとすると，本書に述べた方法では不十分である．それらの複雑な方程式に解が存在するのかどうか，その解が一つしかないのか数多くあるのか，このような基本的な問題に答えるためには，20世紀に開発された近代的な手法に訴えねばならない．これらの近代的な一般論については本書では触れなかったが，岩波講座『現代数学の基礎』の関係分冊で詳しく語られるであろう．

　20世紀の近代的理論は古典理論の限界を超える試みの中から生み出されたものではあるが，古典理論の中には近代理論が必ずしも十分継承し得なかった素材がまだ開発されずに眠っている可能性は高い．今後進んだ偏微分方程式論を学ぼうとする読者も，折に触れ，昔の文献などで古典理論に立ち戻ることをお勧めする．偏微分方程式の豊かさ，面白さの原点が，きっとそこに見いだせることだろう．

参 考 書

まず，入門レベルの教科書として定評のある本をいくつか掲げよう.

1.　R. Courant and D. Hilbert，数理物理学の方法(全4巻)，齋藤利弥監訳／麻嶋格次郎訳，東京図書，1989.

2.　I. G. Petrovskiĭ，偏微分方程式論，吉田耕作校閲／渡辺毅訳，東京図書，1958.

3.　L. Schwartz，物理数学の方法，吉田耕作，渡辺二郎訳，岩波書店，1966.

4.　V. S. Vladimirov，応用偏微分方程式(全2巻)，飯野理一・堤正義・岡沢登・藤巻英俊訳，文一総合出版，1977.

5.　伊藤清三，偏微分方程式，培風館，1966.

　1は近代解析学の啓蒙に大きな役割を果たした古典的名著であり，固有値問題や変分法にも詳しい．原著ドイツ語版の出版は1937年，英語版は1962年で，それから長い年月を経ているが，今日でもその輝きは失われていない．2も今世紀前半の偏微分方程式の発展に貢献した大家による古典として親しまれている．書き方はやや古いが読みやすい．3は超関数やフーリエ変換の理論などを駆使した新しい応用解析学を目指した本である．4は偏微分方程式の幅広い応用を念頭に置いており，演習問題の数も多い．5も読みやすく書かれた教科書である．

　上に掲げた参考書は，偏微分方程式論の膨大な入門書のほんの一部であり，この他にも数多くの良書が存在することをお断りしておく．より進んだ内容の勉強を目指す読者には，本シリーズに続く岩波講座『現代数学の基礎』の次に掲げる諸分冊が有益な指針を与えてくれるだろう．

6.　小谷眞一・俣野博，微分方程式と固有関数展開.

7.　村田實・倉田和浩，偏微分方程式1.

8.　井川満，偏微分方程式2.

9.　舟木直久，確率微分方程式.

また，上記の分冊に掲載されている参考書の項にも目を通されたい.

問 解 答

第1章

問1 $f(\lambda) = \lambda^{-\alpha} u(\lambda x_1, \cdots, \lambda x_n)$ とおくと (1.8) から $f'(\lambda) = 0$. これより $f(\lambda) = f(1) = u(x_1, \cdots, x_n)$.

問2 $t u_x + x u_t = 0$.

問4 (1) ダランベールの公式より,

$$|u^N(x,t) - u^\infty(x,t)|$$
$$\leqq \frac{1}{2} \{|u_0^N(x-ct) - u_0^\infty(x-ct)| + |u_0^N(x+ct) - u_0^N(x+ct)|\}$$
$$+ \frac{1}{2c} \left| \int_{x-ct}^{x+ct} |u_1^N(y) - u_1^\infty(y)| dy \right|$$
$$\leqq \|u_0^N - u_0^\infty\|_0 + |t| \|u_1^N - u_1^\infty\|_0.$$

これより所期の結論が容易に得られる.

(2) 上と同様にできるので省略する.

問5 $\varphi(0) = 0$ をみたす解は, 定数倍を除いて $\sinh(\sqrt{\mu} x)$ $(\mu > 0)$, x $(\mu = 0)$, $\sin(\sqrt{-\mu} x)$ $(\mu < 0)$. このうち $\varphi(l) = 0$ が成り立つのは, $\mu = -(n\pi/l)^2$ $(n = 1, 2, \cdots)$ のときに限る.

問6 (例 1.22) $\sum_{n=1}^{\infty} (-1)^{n-1}/(2n-1)^3 = \pi^3/32$, (例 1.23) $\sum_{n=1}^{\infty} (-1)^{n-1} 1/(2n-1) = \pi/4$.

問7
$$a_n(f) = (1/\pi) \int_{-\pi}^{\pi} f(x) \cos nx \, dx$$
$$= (1/n\pi)[f(x) \sin nx]_{-\pi}^{\pi} - (1/n\pi) \int_{-\pi}^{\pi} f'(x) \sin nx \, dx$$
$$= -(1/n) b_n(f').$$

他も同様.

問8 前問を繰り返し用いれば $a_n(f) = \pm(1/n^m) b_n(f^{(m)})$. 一方 $f^{(m)}(x)$ は連続なので $|b_n(f^{(m)})| \leqq (1/\pi) \int_{-\pi}^{\pi} |f^{(m)}(x)| dx = A < \infty$, これより $|a_n(f)| \leqq A n^{-m}$. $b_n(f)$ も同様.

問9 $dX/ds = X$, $dY/ds = 2Y$ より $X(s) = e^s X(0)$, $Y(s) = e^{2s} Y(0)$. これよ

り, 特性曲線は $y = ax^2$ の形の放物線全体, および x 軸, y 軸である. 一般解は, 任意関数 $\varphi(t)$ を用いて $u(x, y) = \varphi(x^2/y)$ と表わされる.

問 10 $M > 0$ の場合を考え, $g(z) = z + u_0(z)t$ とおくと,
$$g'(z) = 1 + u_0'(z)t \geqq 1 - Mt > 0$$
これより $g(z)$ が狭義単調増加関数であること, および値域が $\mathbb{R}$ 全体になることがわかる. よって, 関係式(1.70)から, $-\infty < x < \infty$, $0 \leqq t < M^{-1}$ の範囲で定義された関数 $u(x, t)$ が一意に定まる. これが(1.69)の解になることも容易に確かめられる. (例えば(1.70)の両辺を t で微分してみよ.)

問 11 $x = x_0 + u_0(x_0)t$ とおくと, (1.70)より
$$u(x, t) = u_0(x_0) = u_0(x - u_0(x_0)t)$$
この右辺に $u_0(x_0) = u(x, t)$ を代入すればよい.

問 12 (1) 問 11 の結果より $u = -(x - ut)$. よって
$$u(x, t) = \frac{-x}{1-t} \qquad (\text{ただし } 0 \leqq t < 1)$$
(2) $u_0(x) = \dfrac{-x + \sqrt{x^2 + 4}}{2}$ と書き直し, 問 11 の結果を用いると,
$$u = \frac{-x + tu + \sqrt{(x - tu)^2 + 4}}{2}.$$
これを解き, さらに初期条件を勘案すると, 次式を得る.
$$u(x, t) = \frac{2}{x + \sqrt{x^2 + 4(1-t)}}$$

第 2 章
問 2 $u(x, t) = \dfrac{8l^2}{\pi^3} \displaystyle\sum_{n=1}^{\infty} \frac{1}{(2n-1)^3} e^{-(2n-1)^2 \pi^2 t/l^2} \sin \frac{(2n-1)\pi}{l} x$

第 3 章
問 1 (1) $(x^2 - y^2)/2 + C$ (2) 存在しない

問 2 (1) $2xy$ (2) $-\dfrac{y+1}{x^2 + (y+1)^2}$

問 3 例えば $xy, yz, zx, x^2 - y^2, x^2 - z^2$.

問 4 (1) 省略(『微分と積分 1』を参照).

(2) 関数 $u(x_1, x_2, \cdots, x_n)$ の変数 $x_2, \cdots, x_n$ を固定し, これを x_1 のみの関数と見なしても凸であることは明らか. よって(1)の結果より $\partial^2 u / \partial x_1^2 \geqq 0$. 同様に

$\partial^2 u/\partial x_j^2 \geqq 0 \, (j=1, 2, \cdots, n)$. よって $\Delta u \geqq 0$.

問 5　公式 3.60 より

$$u(0,0,a) = \int_{x^2+y^2+z^2=R^2} \frac{\eta\, dS}{\sqrt{x^2+y^2+(z-a)^2}}$$

$$= \eta R^2 \int_0^{2\pi} d\varphi \int_0^\pi \frac{\sin\theta\, d\theta}{\sqrt{R^2+a^2-2Ra\cos\theta}}$$

$$= 2\pi\eta R^2 \int_{-1}^1 \frac{dt}{\sqrt{R^2+a^2-2Rat}} = \frac{2\pi\eta R}{a}(R+a-|R-a|)$$

よって $0<a\leqq R$ のとき $u(0,0,a)=4\pi\eta R$, $a>R$ のとき $u(0,0,a)=4\pi\eta R^2/a$.

問 6

$$u(re^{i\theta}) = r^3\cos 3\theta - r^2\sin 2\theta = \operatorname{Re}(x+iy)^3 - \operatorname{Im}(x+iy)^2$$

$$= x^3 - 3xy^2 - 2xy$$

問 7　単位円上の点 a を固定し，ポアソン核

$$P(x,a) = \frac{1}{2\pi}\frac{1-|x|^2}{|a-x|^2}$$

を考えると，これは所期の性質を有する.

問 8

$$\lambda = \int_0^1 \varphi(x)\widetilde{\varphi}(x)e^x dx = -\int_0^1 (\varphi''(x)+\varphi'(x))\widetilde{\varphi}(x)e^x dx$$

$$= -\int_0^1 \varphi(x)(\widetilde{\varphi}(x)e^x)'' dx + \int_0^1 \varphi(x)(\widetilde{\varphi}(x)e^x)' dx$$

$$= -\int_0^1 \varphi(x)(\widetilde{\varphi}''(x)+\widetilde{\varphi}'(x))e^x dx = \widetilde{\lambda}\int_0^1 \varphi(x)\widetilde{\varphi}(x)e^x dx$$

第 5 章

問 3　$f'(x)=H(x+1)+H(x-1)-2H(x)$, $f''(x)=\delta(x+1)+\delta(x-1)-2\delta(x)$.

問 4　答は直線 $\Gamma : x+y=0$ 上の線密度 1 の特異測度になる. すなわち

$$\langle \Delta g, \varphi \rangle = 2\sqrt{2}\int_\Gamma \varphi\, ds$$

ただし右辺は直線 Γ の線素 ds による積分を表わす.

演習問題解答

第1章

1.2 (1) 略. (2) 等高線の接ベクトルは $(-u_y, u_x)$ に比例するから $-y:x = \lambda:1-\lambda = -u_y:u_x$, これより $yu_x = xu_y$.

1.3 特性曲線の方程式は $dX/dt = -Y$, $dY/dt = X$. この解は $X^2 + Y^2 = c$ (c は定数)で与えられる. 各特性曲線上で解は一定の値をとるから, u は $x^2 + y^2$ のみの関数である.

1.4 等高線 $u = c$ を $x = x(s)$, $y = y(s)$ で表わせば $u_x x'(s) + u_y y'(s) = 0$. このとき $dv(x(s), y(s))/ds = v_x x'(s) + v_y y'(s)$ から $x'(s), y'(s)$ を消去し, $u_x v_y - u_y v_x = 0$ を用いれば $v(x(s), y(s))$ が s によらないことがわかる. よって v は $u = c$ 上一定の値をとる. [注意]一般には領域全体で $v = \varphi(u)$ となる(1価)関数 φ がとれるとは限らない(例: $u = \sin(x^2 + y^2)$, $v = \sin \pi(x^2 + y^2)$). u と v の役割をいれかえても同じことがいえる.

1.5 $x/r = f'(z)z_x$, $y/r = f'(z)z_y$ より, $\theta = \arctan(y/x)$ とすれば

$$\sqrt{1 + z_x^2 + z_y^2}\, dxdy = \sqrt{1 + f'(z)^2}/f'(z) \times rdrd\theta = f(z)\sqrt{1 + f'(z)^2}\, dzd\theta.$$

極小曲面の条件は汎関数 $A[f] = 2\pi \displaystyle\int f(z)\sqrt{1 + f'(z)^2}\, dz$ に対するオイラー方程式を立てることによって

$$\sqrt{1 + f'(z)^2} = \frac{d}{dz}\left(\frac{f(z)f'(z)}{\sqrt{1 + f'(z)^2}} \right)$$

これを整理して $f''(z)f(z) = 1 + f'(z)^2$ となる.

1.6 前問で $f(z) = \cosh z$ の場合である.

1.7 $u(x, t) = \displaystyle\sum_{n=1}^{\infty} b_n(t) \sin nx$ とフーリエ正弦展開すると, 微分方程式から $b_n''(t) + 2\mu b_n'(t) + c^2 n^2 b_n(t) = 0$. この解は

$$b_n(t) = e^{-\mu t} \times \begin{cases} \left(\alpha_n \cosh \sqrt{\mu^2 - n^2 c^2}\, t + \beta_n \dfrac{\sinh \sqrt{\mu^2 - n^2 c^2}\, t}{\sqrt{\mu^2 - n^2 c^2}} \right) & (n < \mu/c) \\[4mm] \left(\alpha_n \cos \sqrt{n^2 c^2 - \mu^2}\, t + \beta_n \dfrac{\sin \sqrt{n^2 c^2 - \mu^2}\, t}{\sqrt{n^2 c^2 - \mu^2}} \right) & (n \geq \mu/c) \end{cases}$$

ここに α_n, β_n は

$$\frac{2}{\pi} \int_0^\pi u_0(x) \sin nx dx = \alpha_n,$$

$$\frac{2}{\pi} \int_0^\pi u_1(x) \sin nx dx = -\mu\alpha_n + \beta_n$$

で与えられる. 解は $\mu = 0$ の場合時間とともに振動を繰り返すのに比べ, $\mu > 0$ の場合には $t \to \infty$ で急激に減衰する.

1.8 x, y を ξ, η の関数と見て $w = x\xi + y\eta - u$ を微分すれば $w_\xi = x_\xi\xi + x + y_\xi\eta - u_x x_\xi - u_y y_\xi = x$, 同様に $w_\eta = y$. よって $u = x\xi + y\eta - w = w_\xi\xi + w_\eta\eta - w$.

1.9 $w = \xi w_\xi + \eta w_\eta \mp \sqrt{\xi^2 + \eta^2}$.

1.10 前半は §1.6 と同様である. $t = 0$ で $x = x_0$ となる特性曲線は $X(t; x_0) = a(h(x_0))t + x_0$ で与えられる. 仮定から適当に $x_0 < x_1$ をとれば $h(x_0) > h(x_1)$ が成り立ち, このとき $a(h(x_0)) > a(h(x_1))$ であるから, x_0, x_1 を通る 2 つの特性曲線はある時刻 $t > 0$ で交わる.

第2章

2.1 $v(x,t) = u(\lambda x, \lambda^2 t)$ は熱方程式をみたし, $v(x,0) = H(\lambda x) = H(x)$. よって初期値問題の解の一意性により $v(x,t) = u(x,t)$. $\lambda = \sqrt{t}^{-1}$, $h(y) = u(y,1)$ ととれば $u(x,t) = h(x/\sqrt{t})$ が成り立ち, 微分方程式に代入すれば $yh'(y) = -2h''(y)$ を得る. $t \to 0$ とすれば $\lim_{y\to\infty} h(y) = 1$, $\lim_{y\to-\infty} h(y) = 0$ であるからこの条件のもとに解 $h(y)$ を求めると

$$h(y) = \frac{1}{2\sqrt{\pi}} \int_{-\infty}^y e^{-x^2/4} dx$$

2.2 $V(x,y,t) = e^{ct}U(x,y,t)$ が微分方程式をみたすことは容易にわかり,

$$\lim_{t\searrow 0} V(x,y,t) = \lim_{t\searrow 0} U(x,y,t) = \delta(x-y)$$

2.3

$$\frac{d}{dt}\frac{1}{2}\int_\Omega |\nabla u(x,t)|^2 dx = \int_\Omega \nabla u \cdot \nabla u_t dx$$

であるが, グリーンの定理によってこの右辺は

$$-\int_\Omega \Delta u \cdot u_t \, dx + \int_{\partial\Omega} \frac{\partial u}{\partial \nu} u_t \, dS$$

と書ける. $u(x,t)=0$ または $\partial u/\partial \nu(x,t)=0$ $(t>0,\ x\in S)$ のいずれの場合も第 2 項は 0 となるので, $\Delta u=u_t$ を用いて右辺は $-\int_\Omega u_t^2 dx$ と変形される.

2.4 容易にわかるように $K(x\mp y,t)$, $K(x\mp y^*,t)$ はいずれも熱方程式の解であるから, 重ね合わせの原理により $U(x,y,t)$ も解である. $t\searrow 0$ のとき $U(x,y,t)\to \delta(x-y)-\delta(x-y^*)-\delta(x+y^*)+\delta(x+y)$ ($\delta(x)$ は 2 次元の δ 関数) となるが, x,y がともに第 1 象限にあるとき第 2 項以下はすべて 0 になる.

2.5 フーリエの方法で解を求めると

$$u(x,t) = \sum_{n=1}^\infty b_n(t)\sin nx, \qquad b_n(t) = e^{-(n^2-a)t}b_n(0)$$

ただし

$$b_n(0) = \frac{2}{\pi}\int_0^\pi u_0(x)\sin nx\, dx$$

となる. $u_0(x)$ は滑らかであるからフーリエ係数は速く減少し, $M = \sum_{n=1}^\infty |b_n(0)| < \infty$ が成り立つ. このとき

$$|u(x,t)| \leqq \sum_{n=1}^\infty e^{-(n^2-a)t}|b_n(0)\sin nx| \leqq Me^{-(1-a)t}$$

となり, 右辺は $t\to\infty$ で 0 に収束する.

2.6

$$u(x_j,t_{k+1}) = (p-\varepsilon)u(x_{j-1},t_k)+(1-2p)u(x_j,t_k)+(p+\varepsilon)u(x_{j+1},t_k)$$

とし, $ph^2/\tau=1$, $\varepsilon h/\tau=1/2$ と選んで極限をとればよい.

第 3 章

3.1 (1) xyz　(2) $(e^y+e^{-y})\sin x$

3.2 $\boldsymbol{x}=(x,y)$, $\xi=(\xi,\eta)$ とし, $\boldsymbol{x}^*=(x,-y)$ と記す. $\Omega=\{(x,y)\,|\,y>0\}$ におけるグリーン関数は $G(\boldsymbol{x},\xi)=E(\boldsymbol{x}-\xi)-E(\boldsymbol{x}^*-\xi)$. これを用いてディリクレ問題の解は

$$u(x,y) = \int_{\partial\Omega}\psi(\xi)\frac{\partial}{\partial\nu_\xi}G(\boldsymbol{x},\xi)dS_\xi = \int_{-\infty}^\infty \psi(\xi,0)\left(-\frac{\partial}{\partial\eta}\right)G(\boldsymbol{x},\xi)\Big|_{\eta=0}$$

で与えられる. $E(\boldsymbol{x})=(1/2\pi)\log|\boldsymbol{x}|$ を代入すれば

$$\left(-\frac{\partial}{\partial\eta}\right)G(\boldsymbol{x},\xi)\Big|_{\eta=0} = \frac{1}{\pi}\frac{y}{(x-\xi)^2+y^2}$$

が得られるがこれがポアソン核にあたる.

3.3 (1) 恒等式 $\operatorname{div}\operatorname{rot}\boldsymbol{v}=0$ より $\operatorname{div}_x\boldsymbol{A}=-\displaystyle\int E(y)\operatorname{div}_x\operatorname{rot}\boldsymbol{v}(x-y)dy=0.$
また

$$\Delta\boldsymbol{A}=-\int\Delta_x E(x-y)\operatorname{rot}\boldsymbol{v}(y)dy$$
$$=-\int\delta(x-y)\operatorname{rot}\boldsymbol{v}(y)dy=-\operatorname{rot}\boldsymbol{v}(x)$$

(2) 略. (3) $\boldsymbol{u}=\boldsymbol{v}-\operatorname{rot}\boldsymbol{A}$ は $\operatorname{rot}\boldsymbol{u}=\boldsymbol{0}$ をみたすので $\boldsymbol{u}=\operatorname{grad}\varphi$ と書くことができる.

3.4 (1)

$$n\frac{\partial\lambda}{\partial x_i}=\sum_{k=1}^n\frac{\partial}{\partial x_i}|\nabla F_k|^2=2\sum_{j,k=1}^n\frac{\partial F_k}{\partial x_j}\frac{\partial^2 F_k}{\partial x_i\partial x_j}$$
$$=2\sum_{j,k=1}^n\frac{\partial}{\partial x_j}\left(\frac{\partial F_k}{\partial x_i}\frac{\partial F_k}{\partial x_j}\right)-2\sum_{k=1}^n\frac{\partial F_k}{\partial x_i}\Delta F_k$$

次にこれを x_i で微分して i について加え,

$$n\Delta\lambda=2\sum_{i,j,k=1}^n\frac{\partial^2}{\partial x_i\partial x_j}\left(\frac{\partial F_k}{\partial x_i}\frac{\partial F_k}{\partial x_j}\right)$$
$$=2\sum_{i,j,k=1}^n\left(\frac{\partial^2 F_k}{\partial x_i\partial x_j}\right)^2+4\sum_{i,k=1}^n\frac{\partial F_k}{\partial x_i}\frac{\partial}{\partial x_i}(\Delta F_k)$$

より求める式を得る.

(2) $\lambda^{-1/2}(\partial F_i/\partial x_j)_{i,j=1}^n$ は直交行列だから

$$\sum_{k=1}^n\frac{\partial F_k}{\partial x_i}\frac{\partial F_k}{\partial x_j}=\lambda\delta_{ij}$$

が出る. 両辺を x_j で微分して j について加えればよい.

(3) 上の(1),(2)を比べると $n\neq2$ ならば $\partial\lambda/\partial x_i=0$ を得る. これより

$$0=\Delta\lambda=\frac{2}{n}\sum_{i,j,k=1}^n\left(\frac{\partial^2 F_k}{\partial x_i\partial x_j}\right)^2$$

が従う.

3.5 $-\Delta$ の固有値は $\lambda=(m_1^2+\cdots+m_n^2)\pi^2/a^2$ $(m_1,\cdots,m_n=1,2,\cdots)$ という形をしている. いま第1象限 $x_1,\cdots,x_n\geqq0$ 内にあって格子点 $(m_1,\cdots,m_n)$ $(m_i$ は整数)を頂点とする単位立方体を考える. このうち球面 $x_1^2+\cdots+x_n^2=R^2$ の内部にあるもの, および球面と交わりをもつものの個数をそれぞれ $k(R),k'(R)$ とすると体積を比較して $k(R)\leqq(R/2)^n\omega_n<k(R)+k'(R)$ (ただし ω_n は単位球の体積).

また $k(R)$ 番目の固有値の大きさを考え $\lambda_{k(R)} \leqq R^2\pi^2/a^2 < \lambda_{k(R)+1}$. $R \to \infty$ のとき $k'(R)/k(R) = O(R^{-1})$ であるから, $A = 4\pi^2/(a^2\omega_n^{2/n})$ とおけばこれらの式から $R^2\pi^2 = Ak(R)^{2/n}(1+O(R^{-1}))$. よって $\lim_{k\to\infty} k^{-2/n}\lambda_k = A$ を得る. (注意: $A^{-n/2}$ は領域 Ω の体積に比例する.)

3.6 u を領域 Ω における $\Delta u = 0$ の古典解とし, $x_0 \in \Omega$ の近くで考える. $x_0 = 0$ として一般性を失わない. いま 0 を中心とし Ω に含まれる半径 R の球 B をとり, B において $u|_{\partial B}$ を境界値とするディリクレ問題の解を考えれば, ポアソンの公式によって

$$u(x) = c_n \int_{|y|=R} \frac{R^2-|x|^2}{|y-x|^n} u(y)dS_y \qquad (x \in B) \tag{1}$$

と書ける(c_n は定数). この表示から $u(x)$ は C^∞ 級であることがわかる.

いま Ω 上の調和関数列 $\{u_j\}_{j=1}^\infty$ が関数 u に広義一様収束をするものとする. x_0, B を上のようにとって u_j に公式(1)を適用し, ∂B 上 u_j が一様収束することに注意すれば(1)が u についても成り立つ. よって u は B で調和である. x_0 は任意であるから u は Ω で調和となる.

3.7 ケルヴィン変換により

$$u^*(x) = u(x^*) = u\left(\frac{x}{|x|^2}\right)$$

とおけば, これは $|x|=1$ のとき境界値 $u^*(x) = x_1/(x_1^2+x_2^2) = x_1$ をもつ内部問題の解. 明らかに $u^*(x) \equiv x_1$ がその解である. よって $u(x) = u^*(x^*) = x_1/(x_1^2+x_2^2)$.

3.8 $G(x,y)=0$ $(y \in \partial\Omega)$ は明らか. また $\Delta\varphi_k(x) = -\lambda_k\varphi_k(x)$ より

$$\int_\Omega (\Delta_y G(x,y))\varphi_l(y)dy = \int_\Omega \sum_{k=1}^\infty \varphi_k(x)\varphi_k(y)\varphi_l(y)dy = \varphi_l(x)$$

が成り立つ. 任意の関数 $\varphi(x)$ は $\{\varphi_l(x)\}_{l=1}^\infty$ によって固有関数展開できるから $\int_\Omega (\Delta_y G(x,y))\varphi(y)dy = \varphi(x)$. これは $\Delta_y G(x,y) = \delta(x-y)$ を示す.

3.9 前問同様に $u(x)=0$ $(x \in \partial\Omega)$ であり, また

$$\Delta u - au = \sum_{k=1}^\infty \frac{c_k}{\lambda_k+a}(\lambda_k\varphi_k + a\varphi_k) = \sum_{k=1}^\infty c_k\varphi_k = f$$

3.10 (1) $H(x,y)=0$ $(x \in \partial\Omega)$ は明らか. また

$$\Delta_x H(x,y) = -\int_0^\infty \frac{\partial}{\partial t}U(x,y,t)dt = \lim_{t \searrow 0} U(x,y,t) = \delta(x-y)$$

(2) $H(x,y) = -\int_0^\infty \left(\sum_{k=1}^\infty e^{-\lambda_k t} \varphi_k(x)\varphi_k(y) \right) dt = \sum_{k=1}^\infty \frac{1}{\lambda_k} \varphi_k(x)\varphi_k(y) = G(x,y)$

3.11 (1) 点 $x \in \Omega$ を中心とする半径 ε の球 $B \subset \Omega$ をとって $\Omega_\varepsilon = \Omega - B$ とおく. u は C^2 級の解であるとし, グリーンの公式を適用すれば

$$\int_{\Omega_\varepsilon} (u(y)\Delta_y G(x,y) - G(x,y)\Delta u(y))dy$$

$$= \int_{\partial\Omega_\varepsilon} \left(u(y)\frac{\partial}{\partial\nu_y}G(x,y) - G(x,y)\frac{\partial}{\partial\nu_y}u(y) \right) dS_y.$$

ここで $\varepsilon \searrow 0$ とし, §3.4(b) と同様に議論すれば $u(y) = 0$, $G(x,y) = 0$ $(y \in \partial\Omega)$ に注意して

$$u(x) = \int_\Omega G(x,y)\Delta u(y)dy = \int_\Omega G(x,y)g(u(y))dy$$

が導かれる.

(2) (3.88)により

$$u(x) = \int_\Omega E(x-y)g(u(y))dy + \int_\Omega h(x,y)g(u(y))dy$$

であるが, この第2項は x について C^2 級である. また $g(u(y))$ が連続であるから命題3.33により第1項は Ω で C^1 級となることがわかる. ゆえに $u(x)$ は Ω で C^1 級となる. このとき $g(u(x))$ は Ω で C^1 級であるから $v(x) = \int_\Omega E(x-y)g(u(y))dy$ は C^2 級で $\Delta v = g(u)$ をみたす. $\Delta \int_\Omega h(x,y)g(u(y))dy = 0$ であるから $\Delta u = g(u)$ が従う.

第4章

4.1 (1) $2E(t) + a'(t) = \int (u_t^2 + c^2 u_x^2 + uu_t)dx$ より

$$2E'(t) + a''(t) = \int (2u_t u_{tt} + 2c^2 u_x u_{xt} + u_t^2 + uu_{tt})dx$$

ここで $u_{tt} = -u_t + c^2 u_{xx}$ を代入し,

$$\int u_x u_{xt}\,dx = -\int u_{xx}u_t\,dx, \qquad \int uu_{xx}\,dx = -\int u_x^2\,dx$$

などを用いればよい.

(2) $E(t) \geqq 0$ ゆえ $a'(t) \leqq Ae^{-t}$, よって $a(t) - a(0) \leqq \int_0^t Ae^{-s}ds = A(1-e^{-t})$. $a(t) \geqq 0$ と合わせて, $a(t)$ は有界.

(3) $E'(t) = -\displaystyle\int_{-\infty}^{\infty} u_t^2\,dx$ より明らか.

(4) $E(t)$ は単調減少ゆえ, $t \to \infty$ のとき収束する. 極限値を α とおくと, (1) の関係式から $a'(t) \to -2\alpha$ $(t \to \infty)$. よって, もし $\alpha > 0$ なら, $a(t) \to -\infty$ となって, $a(t) \geqq 0$ に矛盾する.

4.2 $(1/c^2)w_{tt} = w_{rr} + (2/r)w_r - (k(k-1)/r^2)w$ が成り立つとき $v = w_r - (k-1)w/r$ は $(1/c^2)v_{tt} = v_{rr} + (2/r)v_r - (k(k+1)/r^2)v$ をみたすことが計算で確かめられる.

4.3 (1) $-ch' + hh' + \mu h''' = 0$. これを積分して $-ch + h^2/2 + \mu h'' = A$ (A は定数) となる. $h(z) \to 0$ $(z \to \pm\infty)$ より $h''(z) \to A/\mu$ $(z \to \pm\infty)$ であるが, $A \neq 0$ とすると $|h(z)| \to +\infty$ $(z \to +\infty)$ となって仮定に矛盾. ゆえに $A = 0$. さらに h' を掛けて積分し $-ch^2/2 + h^3/6 + \mu h'^2/2 = B$ (B は定数) を得るが, 上と同様の論法で $B = 0$ がわかる. これは初等的に積分できて, 解

$$h(z) = \frac{3c}{\cosh^2(az+b)} \qquad \left(a = \frac{1}{2}\sqrt{\frac{c}{\mu}},\ b\ \text{は積分定数}\right)$$

を得る. (2) 略.

4.4 $(c^2 - u^2)\psi_{vv} + 2uv\psi_{uv} + (c^2 - v^2)\psi_{uu} = 0$.

4.5 $c^2\psi_{qq} + (c^2/q - q)\psi_q + (c^2/q^2 - 1)\psi_{\theta\theta} = 0$. これを変数変換 $q = q(X)$ によって書き替えると

$$X'^2\psi_{XX} + \left(X'' + \left(\frac{1}{q} - \frac{q}{c^2}\right)X'\right)\psi_X + \left(\frac{1}{q^2} - \frac{1}{c^2}\right)\psi_{\theta\theta} = 0$$

を得る. よって $X'' + \left(\dfrac{1}{q} - \dfrac{q}{c^2}\right)X' = 0$ と選べば求める形になる.

第5章

5.1 $I_\varepsilon = (-\infty, -\varepsilon] \cup [\varepsilon, \infty)$, $J_\varepsilon = [-\varepsilon, \varepsilon]$ とおき, また $M = \displaystyle\max_{x \in \mathbb{R}}|\varphi(x)|$ とおく.

$$\begin{aligned}
|\langle f_n, \varphi\rangle - \varphi(0)| &= \left|\int_{-\infty}^{+\infty} f_n(x)(\varphi(x) - \varphi(0))dx\right| \\
&\leqq \left(\int_{I_\varepsilon} + \int_{J_\varepsilon}\right)f_n(x)|\varphi(x) - \varphi(0)|dx \\
&\leqq 2M\int_{I_\varepsilon} f_n(x)dx + \max_{x \in J_\varepsilon}|\varphi(x) - \varphi(0)|\int_{J_\varepsilon} f_n(x)dx
\end{aligned}$$

$n \to \infty$ とすると

$$\varlimsup_{n \to \infty} |\langle f_n, \varphi \rangle - \varphi(0)| \leq \max_{x \in J_\varepsilon} |\varphi(x) - \varphi(0)|$$

ここで ε は勝手な正の数だから，$\varepsilon \to 0$ とすると φ の連続性により右辺 $\to 0$．よって $\varlimsup_{n\to\infty} |\langle f_n, \varphi \rangle - \varphi(0)| = 0$．

5.2 定理 3.34 より，

$$w(x) = \int_{\mathbb{R}^n} E(x-y)f(y)dy$$

は C^2 級関数で，$\Delta w = f$ をみたす．よって $v = u - w$ は $\Delta v = 0$ の弱解である．命題 5.12 より，v は C^∞ 級，したがって $u = v + w$ は C^2 級である．

5.3 (1) 仮定より

$$u(\xi_1, \eta_1) - u(\xi_2, \eta_1) = u(\xi_1, \eta_2) - u(\xi_2, \eta_2)$$

が任意の ξ_i, η_i について成り立つ．いま ξ_2 を固定して考えると，上の式は $f(\xi) = u(\xi, \eta) - u(\xi_2, \eta)$ が η によらないことを示す．$g(\eta) = u(\xi_2, \eta)$ とおけば $u(\xi, \eta) = f(\xi) + g(\eta)$．$\varphi(\xi, \eta)$ をテスト関数とすれば

$$\int_{-\infty}^{\infty}\int_{-\infty}^{\infty} u(\xi, \eta) \frac{\partial^2 \varphi}{\partial \xi \partial \eta} d\xi d\eta$$

$$= \int_{-\infty}^{\infty} f(\xi)\left(\int_{-\infty}^{\infty} \frac{\partial^2 \varphi}{\partial \xi \partial \eta} d\eta\right)d\xi + \int_{-\infty}^{\infty} g(\eta)\left(\int_{-\infty}^{\infty} \frac{\partial^2 \varphi}{\partial \xi \partial \eta} d\xi\right)d\eta = 0$$

これは u が $\partial^2 u / \partial \xi \partial \eta = 0$ の弱解となることを示す．

(2) u が C^2 級ならば，$f(\xi), g(\eta)$ も C^2 級である．よって，$\partial^2 u / \partial \xi \partial \eta = \partial^2 / \partial \xi \partial \eta (f(\xi) + g(\eta)) = 0$．

5.4 (1) $u = a(t)(x+1)$ を方程式に代入すればよい．(2) 略．

(3) テスト関数 $\varphi(x,t)$ に対し，

$$\int_0^\infty \int_{-\infty}^\infty \left(u\varphi_t + \frac{1}{2}u^2\varphi_x\right)dxdt$$

$$= \int_0^\infty \int_{-1}^{\xi(t)} \left\{a(t)(x+1)\varphi_t + \frac{1}{2}a(t)^2(x+1)^2\varphi_x\right\}dxdt$$

これを部分積分などで変形し，(1), (2) から得られる関係式 $\xi'(t) = \frac{1}{2}a(t)(\xi(t)+1)$ を用いると，

$$-\int_{-\infty}^\infty u_0(x)\varphi(x,0)dx$$

に等しいことが示される（途中の計算は省略）．

索　引

俣野 博

1952 年生まれ
1975 年京都大学理学部卒業
現在 東京大学名誉教授, 明治大学研究特別教授
専攻 非線形偏微分方程式

神保道夫

1951 年生まれ
1974 年東京大学理学部数学科卒業
現在 京都大学・東京大学・立教大学名誉教授
専攻 数理物理学

現代数学への入門 新装版
熱・波動と微分方程式

2004 年 3 月 5 日 第 1 刷発行
2009 年 5 月 7 日 第 5 刷発行
2024 年 1 月 25 日 新装版第 1 刷発行

著 者 俣野 博 神保道夫

発行者 坂本政謙

発行所 株式会社 岩波書店
〒101-8002 東京都千代田区一ツ橋 2-5-5
電話案内 03-5210-4000
https://www.iwanami.co.jp/

印刷製本・法令印刷

現代数学への入門 （全 16 冊〈新装版＝第 1 回 7 冊〉）

高校程度の入門から説き起こし，大学 2〜3 年生までの数学を体系的に説明します．理論の方法や意味だけでなく，それが生まれた背景や必然性についても述べることで，生きた数学の面白さが存分に味わえるように工夫しました．

微分と積分 1——初等関数を中心に	青本和彦	新装版 214 頁	定価 2640 円
微分と積分 2——多変数への広がり	高橋陽一郎	新装版 206 頁	定価 2640 円
現代解析学への誘い	俣野 博	新装版 218 頁	定価 2860 円
複素関数入門	神保道夫	A5 判上製 184 頁	定価 2640 円
力学と微分方程式	高橋陽一郎	新装版 222 頁	定価 3080 円
熱・波動と微分方程式	俣野博・神保道夫	新装版 260 頁	定価 3300 円
代数入門	上野健爾	岩波オンデマンドブックス 384 頁	定価 5720 円
数論入門	山本芳彦	新装版 386 頁	定価 4840 円
行列と行列式	砂田利一		品 切
幾何入門	砂田利一		品 切
曲面の幾何	砂田利一		品 切
双曲幾何	深谷賢治	新装版 180 頁	定価 3520 円
電磁場とベクトル解析	深谷賢治	A5 判上製 204 頁	定価 2970 円
解析力学と微分形式	深谷賢治		品 切
現代数学の流れ 1	上野・砂田・深谷・神保		品 切
現代数学の流れ 2	青本・加藤・上野 高橋・神保・難波	岩波オンデマンドブックス 192 頁	定価 2970 円

———— 岩波書店刊 ————

定価は消費税 10% 込です
2024 年 1 月現在

松坂和夫
数学入門シリーズ（全6巻）

松坂和夫著　菊判並製

高校数学を学んでいれば，このシリーズで大
学数学の基礎が体系的に自習できる．わかり
やすい解説で定評あるロングセラーの新装版.

—— 岩波書店刊 ——

定価は消費税10%込です
2024年1月現在

新装版 数学読本（全6巻）

松坂和夫著　菊判並製

中学・高校の全範囲をあつかいながら，大学
数学の入り口まで独習できるように構成．深
く豊かな内容を一貫した流れで解説する．

1 　自然数・整数・有理数や無理数・実数など
　　の諸性質，式の計算，方程式の解き方など
　　を解説．　226頁　定価2310円

2 　簡単な関数から始め，座標を用いた基本的
　　図形を調べたあと，指数関数・対数関数・
　　三角関数に入る．　238頁　定価2640円

3 　ベクトル，複素数を学んでから，空間図
　　形の性質，2次式で表される図形へと進み，
　　数列に入る．　236頁　定価2750円

4 　数列，級数の諸性質など中等数学の足がた
　　めをしたのち，順列と組合せ，確率の初歩，
　　微分法へと進む．　280頁　定価2970円

5 　前巻にひきつづき微積分法の計算と理論の
　　初歩を解説するが，学校の教科書には見ら
　　れない豊富な内容をあつかう．　292頁　定価2970円

6 　行列と1次変換など，線形代数の初歩を
　　あつかい，さらに数論の初歩，集合・論理
　　などの現代数学の基礎概念へ．　228頁　定価2530円

―――――――― 岩波書店刊 ――――――――

定価は消費税10%込です
2024年1月現在